国家教材建设重点研究基地（高等学校人工智能教材研究
浙江大学“新一代人工智能通识系列教材”
浙江省一流人工智能“名师名课”通识系列教

人工智能通识基础（大模型篇）

General Education of Artificial Intelligence

孙凌云　厉向东　陈　培　张克俊●编著

ZHEJIANG UNIVERSITY PRESS
浙江大学出版社
·杭州·

图书在版编目（CIP）数据

人工智能通识基础：大模型篇 / 孙凌云等编著.
杭州：浙江大学出版社，2025. 8. -- ISBN 978-7-308-26510-2

Ⅰ. TP18

中国国家版本馆CIP数据核字第2025WJ7287号

人工智能通识基础（大模型篇）

孙凌云　厉向东　陈　培　张克俊　编著

策　　划　黄娟琴　柯华杰
责任编辑　沈巧华　吴昌雷　柯华杰
文字编辑　王钰婷
责任校对　高士吟
封面设计　林智广告
出版发行　浙江大学出版社
（杭州市天目山路148号　邮政编码310007）
（网址：http://www.zjupress.com）
排　　版　杭州晨特广告有限公司
印　　刷　杭州捷派印务有限公司
开　　本　787mm×1092mm　1/16
印　　张　16.25
字　　数　328千
版 印 次　2025年8月第1版　2025年8月第1次印刷
书　　号　ISBN 978-7-308-26510-2
定　　价　59.00元

浙江大学出版社市场运营中心联系方式：0571-88925591；http://zjdxcbs.tmall.com

序

2017年，国务院印发的《新一代人工智能发展规划》指出：人工智能的迅速发展将深刻改变人类社会生活、改变世界。新一代人工智能是引领这一轮科技革命、产业变革和社会发展的战略性技术，具有溢出带动性很强的头雁效应。

作为类似于内燃机技术或电力技术的一种通用目的技术，人工智能天然具备“至小有内，至大无外”推动学科交叉的潜力，无论是从人工智能角度解决科学挑战和工程难题（AI for Science，如利用人工智能预测蛋白质氨基酸序列的三维空间结构），还是从科学的角度优化人工智能（Science for AI，如从统计物理规律角度优化神经网络模型），未来的重大突破大多会源自这种交叉领域的工作。

为了更好地了解学科交叉碰撞相融而呈现的复杂现象，需要构建宽广且成体系的世界观，以便帮助我们应对全新甚至奇怪的情况。要具备这种能力，需要个人在教育过程中通过有心和偶然的方式积累各种知识，并将它们整合起来。通过这个过程，每个人所获得的信念体系，比直接从个人经验中建立的体系更加丰富和深刻，这正是教育的魅力所在。

著名物理学家、量子论的创始人马克斯·普朗克曾言：“科学是内在的整体，它被分解为单独的单元不是取决于事物的本身，而是取决于人类认识能力的局限性。实际上存在着由物理学到化学、通过生物学和人类学再到社会科学的链条，这是一个任何一处都不能被打断的链条。”人工智能正是促成学科之间链条形成的催化剂，推动整体性知识的形成。

人工智能，教育先行，人才为本。浙江大学具有人工智能教育教学的优良传统。1978年，何志均先生创建计算机系时将人工智能列为主攻方向并亲自授课；2018年，潘云鹤院士担任国家新一代人工智能战略咨询委员会和高等教育出版社成立的“新一代人工智能系列教材”编委会主任委员；2024年，浙江大学获批国家教材建设重点研究基地（高等学校人工智能教材研究）。

2024年6月，浙江大学发布《大学生人工智能素养红皮书》，指出智能时代的大学生应该了解人工智能、使用人工智能、创新人工智能、恪守人与人造物的关系，这样的人工智能素养由体系化知识、构建式能力、创造性价值和人本型伦理有机构成，其中知识为基、能力为重、价值为先、伦理为本。

2024年9月，浙江大学将人工智能列为本科生通识教育必修课程，在潘云鹤院士和吴健副校长等领导下，来自本科生院、计算机科学与技术学院、信息技术中心、出版社、人工智能教育教学研究中心的江全元、孙凌云、陈文智、黄娟琴、杨旸、姚立敏、陈建海、吴超、许端清、朱朝阳、陈静远、陈立萌、沈睿、祁玉、蒋卓人、张子柯、唐谈、李爽等开展了课程设置、教材编写、师资培训、实训平台（智海-Mo）建设等工作，全校相关院系教师面向全校理工农医、社会科学和人文艺术类别的学生讲授人工智能通识必修课程，还试点开设了人工智能大模型通识选修课。本系列教材正是浙江大学人工智能通识教育教学的最新成果。

衷心感谢教材作者、出版社编辑和教务部门老师等为浙江大学通识系列教材出版所付出的时间和精力。感谢浙江大学何钦铭教授、南京航空航天大学陈松灿教授、复旦大学黄萱菁教授对本系列教材进行审稿并提出宝贵意见。

吴飞

浙江大学本科生院院长

浙江大学人工智能教育教学研究中心主任

国家教材建设重点研究基地（高等学校人工智能教材研究）执行主任

前　言

我们正处在一个人工智能时代的开端，见证着一场由人工智能驱动的深刻变革。其中，以大模型为代表的技术浪潮正以前所未有的速度和广度渗透到科研、产业和社会生活的方方面面，给学习、工作、娱乐和创造等几乎所有领域带来了巨大影响。理解这个时代的核心驱动力——人工智能大模型，已不再仅仅是计算机领域专业人士的专属任务，而是每一位希望拥抱未来、提升自我的学习者应具备的基础素养。

在全球范围内，将人工智能纳入高等教育体系已是大势所趋。回顾2023年，正值人工智能大模型技术经历爆发式增长、知识体系日新月异之时，开发一门相关课程面临着巨大的挑战。笔者正是在此背景下，接到了开设一门面向全校学生的人工智能大模型课程的任务。当时，技术的快速迭代给课程内容的稳定性和体系化带来了前所未有的困难。本书的编写正是源于这段探索与实践的经历，通过沉淀教学经验，为学习者提供一个稳定且聚焦的人工智能大模型基础知识框架。本书致力于帮助学生理解和掌握这一前沿领域的核心概念与应用方法，培养其作为未来创新者所必需的AI素养。

1. 本书的定位与特色

（1）聚焦应用，淡化深层原理：本书的重点在于介绍人工智能大模型的基本概念、能力边界及高效的使用方法，而非深入剖析机器学习、深度学习的复杂数学原理或算法细节。本书的目标是让学生快速上手，理解“如何用”和“能用来做什么”。

（2）与时俱进，紧跟前沿：人工智能技术日新月异，本书力求反映最新的大模型技术的进展和应用范式。当然，技术的飞速发展也意味着本书中的部分案例可能很快变得不是最新的，这也是建议在教学中持续更新案例的原因。

（3）规范严谨，接轨国际：对于关键定义和核心观点，本书参考了全球范围内的权威研究和共识，力求提供准确全面的信息。在首次出现重要英文术语时，将采用“中文（完整英文，英文缩写）”的形式标注，以帮助读者接轨国际学术语境。

2. 学习与教学方法建议

本书致力于推动一种与时代发展相适应的学习模式。对于学习者而言，我们鼓励将AI大模型视为强大的认知助手和学习伙伴。在学习过程中，应尽早开始尝试使用AI工具辅助理解、探索和实践，形成“在使用AI中学习AI”的习惯。但这绝不意味着可以完全依赖AI。AI的回答和生成内容需要经过批判性审视，学习者必须保持独立判断并对最终结果负责，在严肃的学术研究或高风险决策场景中尤为如此。我们使用AI的目的是借助其能力提高自身认知水平和解决问题的效率，而非简单地让其代劳。

对于教学者，我们随书提供了教学大纲作为参考。但更重要的是，建议根据所在学校的特色、学生的专业背景以及具体的教学环境，对教学内容和节奏进行优化设计。

教学大纲

（1）尽早引入实践：推荐在课程早期（如第二周）就引导学生使用AI工具，并贯穿整个教学过程。

（2）结合专业案例：优先选择与学生所在专业或学校相关的真实应用场景作为案例，尤其是在讲解人机协同等概念时，让学生在解决身边的问题时体会AI的价值。单纯复述教材内容难以激发学生的学习兴趣，教师需要深度参与教学设计，将自身的专业洞见融入其中。

（3）拥抱变化，持续更新：鉴于AI技术的快速迭代，教师需要保持开放的心态，持续关注领域进展，适时将新的模型、应用和挑战引入课堂讨论和实践环节。

3. 时代浪潮中的我们

英国科幻作家道格拉斯·亚当斯（Douglas Adams）提出的科技三定律，或许恰好能描述我们面对当下技术变革的心态：出生之前就存在的科技，是世界固有秩序的一部分；15到35岁之间出现的科技，是革命性的、令人兴奋的；而35岁之后诞生的科技，则往往被视为违反自然规律、值得怀疑甚至令人恐惧的。今天的人工智能大模型对许多人而言，正处于这样一个引发不同感受的转折点。

无论个人态度如何，AI作为一种赋能工具的潜力是毋庸置疑的。它既能帮助普通人突破能力瓶颈，也能让专业人士如虎添翼。我们应当认识到，人工智能大模型不仅是一种技术，更是一种深度融入未来的学习、工作和生活的新范式。

希望本书能成为各位读者探索智能时代的有益向导，帮助大家认识到人工智能大模型作为强大工具的价值，并学会在未来的道路上与AI同行、共同进化，从而真正实现人机协同、相辅相成。

由于时间仓促，加上作者水平有限，书中难免存在谬误之处，敬请读者指正。

浙江大学人工智能基础（D）课程组
浙江大学人工智能教育教学研究中心
国家教材建设重点研究基地（高等学校人工智能教材研究）
2025年5月

目　录

第1篇　引言：迈入智能时代

第2篇 基础：大语言模型的基本原理

第4篇　素养：人机交互的基础能力

第1篇

引言：迈入智能时代

一个由人工智能（artificial intelligence，AI）技术深刻重塑社会经济各领域的新时代正在向我们快速走来。近年来，以大语言模型（large language model，LLM）为代表的新一代AI技术正以前所未有的发展速度融入人类社会生产与生活实践，从根本上改变着传统的知识获取模式、思维创造过程以及工作协同方式。深入理解AI技术的基本原理、应用体系及其引发的社会变革影响，已成为每个人面向未来发展所必须具备的核心素养。

本篇作为全书的引言，旨在引导读者认识这个新的智能时代。

第1章“AI浪潮：知识革命与社会变革”将首先阐述AI的发展态势与核心概念，探讨AI如何引发知识范式变迁，分析AI对社会结构、产业发展及个体生活带来的诸多影响。

第2章“通用人工智能：曙光、度量与展望”将聚焦于人工智能研究的长远目标——通用人工智能（artificial general intelligence，AGI），讨论AGI的内涵，审视AI技术的潜能与面临的争议，介绍衡量智能发展的思路与方法，并对AI的未来前景进行展望。

通过本篇的学习，读者将建立一个完整的人工智能现状与对未来认知的框架，为继续学习大模型技术原理、应用实践以及人机协同等内容奠定基础。

第1章　AI浪潮：知识革命与社会变革

1.1　导学

纵观人类技术发展史，历次技术革命（如电力革命、计算机革命等）不仅实现了生产力的跨越式提升，更对社会结构和个体生活方式产生了深层次的影响，推动了远超预期的颠覆性变革。因此，从历史发展的纵深视角与经验来看，在应对人工智能新兴技术浪潮时，每个人都需要运用批判性思维方法，系统性地掌握AI技术的核心概念、应用场景及其潜在社会影响。这种认知对把握新一轮技术革命的发展机遇具有重要的意义。

本章旨在引导读者了解这场智能革命，理解其内在核心驱动力，为后续深入探索AI大模型技术、应用与伦理挑战提供基础。本章的预期学习目标如表1.1所示。

表1.1　第1章的预期学习目标

编号	学习目标	能力层级	可考核表现
LO1.1	描述人工智能（AI）、大语言模型（LLM）、生成式AI/判别式AI、多模态AI的基本概念，理解AI给社会各方面带来的影响	理解	能准确解释相关术语；能结合实例说明AI给产业、工作、创新模式等方面带来的变革
LO1.2	阐述“知识空间”概念模型，理解AI模型知识与人类知识、记录知识的关系与区别，认识AI引发的“大知识”变革	理解/分析	能解释三个知识空间，分析AI知识来源、特性与局限；能说明“大知识”含义及其对知识获取、传播、调用方式的潜在影响

续表

编号	学习目标	能力层级	可考核表现
LO1.3	分析对比不同知识获取方式的演进脉络及特点，并理解人机协作新范式	分析	能从交互模式、效率、精度等方面对比不同知识获取方式；能描述人机协作从“工具”到“伙伴”的演进，并列举不同协作模式
LO1.4	建立对AI大模型潜能与局限性的初步认知，并认识到学习AI基础知识对于适应未来发展的必要性	理解	能积极参与课堂互动；表达学习后续内容的兴趣和对AI工具的价值与风险的初步认识
LO1.5	初步应用基本提示技巧与AI模型进行互动，以辅助理解本章概念，并对AI生成结果的有效性与局限性进行初步评价	应用/评价	能展示使用AI进行概念解释或信息查找的交互过程；能基于事实核查或对比，说出对AI回答质量（如准确性、相关性）的基本判断理由

1.2 基本概念：判别式AI、生成式AI与大语言模型

在计算机科学领域，人工智能被定义为通过计算机系统模拟、延伸和扩展人类智能的理论、方法、技术及应用系统的总称。作为一个跨学科的领域，AI致力于开发具备环境感知、信息处理、自主决策和智能执行能力的智能系统，通过机器学习（例如深度学习）、知识表示、自动推理等关键技术，使计算机具备模拟人类认知功能的能力（参见扩展阅读1.1）。根据系统架构和应用目标的不同，当前主流的AI模型可分为判别式人工智能（discriminative AI）和生成式人工智能（generative AI）两类（见表1.2）。

扩展阅读1.1：深入AI发展脉络与前沿

表1.2 判别式AI与生成式AI对比

特征维度	判别式人工智能	生成式人工智能
核心目标	学习数据中的决策边界或条件概率$P(y\|x)$，即给定输入x，判断其类别y或预测数值y	学习数据的底层概率分布$P(x)$或联合概率分布$P(x,y)$，并基于此生成新的、与训练数据类似的数据样本
主要任务	分类（classification）、回归（regression）。回答“输入x是什么类别/数值?”的问题	内容生成、数据增强、密度估计。回答“生成一个像训练数据那样的……”的问题
典型应用场景	图像识别、垃圾邮件检测、情感分析、人脸识别	文本生成、图像生成、音乐生成、代码生成
技术特点	1.专注于区分不同类别或预测数值。 2.不关心数据如何生成，仅关注从输入到输出的映射	1.需理解数据的深层结构和模式才能生成逼真样本。 2.基于训练数据，支持输出文本、图像、视频等内容

续表

特征维度	判别式人工智能	生成式人工智能
代表性模型/技术	逻辑回归、支持向量机（support vector machine，SVM）、卷积神经网络（convolutional neural network，CNN）（用于分类任务）	生成对抗网络（generative adversarial network，GAN）、变分自编码器（variational autoencoder，VAE）、Transformer（如GPT系列）、流模型（flow-based models）、扩散模型（diffusion models）（如Stable Diffusion）
输出形式	离散标签（分类）或连续数值（回归）	结构化或非结构化数据（文本、图像、音频、代码等）
训练数据依赖	主要依赖带标签的监督学习数据	可利用带标签和无标签数据（如自监督学习是关键）
（通常）可解释性	部分简单模型（如逻辑回归、决策树）具有较高可解释性，但复杂模型（如多数神经网络）仍是黑箱，解释性有限	生成过程通常非常复杂，内部机制难以直观理解，可解释性相对更低，常被视为黑箱

大语言模型（LLM）（也称为大型语言模型）是近期引发全球关注的生成式人工智能的典型代表。LLM通过在海量文本和代码数据上进行预训练，学习语言规则、世界知识和推理模式。它的核心能力包括根据输入的提示词，生成连贯、相关甚至富有创造性的文本内容。

大语言模型的“大”主要体现在三个方面。一是参数规模巨大，不同模型的参数从数十亿到数万亿级别不等。这里的参数可以通俗地理解为模型内部用于存储知识和模式的连接强度数值的总和。二是训练数据海量，一个模型通常使用包含数万亿个词元的文本和代码数据进行训练。三是大模型可能展现出涌现能力，当模型规模和数据量达到一定阈值后，会表现出一些在小模型上不具备的高级能力。例如，上下文学习、多步推理或思维链、指令遵循等。

在全球范围内，众多科技巨头和研究机构都在积极研发自己的大语言模型。除了国际上知名的一系列模型（如OpenAI的GPT、Google的Gemini、Meta的Llama、Anthropic的Claude等），中国在这一领域也展现出强大的研发实力和活跃的创新生态，涌现出了一系列具有影响力的大语言模型（如百度的文心大模型、阿里巴巴的通义千问、腾讯的混元、智谱AI的GLM、月之暗面的Kimi、深度求索的DeepSeek等）。这些模型在持续迭代中不断拓展大语言模型的能力边界。

1.3　超越语言：多模态AI与世界模型

人工智能的发展并不止于大语言模型所展示的文本处理能力。多模态人工智能（也称多模态AI，multimodal AI）是一个更令人兴奋的前沿方向。多模态AI指能够理解、处理和生成多种类型数据或模态信息的人工智能系统。

常见的信息模态包括文本、图像、音频、视频、三维模型等。人类通过多种感官（如视觉、听觉、触觉等）感知这些信息。多模态AI通过模仿人类的多模态感知能力，让机器也具备类似能力，从而实现对世界的理解与交互。当前国内外多模态大模型的发展，主要集中在文本对话、图像生成等几个活跃领域（见表1.3）。

表1.3　多模态AI主要领域概览（截至2025年初）

领域	核心技术示例	典型应用场景	代表工具/模型（国际示例）	代表工具/模型（中国示例）	发展现状与挑战
图像生成	扩散模型、GAN	文生图、图生图、设计辅助	Midjourney、Stable Diffusion、DALL-E 3	文心一格（百度）、通义万相（阿里巴巴）、混元图文（腾讯）、Usee（商汤）	生成质量高，应用广泛；伦理与版权问题突出
音乐生成	Transformer、符号/音频表示学习	文生曲、旋律续写、AI作曲、配乐	MusicLM（Google）、SunoAI、Udio	天工SkyMusic（昆仑万维）、XMusic（腾讯）、Symphony-AI（字节跳动）	商业化加速，创作门槛降低；风格多样性、版权界定是挑战
视频生成	时空扩散模型、3D神经渲染	文生视频、图生视频、影视预览	Sora（OpenAI）、Runway Gen-2、Pika	可灵（快手）、Vidu（清华和生数）、VideoGen（百度）、SenseVideo（商汤）	Sora等模型在生成时长、连贯性和物理一致性上取得突破（截至2024年）；长视频生成、复杂交互仍是难点
世界模型（world models）	多模态强化学习、神经符号系统、视频生成模型	物理世界模拟与预测、自动驾驶仿真、机器人任务规划	Sora（OpenAI，声称具备世界模型特征）、Gato（DeepMind）、Cosmos（Meta）	太极（清华）、盘古气象（华为）、悟道·视界（智源研究院）	在前沿探索领域，旨在构建能理解和预测物理世界动态的模型；需融合物理引擎/规则与深度学习；已在气象预测等领域取得初步成功，视频生成是重要探索方向
3D生成	NeRF（神经辐射场）、高斯泼溅（Gaussian splatting）、3D GAN	虚拟场景构建、数字孪生、游戏开发	Luma AI、DreamFusion（Google）	如视3D（贝壳）、ObjectComposer（阿里巴巴）	生成效率和质量大幅提升（如从单图快速生成3D模型）；在电商、娱乐等领域应用潜力巨大
LLM专项应用：代码生成	代码专用LLM、程序语义理解	自动编程、代码补全、漏洞修复、智能运维	GitHub Copilot、CodeLlama(Meta)、DeepSeek Coder	通义灵码（阿里巴巴）、CodeGeex（清华和智谱）、Comate（百度）	显著提升开发效率；已覆盖多种主流编程语言；需关注代码安全性和正确性

从大语言模型到多模态人工智能，再到世界模型，这些探索反映了人工智能正从单一的符号处理（主要指语言）向更全面地模拟人类感知、理解、创造以及与物理或虚拟世界进行互动的方向发展。以世界模型为例，它的目标是让AI能够学习和模拟现实世界的基本运行规律和动态交互，这对于机器人、自动驾驶和复杂系统仿真等领域有重要意义。

1.4　知识的三个空间：人类、多媒体与大模型

视频1.1：从数据到知识

AI应用累积形成大模型知识，并与人类知识、多媒体知识形成相互关联又层层递进的关系。这三个知识空间的关系可以通过一个模型来表示（见图1.1）。

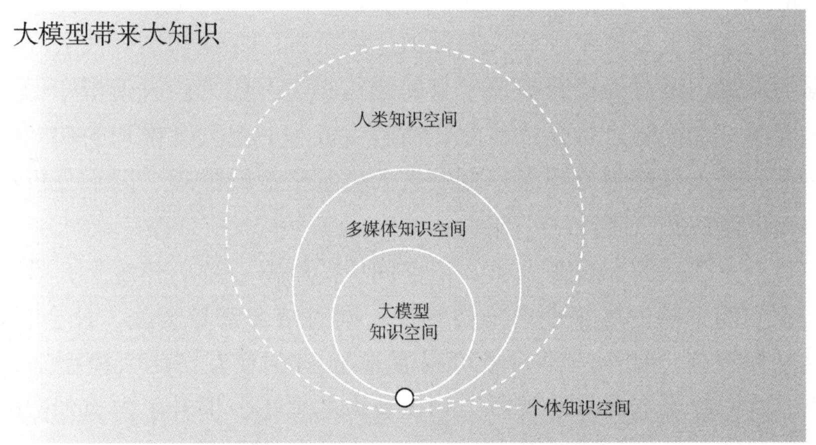

图1.1　三个知识空间的关系
（资料来源：北京大学黄铁军教授，内部报告，2023年3月31日）

人类知识空间（human knowledge space）是最广阔的知识领域，涵盖了自人类文明诞生以来，通过所有方式（观察、思考、实践、传承等）积累和创造的全部知识、智慧、技能、经验和文化。人类知识空间是动态演化、不断扩展的。它不仅包含可以用语言、文字、符号清晰表达和记录的显性知识，也包含了难以用言语清晰表达的、更为庞大的隐性知识，如个体经验、直觉判断、技能诀窍、社会默契和文化习俗等。

多媒体知识空间（multimedia knowledge space），或者记录知识空间（recorded knowledge space）是人类知识空间中能够被具体记录、编码并通过各种信息媒介进行存储和传播的这部分知识。它存在于各种载体之中，例如文字（书籍、期刊、档案、网页文本）、图像（照片、绘画、图表）、声音（语音、音乐、环境音）、视频（影像记录、影视作品）、结构化数据（数据库、表格）以及计算机代码等。

随着信息技术的飞速发展，记录知识空间的规模正以前所未有的速度急剧膨胀，构成了我们通常所说的大数据的主体。这个空间是AI模型学习和吸收知识的主要来源。将人类知识转化为可记录、可传播的形式本身就是一项浩瀚的文化与科技工程。例如，浙江大学图书馆牵头建设的“大学数字图书馆国际合作计划（China academic digital associative library，CADAL）”项目，就是将大量珍贵的中文古籍和现代图书进行数字化，构建大规模数字资源库的典范，为AI训练提供了宝贵的数据基础。

大模型知识空间（large model knowledge space）是AI大模型通过学习记录知识空间中的海量数据后，在其内部神经网络参数中构建的一种独特知识表征空间。它并非对输入数据的简单复制或索引式存储，而是数据经过模型学习、抽象和泛化后形成的一种高度压缩、分布式、内隐的表示。模型在这个空间中主要捕捉的是数据中存在的统计规律、语义关联、模式特征以及上下文关系等。因此，大模型知识空间中的知识本质上是概率性和关联性的，在范围、深度和准确性上严格受限于其训练数据的质量、覆盖面以及模型本身的结构和学习能力。大模型知识可以视为记录知识空间的一个能够进行模式匹配、内容生成和一定程度推理的功能性映射。这个映射并不完美，可能包含偏见，也缺乏人类基于逻辑推理、因果分析和深刻理解所构建的知识体系的严谨性。

学习者个人掌握的知识是人类知识空间中的沧海一粟。传统上，学习者通过研习记录知识空间中的内容来获取显性知识，同时结合亲身实践、社会互动等方式，实现隐性知识积累。如今，学习者可以通过与AI的交互访问大模型知识空间中的模式信息。这一技术突破显著拓展了知识获取的渠道，提升了内容创造的效率，并为复杂问题的解决提供了创新方法。

这三个知识空间的区别与关联对于理解AI的技术特性具有重要意义。具体而言，AI大模型知识基础完全来源于人类记录下来的知识（主要来自记录知识空间）。模型内部的知识表征（大模型知识空间）在性质上与人类的深度理解和智慧存在本质区别，并且其能力边界和可靠性受到训练数据和模型本身的双重制约。因此，这要求使用者建立科学的技术认知，在使用AI的过程中保持批判性思维，通过审慎核查和人机协同输出确保结果的可靠性。

1.5 知识获取的革命：精度、速度与交互的演进

人类知识获取方式伴随着技术发展而不断演进。从传统图书馆的纸质文献查阅，到专业化数据库的结构化检索，再到互联网搜索引擎的海量信息获取，这一过程中的每一步都大幅提升了知识获取的效率。当前以大模型为代表的人工智能技术的突破正在引发知识获取范式的根本性变革，并在交互模式、响应速度和信息呈现

方式方面引起显著变化。这种转变标志着人类认知方式正在经历从信息获取到知识理解的跃迁（见表 1.4）。

表 1.4 不同知识获取方式对比

特征维度	传统图书馆	专业数据库	搜索引擎	AI 大模型
交互方式	物理查找、人工浏览	专业查询语言（如 SQL）、精确指令	自然语言关键词	自然语言对话、多轮互动、指令驱动
响应时间	长(数小时至数天)	查询执行快(数秒至数分钟)；查询构建慢	搜索结果极快（数秒）；信息整合慢(数分钟至数小时)	初步回答极快（数秒）；多轮交互/复杂生成：数秒到数分钟
知识精度	精度不定，需大量人工筛选验证	若查询精确，可得高精度结构化数据	精度可变，返回链接列表，需用户自行判断整合	精度可变，目标是直接答案；通用知识较准，专业、实时、复杂问题易出错［幻觉(hallucination)现象］
知识形态	原始文献、书籍	结构化数据、精确事实	网页链接、文档片段	综合性文本回答、摘要、代码、生成内容（图像、音频等）
主要优点	知识系统性、权威性（经筛选和出版）	数据精确、结构化、可用于定量分析	覆盖面广、便捷、入口门槛低	交互自然、响应迅速、能理解复杂意图、能生成整合性或创造性内容
主要缺点	查找效率低、物理限制、信息更新慢	使用门槛高（需专业技能）、访问受限	信息过载、质量良莠不齐、需用户深度加工	可能产生幻觉、知识有偏见或滞后、复杂逻辑推理和精确计算能力有限，对输出结果的批判性评估和事实核查至关重要

通过对比可见，AI 大模型在知识获取方面的优势在于其具有接近自然语言的交互方式和极快的响应速度。它不仅是信息的索引者（如搜索引擎返回链接列表），而且是知识的对话者和答案的生成者，直接提供综合性回答或新的内容。这显著降低了用户获取信息与内容创作的门槛（参见扩展阅读 1.2）。

然而，学习者需要注意这种便捷性背后隐含的挑战。现阶段 AI 大模型输出的知识精度和可靠性需要使用者进行批判性评估和事实核查，尤其需要警惕可能的幻觉（即模型会编造看似合理但不符合事实的信息）以及其知识库可能存在的偏见和滞后性。因此，AI 大模型带来的这场知识获取革命，在提升效率和便捷性的同时，也对使用者的媒介素养、信息辨别能力和批判性思维提出了更高的要求。

扩展阅读 1.2：AI for Science——不止于语言模型的科学工具箱

1.6 人机协作：加速社会发展的新范式

视频1.2：新一代人工智能的社会影响

新一代人工智能，特别是大语言模型正通过赋能前所未有的人机协作模式，成为加速社会发展的新引擎。这不仅体现在个体工作效率的提升，也体现在对传统工作性质、人才技能需求和社会整体运作方式的深刻改变。

1.工作效率的飞跃与结构性影响

AI在提升工作效率方面展现出巨大潜力，尤其是在知识密集型领域。例如，2023年高盛的研究报告指出，生成式AI有望在未来十年内显著提升全球劳动生产率，对相当一部分工作而言，AI能大幅缩短完成时间。然而，这种效率提升的影响并非均衡分布于所有职业。需要高度创造性、复杂决策或深度人际互动的职业（如科学家、高级管理人员、资深设计师等），以及薪酬水平相对较高的知识型岗位更容易从AI的辅助中获益，同时也面临更大的AI发展带来的挑战。相比之下，高度依赖体力劳动或特定物理现场操作的工作（如建筑工人、设备操作员）受到的直接影响则相对较小（见表1.5）。

表1.5 人工智能对不同类型职业影响程度

影响程度	主要职业特征	典型职业举例
较高	知识密集、需要创造性、复杂决策、高薪酬	数学家、作家、设计师、高级管理人员、量化分析师、程序员、研究员等
较低	依赖体力劳动、需物理在场、人际现场互动复杂	建筑工人、设备操作员、厨师、运动员、维修工、护理人员等

2.人才技能需求的深刻重塑

AI的兴起重塑了社会对人才技能的需求结构（见表1.6）。一方面，那些容易被AI替代的自动化、标准化技能（例如基础的资料整理、常规的文本翻译、简单的代码编写等），其市场价值会面临严重挑战。另一方面，人类独有且难以被AI轻易复制的高级认知能力，其重要性不降反升，将成为未来人才的核心竞争力。这包括批判性思维、原创性思考与创造力等多种高价值能力。例如，批判性思维与问题定义能力支持准确识别问题的本质，评估信息的可靠性，进行深度逻辑分析。原创性思考与创造力提出新颖的见解、独特的解决方案和富有想象力的构思。情感智能与复杂沟通能力理解并管理自身和他人的情绪，进行有效的共情沟通、团队协作和领导。跨领域整合与系统思维能力将不同领域的知识和方法融会贯通，从整体和系统的角度解决复杂问题。

与此同时，一个全新的技能领域正在快速形成——与AI高效协同工作的能力。

这种协同工作能力包含多种形式。例如，提示词工程能够精准地向AI下达指令，引导其产生期望的输出。AI输出的批判性评估与验证能够对AI生成的内容进行事实核查、逻辑辨析和质量把控。AI伦理素养与负责任应用能够理解并遵守AI使用的伦理规范，预见并规避潜在风险。领域AI模型的应用与微调（对特定专业而言）能够学习如何利用或调整AI模型以适应特定专业领域的需求。

企业对具备这些新兴AI协作技能的人才的需求正显著增长，这将对未来的教育培养模式和职业发展路径产生深远影响。

表1.6 AI时代技能价值变化趋势

技能类别	典型技能举例	AI时代趋势
价值提升	科学思维、批判性思维、创造力、情商、复杂问题解决能力、跨领域整合能力	核心竞争力，AI难以完全取代，需求持续增长
价值转变	基础编程、常规文书写作、直接翻译、标准化数据处理、信息检索	易被AI辅助或自动化，需向更高级应用、人机协同、AI管理与验证等方面转变
新兴需求	与AI有效协作、编写提示词、AI输出评估与校验、AI伦理与治理理解、领域AI模型训练与微调（对部分专业）	AI时代必需的新能力，需求快速增长，可能成为新的专业方向或所有专业的基础技能

3.职业角色的演变与终身学习的必要性

当前AI在工作中的角色更多是增强者而非大规模替代者，其作用是辅助人类更高效、更高质量地完成工作。以围棋对弈为例，虽然AlphaGo战胜了人类冠军，但顶尖棋手通过与AI对弈学习反而获得了新的启发，使决策水平达到了新的高度。同样的情况也发生在创意设计、科学研究、医疗诊断等领域，AI作为专业人士的智能助手帮助人们突破能力瓶颈，提升工作表现。

自AI产生以来，人们对于AI是否会取代人类工作的担忧就一直存在。尽管在某些领域确实存在AI替代人类工作的情况，但从历史发展的角度看，技术在淘汰旧岗位的同时往往会催生新的岗位。这取决于个人和社会如何适应这个转型过程。具体而言，在这个过程中个人持续提升技能并保持终身学习就显得前所未有的重要。特别是学习者需要培养主动适应技术变化的能力，不断更新知识结构，掌握与AI协同工作的新技能，这样才能在智能时代保持竞争力并抓住新的发展机遇。

1.7 产业新格局：AI生态的构建

大模型技术的飞速发展正在全球范围内催生一个全新的人工智能产业生态系统。这个生态系统不仅具有独特的技术架构层次，而且表现出数据治理、负责任AI实践和技术普及化等关键趋势。

1.AI产业生态的核心三层架构

当前的人工智能产业生态，尤其在以大模型为核心的生成式AI领域呈现出清晰的多层架构（见图1.2）。

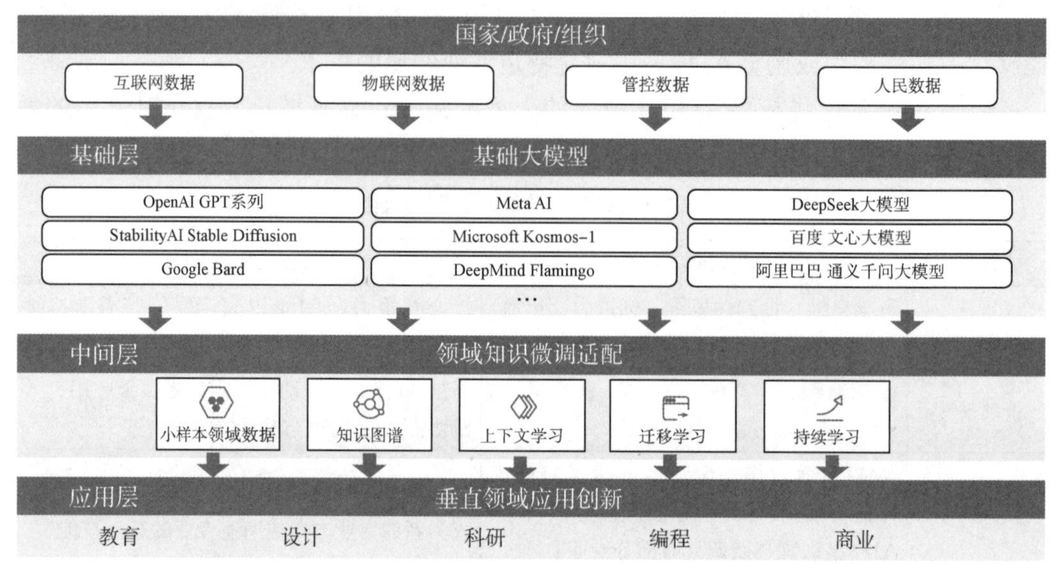

图1.2 人工智能产业生态系统架构

基础层是“发电厂”。这一层主要由投入巨额资金和顶尖人才研发通用基础大模型的机构构成。例如国际上的OpenAI、Google、Meta，以及中国本土的百度、阿里巴巴、华为、智谱AI、深度求索（DeepSeek）等。它们如同发电厂，通过大规模数据预训练产出具备广泛通用能力的基础模型，为整个生态提供核心的智能动力。

中间层是“变压器”。这一层包括大量的平台型公司和工具提供商。它们针对不同领域进行模型微调适配，提供模型即服务（model as a service，MaaS）、平台即服务（platform as a service，PaaS）以及各种开发工具、应用程序接口（API）和中间件，帮助开发者和企业访问、微调、部署和管理基础大模型，使其能够更好地适应特定行业或场景的需求。它们扮演着连接基础能力与具体应用的角色。

应用层是“电器设备”。这是AI能力最终触达用户的层面，在教育、医疗、金融、设计、科研、娱乐、办公等垂直领域，涌现出了海量基于大模型的创新应用和服务。这些应用以智能助手、内容创作工具、行业解决方案、嵌入式AI功能等多种形式出现，解决用户的实际问题，如同各种家用电器和工业设备，将AI的“电力”转化为具体价值。

2.生态发展的关键趋势

首先是数据的重要性与治理挑战。AI产业生态三层架构的有效运转离不开海量、高质量的数据作为燃料。数据的获取、处理、标注、使用和安全贯穿AI模型训练和应用的整个生命周期。因此，建立健全的数据治理体系是整个产业生态健康发展的基石。这不仅需要对应的技术手段，更需要在国家、政府和组织层面，建立规范的管控体系，以负责任的方式管理各类数据资源。

其次是负责任AI的实践。随着AI应用的普及，算法偏见、信息误传、安全漏洞等潜在风险日益凸显，开展负责任AI的实践成为推动产业成熟的关键。许多机构已开始设立专门的负责任AI团队和治理委员会，确保AI技术开发和应用符合伦理规范、法律法规和社会期待。

最后是技术普及化与开源生态的繁荣。近年来，参数量相对较小但性能依然强大的AI模型不断涌现，同时开源大模型（如Meta的Llama系列以及众多中国团队发布的开源模型）的推出显著降低了中小企业、初创公司以及个人开发者使用先进AI的门槛和成本。这激发了整个AI生态的创新活力，但也对数据治理和负责任AI实践提出了更高要求。

1.8　智能新基建：驱动科技创新加速引擎

新一代人工智能不仅是强大的应用工具，还是一种将支撑未来社会运行的新型基础设施。这些基础设施将驱动科学技术创新进入一个前所未有的加速发展新时代。

1.智能时代的“电力”：AI作为新型基础设施

历史上每一次重大技术革命都伴随着新型基础设施的建立（见图1.3）。例如蒸汽时代的铁路网、电气时代的电网、信息时代的互联网，这些技术革新大幅拓展了人类的能力边界，发展成为经济社会的核心支撑。

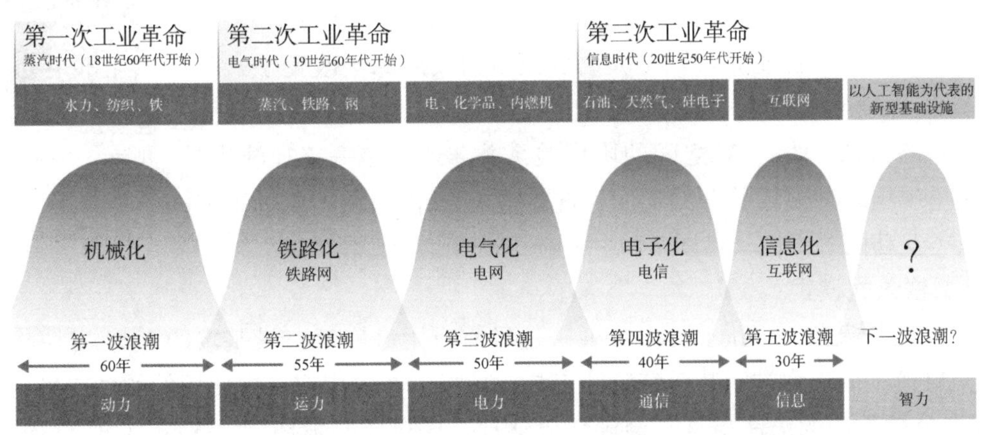

图1.3　人工智能作为新型基础设施

（资料来源：北京大学黄铁军教授，内部报告，2023年3月31日）

进入智能时代同样需要新的基础设施——以AI大模型为代表的智能新基建。

不同于电气时代输送物理能量的电力网络，智能新基建提供的核心是标准化的、可便捷调用的智力服务。这种智力服务通常来自头部科技公司训练出的具有强大认知和生成能力的超级大模型。同时，这种智力服务通过多种途径（如高性能AI芯片提供的算力基础、无处不在的高速网络、标准化的应用程序编程接口）输送给用户和开发者。由此来看，人工智能将和赋能千行百业的电力一样成为一种基础能力，只不过它输送的是智能而非电力能源。

2.驱动创新："智力即服务"点燃加速引擎

智力即服务作为新型基础设施为科技创新注入了强大的新动能，使其呈现出爆发式增长的态势。

AI加速科学发现。科学研究正经历一场由AI驱动的深刻变革，AI赋能科学研究正在成为现实。例如，AI在处理和分析过去难以想象的庞大数据集、模拟复杂系统（如能预测蛋白质结构的AlphaFold）、发现新材料、加速新药研发流程等方面展现出巨大潜力，显著缩短了研究周期。

AI推动技术创新进入爆发期。科技进步的速度正在经历非线性提升。有咨询机构预测，在AI等技术的驱动下，未来十年的科技进步总量将超过过去一百年的总和。这种加速度不仅体现在AI技术本身，也适用于被AI赋能的各个领域，例如在设计、工程、教育等领域，AI工具的应用正大幅缩短创新周期，提升创新效率。

将人工智能视为新型基础设施，不仅是对其技术角色的描述，更是对驱动社会变革潜力的深刻洞察。这一智能新基建正在成为核心引擎，驱动科学发现和技术创新进入一个激动人心的加速发展新阶段。

1.9 人机协作新范式：多元模式共存与选择

视频1.3：智能时代的全面到来和人机协作中的：人机协作

新一代人工智能，特别是大语言模型的发展深刻改变了人与机器的传统协作方式，为人机协作优化甚至自动化沟通、协调等提供新的机遇。人与AI之间的协作关系并非通过单一路径演进，而是呈现出多种模式并存的局面。这体现了AI模型在不同场景下与人类互动的多样性（见图1.4）。

1.嵌入式模式

嵌入式模式（embedding mode）是目前应用最广泛、最基本的人与AI协作形式。AI模型的能力被封装成特定的工具或功能，嵌入用户日常使用的软件或平台中[如办公软件中的语法检查、会议纪要整理，或集成开发环境（integrated development environment，IDE）中的代码提示]，用户按需调用以完成特定任务。

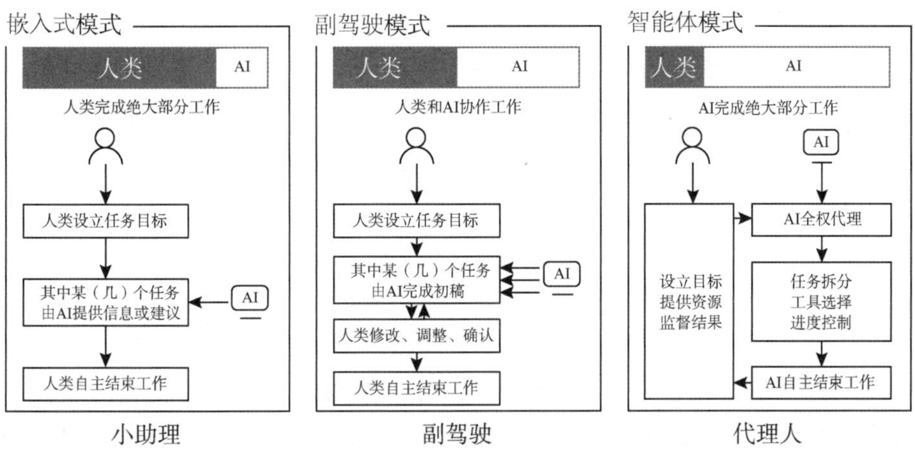

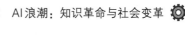

图1.4　人机协作模式

在这种人与AI协作的模式中，用户是主导者，AI是辅助者，前者提供指令，后者根据指令执行操作。AI作为增强型工具集成在现有流程中，响应用户指令，完成边界清晰、具体的辅助性任务，用户拥有完全的控制权。这种协作模式适合需要快速完成特定的、重复性任务，或需要AI辅助增强现有功能的场景。

2. 副驾驶模式

副驾驶模式（copilot mode）代表了更深层次的人机协同机制。AI不再仅仅是召之即来的工具，而是像一位副驾驶一样，能够理解更复杂的任务背景和用户意图，实时伴随工作流程，主动提供建议、预测需求、自动补全内容，甚至参与创作和决策过程。典型的例子如编程时的GitHub Copilot，或WPS AI中根据需求主动生成内容建议的功能。

副驾驶模式的特点是人与AI并肩协作，AI具备一定的主动性和情境感知能力，扮演积极的助手或合作者角色。这种模式的交互更自然，AI融入工作流更深，控制权在人与AI之间动态共享。此外，这种模式下的AI能够分担认知负荷，提升完成任务的效率和质量，适合复杂创作、编程、设计、分析等需要持续互动和迭代优化的任务。

3. 智能体模式

智能体模式（agents mode）是当前AI技术发展和应用探索的前沿方向，代表了最高级别的AI自主性。在与智能体的交互中，人类的角色更侧重于设定高层级目标、划定范围、提供资源与授权，并对最终结果进行评估和监督。AI智能体接受任务后，自主理解目标，进行复杂规划，将任务分解为多个步骤，调用需要的工具（如上网搜索、操作数据库），执行规划任务，并根据反馈调整执行策略，甚至与其他AI智能体协作，最终独立完成整个流程。

智能体模式的特点是AI智能体拥有高度任务自主性、规划能力和工具使用能力。人类从具体执行者转变为管理者、战略制定者和最终决策者。这种模式的适用场景包括目标明确、流程复杂、耗时长、需要整合多种资源或工具的端到端任务，通过自动化大幅提升效率。

综上所述，无论采用哪种模式，人机协作的核心在于有效融合双方优势。AI在计算、记忆、模式识别等方面远超人类，但人类在理解复杂情境、进行价值判断、设定长远目标、发挥创造力及承担责任方面仍然具有不可替代的作用。成功的协作是让AI处理机器擅长的事，用人类智慧把握方向和进行创新。

一个值得深思的观点是，人机协作所能达到的高度最终往往受限于“人的上限”。这并非指人的操作速度或记忆力，而是指人提出有价值的问题，设定清晰的目标，运用批判性思维，整合AI的能力进行决策和把控的综合智慧。换言之，一个强大的AI需要懂得如何有效引导和利用它的指挥官，这样才能最大化其价值。

以上这三种协作模式并非简单的线性替代关系，它们各自具有适用场景和独特价值，并将长期并存，在各自适合的领域深化发展。用户应根据任务性质、控制需求、风险水平、成本效益等因素，灵活选择最合适的协作模式。例如，智能体模式因其巨大的自动化潜力备受关注，但其实际落地仍需克服技术成熟度、可靠性、安全性、成本和伦理治理等多重挑战。

1.10 本章小结

1.核心回顾

（1）AI浪潮与核心概念：本章首先阐述了人工智能（AI），特别是大语言模型（LLM）带来的技术浪潮，解析了判别式AI与生成式AI的核心区别，并介绍了LLM的基本特征（大规模参数、海量数据、涌现能力）以及多模态AI和世界模型等前沿方向。

（2）知识的革命：提出了人类知识空间、多媒体知识空间和大模型知识空间的概念模型，分析了AI如何改变知识的获取、传播与调用方式，从而引发一场深刻的大知识变革。

（3）产业生态与新基建：勾勒了以大模型为核心的AI产业三层生态架构，并阐述了AI作为智能新基建驱动科技创新加速的潜力。

（4）社会影响与人机协作：探讨了AI对工作效率、人才技能需求、职业角色演变的深远影响，强调了人机协作成为加速社会发展的新范式，并介绍了嵌入式模式、副驾驶模式和智能体模式等多元协作模式。

（5）机遇与挑战并存：在肯定AI带来巨大机遇的同时，本章也指出AI在信任、控制、伦理、技能适应等方面带来的现实挑战。

2.关键洞察

（1）AI是时代变革的核心驱动力：AI技术，尤其是大模型的突破正在深刻重塑知识生产、信息交互和社会运作的模式，标志着智能时代的加速到来。

（2）AI大知识需要新素养：AI大模型构建的大模型知识空间极大地拓展了知识的边界和获取效率。本章也对其内容的可靠性、偏见和时效性提出了新的辨识要求，强调需要提升个体的AI素养和批判性思维能力。

（3）人机协同是未来趋势：随着AI的发展，AI并非简单替代人类，而是开启了一种人机优势互补、协同进化的新范式。理解并掌握不同层次的协作模式，将是未来个体和组织成功的关键。

（4）发展与规范需并重：在拥抱AI带来的巨大发展机遇的同时，必须高度重视并积极应对其在数据治理、负责任AI实践、伦理规范等方面带来的挑战，确保技术向善发展。

（5）人的主体性与智慧是关键：无论AI如何发展，人类的常识、价值观、创造力、复杂决策能力以及提出有价值问题的能力，始终是人机协同中不可或缺的核心，也是决定协同效能上限的关键因素。

1.11　课后练习

（1）概念辨析与AI评估：使用你选用的一个大语言模型（如文心一言、Kimi Chat等），要求它解释“生成式AI”和“判别式AI”的核心区别，并分别提供两个应用实例。然后，请对照本教材1.2节的内容和表1.2，评价AI的解释是否清晰、准确、全面，它提供的例子是否恰当。

（2）LLM核心特征理解：阐述你对“大语言模型（LLM）”的理解。它的“大”主要体现在哪些方面？为什么“规模”对于当前LLM的能力涌现（如上下文学习、思维链）如此重要？

（3）知识空间模型应用（AI互动）：选择一门你正在学习的其他专业课程。尝试向AI清晰地描述这门课程的主要内容和学习目标，然后提问：“请基于我对这门课程的描述，运用教材中提到的知识的三个空间模型，分析该课程的知识主要分布在哪个或哪些空间？并具体建议AI大模型可以在哪些环节辅助我学习这门课程？”请记录你与AI对话的关键步骤和最终建议，并结合你自己的判断，反思AI的分析和建议是否合理。

（4）人机协作模式分析：请选择本章1.9节介绍的一种人机协作模式（嵌入式模式、副驾驶模式、智能体模式），构思一个具体的学习或工作场景，描述在该场景下，人和AI可以如何分工协作，并说明这种协同相比于传统方式可能带来的主要优势和潜在挑战。

（5）AI社会影响思考：结合本章1.6节关于AI对工作效率、技能需求和职业演变影响的讨论，选择一个你感兴趣的行业或职业，分析AI技术（特别是LLM）可能给这个行业/职业带来的具体机遇和挑战。

（6）“智能新基建”的意义：请用自己的话解释为什么AI被称为“智能时代的电力”或“智能新基建”，并至少列举两个AI赋能科技创新或科学发现的具体例子。

（7）批判性思考练习（媒体报道）：寻找一篇近期关于AI技术突破或应用的媒体报道。结合下面的“第一台计算机的诞生与启示”材料，分析这篇报道在描述AI能力和影响时，是否存在简化、夸大或带有特定情感色彩的倾向。你认为读者应该如何批判性地看待此类报道？

第一台计算机的诞生与启示

1946年2月15日，世界上第一台通用电子计算机ENIAC在美国宾夕法尼亚大学正式投入运行。这个庞然大物耗资巨大、重量惊人、占地面积大，媒体因此称之为“巨脑”。ENIAC每秒进行5000次运算，但耗电量巨大，据说每次开机都会让费城的灯光短暂变暗。媒体在介绍的时候使用了各种隐喻来解释这项新技术，但公众仍对其感到好奇与担忧（例如，机器是否会取代人脑）。ENIAC的发明者们不得不反复地澄清电子计算机并非要取代人类的原始思维，其价值在于将科学研究从冗长、繁重的计算工作中解放出来。一个有趣的插曲是，由于计算机在数学计算上的强大能力，许多高中生写信询问这是否意味着他们不再需要学习数学了。发明者们对此反复解释，更强大的计算机反而使国家更需要大量经过良好数学训练的学生。尽管新技术的进步令人兴奋，但技术对社会的影响很难准确预见。例如，ENIAC诞生30年后（约1976年），有媒体评论反思提到，当初谁也无法确切知道这项技术最终会给世界带来什么。讽刺的是恰恰在1976年，个人计算机也诞生了，由此开启了信息技术新纪元。从这个案例来看，在理解像AI这样的颠覆性技术时，不能仅仅依赖媒体报道、社交媒体的信息。媒体传播往往带有自身的倾向性、情感色彩，并可能简化甚至忽略技术发展的内在规律。系统性学习和批判性思考至关重要。

（8）（高阶思考）“人的上限”：本章提到“人机协作所能达到的高度最终往往受限于‘人的上限’”。请结合你对AI能力和人机协同的理解，谈谈你如何理解这句话。你认为在智能时代，提升“人的上限”具体指提升哪些方面的能力？

第2章 通用人工智能：曙光、度量与展望

2.1 导学

本章聚焦于人工智能研究领域的一个长期目标——通用人工智能（artificial general intelligence，AGI）。近年来，以大语言模型（LLM）为代表的AI技术在诸多任务上展现了接近甚至超越人类水平的能力，引发了关于“AGI是否已初现曙光”的激烈讨论。然而，对于如何清晰定义AGI、客观度量其进展，并理性展望其未来仍然充满争议。

本章旨在系统梳理AGI的核心概念，审视当前“AGI火花”的论断和对该论断的质疑，探讨衡量智能（特别是通用智能）的评测方法与框架，并阐述人们对现有AI认知的局限性以及AGI未来发展趋势。通过本章的学习，读者将建立对AGI的批判性理解。本章的预期学习目标如表2.1所示。

表2.1 第2章的预期学习目标

编号	学习目标	能力层级	可考核表现
LO2.1	解释通用人工智能（AGI）和超级人工智能（artificial super intelligence，ASI）的基本概念，并将其与专用人工智能（narrow AI）进行区分	理解	能清晰表述AGI和ASI的概念，并举例说明它们与专用人工智能的不同
LO2.2	理解“AGI火花”论断的由来，并能说出至少一种对其的批评或质疑观点	理解	能解释支持“火花”说的例子，并能复述一种认为这些能力并非真正AGI的观点（如模式匹配论）

续表

编号	学习目标	能力层级	可考核表现
LO2.3	描述图灵测试及现代AGI衡量框架（如DeepMind层级、OpenAI视角）的基本思想，并对其进行初步批判性分析	分析	能简述这些框架/测试，并为每种框架指出至少一个主要局限性或受到的批评
LO2.4	识别并说明当前评估大模型能力的常用基准测试[如MMLU（massive multitask language understanding，大规模多任务语言理解）、GSM8K（grade school math 8K，小学算术数学集）]及其作用与挑战（如数据污染、评估维度局限）	理解/分析	能提及代表性基准测试名称，理解其意义，并能说明当前评测方法存在的主要问题
LO2.5	通过实例认识到当前顶尖大模型在常识、推理或鲁棒性方面的局限性	理解	能简单分析为什么某些看似简单的问题对当前大模型构成挑战
LO2.6	理解对AGI/ASI实现时间线预测存在巨大分歧和不确定性，并能说出影响预测的因素	理解	能讨论预测AGI/ASI时间的困难性，并指出定义、技术瓶颈、评估方法等影响因素
LO2.7	认识到AI能力的持续进步正赋能解决更多实际问题，即使在AGI尚未实现的情况下	理解	能联系本章内容，说明AI能力提升如何在语言翻译、科技写作等方面带来具体的应用价值

2.2 是AGI的火花，还是幻影？

以GPT-4为代表的大语言模型（LLM）展现出了强大能力，并引发人们反思：我们是否已看到通用人工智能的早期迹象？

2023年，微软的研究人员发表了论文《通用人工智能的火花：GPT-4早期实验》（Sparks of Artificial General Intelligence: Early Experiments with GPT-4）。这篇论文记录了研究者在早期接触和测试GPT-4模型时观察到的一些现象，描述了GPT-4如何完成一系列看似需要深度理解、推理甚至创造力的任务。论文观察到的AGI现象在AI领域乃至整个科技界引起了巨大反响。

案例2-1：独角兽绘制

研究人员要求GPT-4使用一种名为TikZ的图形描述语言来绘制一个独角兽的图像。令人惊讶的是，模型不仅理解了独角兽这一抽象概念，还能按照要求生成符合规范的代码，最终成功绘制出图像。这显示了模型在跨模态（文本到代码/图像）方面的理解和生成能力。

案例2-2：解决猎人谜题

研究人员提供了一段说明："一个猎人向南走一公里，向东走一公里，再向北走一公里，回到了他出发的地方。他开枪射杀了一只熊。请问这只熊是什么颜色的？"GPT-4不仅能正确推断出猎人最可能在北极点附近（或南极点附近，但北极可能性更大），还能进一步推断出该区域最可能出现的熊是北极熊，因此熊是白色的。这个例子展示了模型进行空间推理和结合常识知识的能力。

论文中还有要求模型规划复杂活动（如安排一次会议、设计一个实验步骤）的例子，这些任务往往需要模型理解目标、分解步骤、考虑约束条件，展现了模型初步的规划能力。

基于这些案例，微软的研究人员认为GPT-4的能力已经超越了以往的专用人工智能，显现出了通用智能的某些特征。他们谨慎地使用了"火花（sparks）"一词，意指这可能是通往AGI的早期、微弱但值得关注的信号。

AGI火花的观点在科学界引发了激烈的讨论。有质疑者认为，大语言模型展现出的惊人表现究竟是源于对世界的真正理解和推理能力，还是仅仅作为一种基于海量数据的复杂模式匹配和统计关联？

批评者认为，LLM本质上可能是一个"随机鹦鹉（stochastic parrot）"，通过学习数万亿单词的文本和大量代码、图像等数据，掌握了语言的规则、事实性知识以及不同概念之间的统计关系。当LLM被问到一个问题或给出指令时，它并非像人类一样进行思考和推理，而是根据学到的统计模式，预测最可能符合要求的下一个词元（token），从而生成看似合理甚至富有创造性的回答。例如，模型能解决"猎人谜题"可能并非因为其真正理解了地理和物理逻辑，而是因为它在训练数据过程中学习了大量"北极""南极""熊""白色"等词语的高频共现模式，从而根据概率拼接出了正确答案。

这场争论触及了一系列人工智能研究的核心问题，包括如何定义和识别智能，特别是通用智能？目前的测试方法是否足以区分出真正的理解与高级的模仿？如果一个系统在所有可观察的行为上都与拥有智能的系统无法区分，是否就能认为其拥有智能？这些不仅是技术问题，还涉及深刻的哲学思考。当前关于AGI火花的争论是对AI发展充满未知和不确定性争议的一个缩影。

2.3　核心概念：理解AGI与ASI

在深入探讨"AGI火花"的真伪以及如何衡量智能之前，我们需要清晰界定几个核心概念：通用人工智能（AGI）、超级人工智能（ASI）以及与之相对的专用人工智能。理解这些术语的含义及其区别是后续讨论AGI进展与度量方法的基础。

通用人工智能（AGI）：指一种假设性的、具备与人类相当的、全面的认知能力，能够理解、学习并将智能应用于解决任何人类能够完成的智力任务的机器智能。其核心特征在于其通用性（generality）和适应性（adaptability），即不局限于预先设定的特定领域或任务，能够在广泛不同的环境中学习和解决新问题。AGI被视为人工智能研究领域的圣杯之一。然而，“与人类相当”本身就是一个模糊且难以操作化的标准（例如是指认知能力的平均水平，还是峰值水平？是指单一能力相当，还是所有认知能力的总和？），这使判断当前技术进展是否真正触及AGI具有争议。

专用人工智能（narrow AI）：也称为弱人工智能（weak AI），指专注于执行单一特定任务或一组有限相关任务的人工智能系统。目前我们日常生活中接触的绝大多数AI应用都属于专用人工智能的范畴，例如智能手机上的人脸识别解锁系统、电商平台的商品推荐系统、自动驾驶汽车（在特定条件下运行）、语言翻译工具、语音助手（如Siri、Alexa等），以及在特定棋类游戏中战胜人类顶尖棋手的程序（如AlphaGo）等。专用人工智能的核心特征是其能力的专用性。它在特定任务上的表现可能已经达到甚至超越了人类顶尖水平，但它无法将其能力泛化到其他不相关的领域。

超级人工智能（ASI）：指的是一种假设性的智能系统，在几乎所有具有经济价值或智力价值的领域，其能力都远超最聪明、最有才华的人类个体。它不仅能完成人类能做的所有事情，而且做得更好、更快。ASI通常被认为是AGI发展到极致后可能出现的下一阶段。由于其高度的想象性和距离当前技术现实较远，本书将主要聚焦于对AGI的讨论，ASI在此仅作为AGI之上的一个概念性引申。

2.4 丈量智能：AGI标尺的探索、实践与争议

精确定义通用人工智能（AGI）充满挑战，如何客观地衡量一个系统是否达到了AGI水平是一个更加棘手的问题。在过去和当前的AI研究中，人们提出了多种尝试性的标尺和评估方法，但每一种都伴随自身的局限性和争议。

1.图灵测试

由英国数学家、人工智能之父艾伦·图灵（Alan Turing）在1950年的论文《计算机器与智能》（Computing Machinery and Intelligence）中提出的图灵测试（Turing test）的核心思想是“模仿游戏”（见表2.2）。图灵测试中，设置一个人类评判者，评判者在与一个人类个体和一个机器分别进行纯文本（无法看到对方，隐含人机隔离）的实时对话后，如果无法稳定地分辨出哪个是机器、哪个是人类，那么就可以认为这台机器具备了智能。

表2.2　图灵测试

方面	描述
提出者	英国数学家、人工智能之父艾伦·图灵
提出时间	1950年
原名	模仿游戏（The Imitation Game）
目的	评估机器是否能表现出与人类无法区分的智能行为
测试设置	人类评判者（interrogator）分别与一个人类个体和一个机器进行纯文本对话。评判者需判断哪个是机器。 若评判者无法可靠区分，则认为机器通过测试
测试问题	无官方列表。通常涉及情感、经历、语言谜题等，旨在暴露机器的非人特性
通过标准	图灵设想：到2000年，计算机能在5分钟对话中，让普通评判者猜错的概率超过30%。但无官方统一标准
意义	提供了早期衡量AI智能的启发性标准。 激励了自然语言处理等领域的研究
局限性	主要考察模仿能力，而非真正理解或意识。 仅限于文本对话，评估维度单一。 可能被擅长“欺骗”的程序通过（例如利用预设脚本或大量对话数据进行模式匹配）

尽管图灵测试在AI早期发展中起了重要的思想启蒙作用，并且至今仍有其象征意义，但学术界普遍认为它远不足以作为衡量现代AI系统，特别是AGI的充分或必要标准。美国哲学家约翰·塞尔（John Searle）提出的“中文房间（Chinese room）”思想实验（见表2.3）就挑战了“通过图灵测试即拥有智能”的观点，强调了符号操作与真正理解之间的区别。

表2.3　中文房间思想实验

方面	描述
提出者	美国哲学家约翰·塞尔
提出时间	1980年
实验设置	一个只懂英语的人被关在房间里，不懂中文。 房间里有英文手册，指导其如何根据输入的中文符号（问题）查找并输出对应的中文符号（答案）。 房外人输入中文问题，房内人按手册输出中文答案
实验目的	反驳“强人工智能”观点（认为只要有合适的程序，计算机就能拥有理解能力）。 塞尔认为，房内人虽然能正确处理中文符号，但他完全不理解中文
实验隐喻	房内人=计算机CPU，手册=程序，中文符号=数据。即使系统能完美处理符号（可能通过图灵测试），也不代表系统本身产生了语义理解（懂中文）
核心论点	程序只处理语法（符号操作规则），不涉及语义（意义理解）。因此，仅靠运行程序无法形成真正的理解或心智活动

续表

方面	描述
反驳观点	系统反驳：单个组件不具备理解能力，但“房间系统”作为一个整体具备中文理解能力。 机器人反驳：需要与世界互动才能产生理解能力。 脑模拟器反驳：足够复杂的模拟就能产生理解能力
意义	引发了关于计算、理解、意识之间关系的深刻哲学辩论，至今仍是人工智能哲学的核心议题之一，挑战了仅从行为判断智能的做法

2. 人类能力标尺：Google DeepMind的AGI能力层级

Google人工智能研究机构DeepMind的研究人员提出了一套具有概念性的AGI能力分级框架（见表2.4）。该框架尝试将AI的能力发展路径与人类在不同技能水平上的表现进行对比，将AI的智能水平锚定在从“无AI”到“超人类”的多个阶段。

表2.4　人类能力标尺（基于Google DeepMind AGI能力层级概念的阐释）

能力等级	性能基准描述	专用人工智能（narrow AI）案例	通用人工智能（AGI）案例（理论上）
L0：无AI	无智能特征	计算器软件、编译器	不适用
L1：初现（emerging）	低于人类新手	早期基于规则的聊天机器人、简单图像识别	能进行基础对话、识别常见物体，但错误率高，缺乏常识
L2：胜任（competent）	人类平均水平	高级机器翻译系统、语音助手（Siri、Alexa）、某些领域（如放射影像识别）的辅助诊断系统	能可靠完成多数日常认知任务，具备基本常识和推理能力，学习新任务速度接近人类
L3：专家（expert）	人类顶尖专家（如领域内排名前10%）	Grammarly语法修改工具、高级图像生成模型（DALL-E3、Midjourney）、某些特定科学计算辅助工具	在多个专业领域达到人类专家水平，能独立解决复杂问题，进行深度分析
L4：大师（virtuoso）	超越人类顶尖专家（如领域内排名前1%）	腾讯绝悟AI（王者荣耀）、AlphaGo/AlphaZero（围棋）	在几乎所有人类可从事的智力活动中达到顶尖水平，具备高度创造性和跨领域整合能力
L5：超人类（superhuman）	远超人类的能力	AlphaFold（蛋白质结构预测）、华为盘古气象大模型（特定预测任务）	在所有智力任务上显著超越任何人类个体，接近或达到超级人工智能（ASI）（目前仅为假设性概念）

注：表格中narrow AI案例仅为示意，其在特定任务上的表现可能达到对应层级，但其能力不具备通用性。AGI案例均为理论上的能力描述，目前尚无公认的AGI系统实现。

该框架提供了一个直观的比较视角，有助于理解AI从弱到强、从专用到通用的可能演进路径。但这个框架也面临挑战，包括如何精确定义和量化各层级的“人类能力水平”，以及该框架是否充分考虑了创造力、情商、具身智能等其他构成通用智能的重要维度。

3.任务胜任标尺：OpenAI的视角

OpenAI在关于AGI走向ASI的讨论中，提出从AI系统能够自主完成的任务范围和复杂性的角度划分智能水平（见表2.5）。这个观点的核心逻辑是，随着能力的提升，AI系统能够独立胜任的任务也将越来越广泛和复杂。

表2.5 任务胜任标尺（基于OpenAI对能力演进的探讨）

能力等级	能力特征（侧重任务完成）	典型场景设想	当前大致进展阶段
L1：辅助工具	文本生成、信息查询、简单代码辅助	用户指令驱动的单一功能	已广泛实现
L2：可靠助手	能在指导下完成较复杂流程，如报告撰写、数据分析	在人类监督和提示下完成多步骤任务	接近部分顶尖模型
L3：自主代理	能独立管理项目、运营业务、进行长期规划（在特定领域）	在特定领域内，接受高层目标后能自主规划和执行，并调用工具	研发与探索
L4：问题解决者(AGI)	能解决跨领域复杂问题，完成绝大多数人类认知任务	能够完成绝大多数人类可以完成的、具有经济价值的认知任务	理论与远期目标
L5：超级智能(ASI)	推动科学革命、解决全球性挑战、远超人类认知极限	在所有智力任务上显著超越任何人类个体，可能在科学发现、战略规划等方面带来革命性突破	假设性阶段

注：此表格层级为示意性划分，旨在说明OpenAI的思路侧重点，并非官方发布的严格定义。

这种基于任务完成能力的视角有助于将抽象的智能概念落实到可观察的任务表现上。但是这种方式同样面临如何清晰界定任务复杂性和自主性水平，以及是否会忽视其他重要智能要素（如学习效率、创造性思维等）等挑战。

2.5 大模型能力评测实践：基准与挑战

在当前的AI研发中，衡量和比较不同模型（尤其是大语言模型）性能较常用的方法是基准测试。一个基准测试通常包含一套精心设计的任务、相应的数据集以及明确的评估指标。通过在同一基准上测试不同模型，可以获得可量化的、具有可比性的结果。

基准测试在推动AI技术进步中扮演了重要角色。它不仅为模型研发提供明确的优化目标和衡量标尺，促进了技术的快速迭代，而且帮助研究人员识别现有模型的短板和未来研究的方向。随着模型能力的不断增强，旧的基准测试可能会逐渐“饱和”（即顶尖模型得分接近完美），这就需要研究者不断设计出新的、更具挑战性的基准来继续区分和评估更强大的模型。例如从MMLU到MMLU-Pro的发展就体现了这一点。

表2.6是一些近年来在LLM评测中具有代表性的基准测试。

表2.6　代表性大模型能力评测基准

名称	类型	简介	研发机构/团队（示例）
MMLU	综合知识与推理（多学科）	涵盖57个学科的选择题，全面评估模型的知识广度和问题解决能力，是衡量LLM综合能力的重要标杆	加利福尼亚大学伯克利分校等
GSM8K	数学推理（小学应用题）	包含约8500道需要多步算术推理才能解决的小学数学应用题	OpenAI
HumanEval（人类写作评估数据集）	代码生成	包含164个编程问题，要求模型根据函数签名和文档字符串生成正确的Python代码	OpenAI
HellaSwag（通用语言理解基准数据集）	常识推理（事件预测）	给定场景上下文，要求模型从四个选项中选择最符合常理、最可能发生的后续事件。对人类来说比较简单但对早期模型挑战大	华盛顿大学等
C-Eval（comprehensive Chinese evaluation，中文综合评估）/CMMLU（Chinese MMLU，中文大规模多任务语言理解）	中文综合知识与推理（多学科）	针对中文环境设计的MMLU类基准，覆盖STEM（science，technology，engineering，mathematics）、人文、社科等领域，评估模型在中文语境下的能力	上海交通大学等
AGI-Eval（artificial general intelligence evaluation，通用人工智能能力评估）	人类标准化考试模拟	汇集全球20余项官方高标准考试（如中国的高考，美国的SAT、LSAT、AIME等）题目，全面评估模型在人类实际考试场景下的理解、推理和决策能力	微软亚洲研究院等
GPQA（graduate-level Google-proof Q & A，研究生级的谷歌验证问答基准测试）	高难度科学问答	包含博士研究生水平的、极其困难的科学问题（物理、化学、生物学等），能抵抗简单搜索，需要深入理解和推理	David Rein、Betty Li Hou等
PIQA（physical interaction QA，物理交互问答测试集）	物理常识推理	包含日常物品物理特性、交互方式等问题，评估模型对物理世界基本运作规律的理解	艾伦人工智能研究所（Allen Institute for AI）

注：更多基准测试如WinoGrande、ARC、BoolQ、AIME等也在不同维度评估模型能力。

1.基准测试的争议与挑战

尽管这些基准测试的重要性毋庸置疑，但它们仍然面临挑战和争议。

（1）数据污染常见的问题是用于评估模型的测试数据可能已经有意或无意地出现在模型的训练数据中。这会导致模型在测试中表现优异，但并非因为它真正掌握了相关能力，而是因为它“记住”了答案。

（2）过度优化或“应试”：模型开发者可能会针对流行的基准测试进行过度优化，使得模型在这些特定测试上得分很高，但在未见过的新任务或真实世界场景中表现不佳。

（3）评估维度的局限性：大多数现有基准测试主要考察模型的知识记忆、模式识别和基于已有知识的推理。对于更深层次的能力，如鲁棒性（面对干扰或对抗性输入的稳定性）、深层常识推理（对世界运作基本规则的理解）、创造性、长期规划能力，以及与物理和社会环境的互动能力等，目前的评估还很不足。

2.特定任务与非典型挑战

除了标准化测试，研究者也会设计特定任务（如一些非典型挑战）来探测模型的“软肋”。例如，来源于中国互联网社区“弱智吧”（一个以提出看似简单荒谬、实则可能挑战思维定式或常识的问题为特色的网络社群）的问题（参见扩展阅读2.1）。这些问题往往能轻易地“绊倒”最先进的大模型，暴露出它们在理解真实世界物理规则、社会常识、隐含意义或进行灵活变通方面的缺陷。

扩展阅读2.1：弱智吧——大模型训练的意外认知养料

对未来评估方法的需求，意味着需要不断探索和发展更加全面、更加深入、更能反映真实世界复杂性的AI评估方法。这不仅对追踪AGI的进展至关重要，也对确保AI技术健康、负责任地发展具有重要意义。

2.6 前路展望：持续进步的轨迹与认知局限

在观察到当前AI能力的显著进步后，一个问题自然而然地产生：未来将走向何方？通用人工智能乃至超级人工智能离我们还有多远？要回答这个问题，我们需要关注AI技术发展的趋势，同时也认识到当前认知的局限性。

1.AGI/ASI实现时间线的预测与分歧

AGI何时能够实现是当前人工智能领域，甚至整个社会都高度关注的话题，但是专家们对此的预测存在明显分歧和不确定性。乐观的预测认为，基于当前技术发展的指数级速度，AGI可能在未来几年到十年内出现。一些谨慎的预测认为，实现AGI仍然面临着巨大的、尚未克服的科学和工程挑战，可能需要数十年甚至更长的时间。还有一部分观点认为，真正意义上的人类水平通用智能可能永远无法实现，或者至少目前无法可靠预测。

这种关于AGI发展预测的巨大差异主要源于几个方面。

（1）AGI定义的模糊性：正如前文讨论的，对AGI没有统一且准确的定义，不同的研究者可能基于不同的标准进行预测。

（2）对技术路径的不同判断：一些人相信当前基于大规模数据和计算的深度学

习路径（遵循所谓的“规模定律（scaling law）”，即模型性能随数据、计算和模型参数规模的增加而提升）能够最终通向AGI；另一些人则认为可能需要全新的理论突破或不同的技术范式。

（3）对未来突破速度的假设不同：技术发展往往是非线性的，难以预测何时会出现关键性的理论或工程突破。

这带来的启示是对于AGI时间线的预测需要保持审慎。与其纠结于一个具体的时间点，不如将其作为一个动态演进且充满变化的领域而积极准备。

2.理解智能本身的挑战与局限

还有一个更深层次的原因导致预测AGI未来非常困难，即人类对于智能，特别是人类自身智能的理解本身的局限性。这主要体现在以下方面。

（1）认知的“黑箱”：尽管神经科学、心理学、哲学等领域对人类大脑和心智进行了长期研究，但对于意识、常识、创造力、情感等高级认知功能的精确机制，很大程度上仍处于黑箱状态。

（2）定义与度量的困难：如果构成人类智能的关键要素都未能完全理解和量化，如何精确地定义一个人工系统需要达到何种标准才算等同于人类智能？又如何设计出完备的测试来验证它是否真的达到了这个标准？

（3）根本性障碍：对智能本质认识的不足，构成了研发和识别真正AGI的一个根本性障碍。人类可能正在尝试制造一个自己都还没完全搞懂的东西。

3.可见的趋势：AI能力持续增强

尽管通往AGI的路径充满未知和挑战，对智能本质的理解也存在局限，但一个明确的趋势是，当前人工智能系统（特别是大模型）在执行各种具体任务上的能力正以前所未有的速度快速提升，并且在越来越多的领域达到甚至超越了人类（见图2.1）。

从发展历史来看，AI首先在一些模式识别任务上的表现超越人类，例如图像分类（大约在2015年AI在ImageNet等基准上的表现首次超越人类基线）。然后在自然语言处理（natural language processing，NLP）的许多基准任务上，如机器翻译、阅读理解、文本分类等，顶尖AI模型的得分也相继超过了人类平均水平。

根据斯坦福大学发布的《2024年人工智能指数报告》，这种超越正在向更复杂的、需要高阶推理和专业知识的领域延伸。例如，在GPQA这种包含博士研究生水平的、极其困难的科学问题（涵盖物理、化学、生物学等领域），能够抵抗简单搜索，同时需要深入理解和推理的基准测试上，报告指出到2023年底至2024年初，最先进的大语言模型（如GPT-4等）的表现已经能够与人类专家（对应领域的博士生或更高水平）媲美，甚至超过了人类专家。

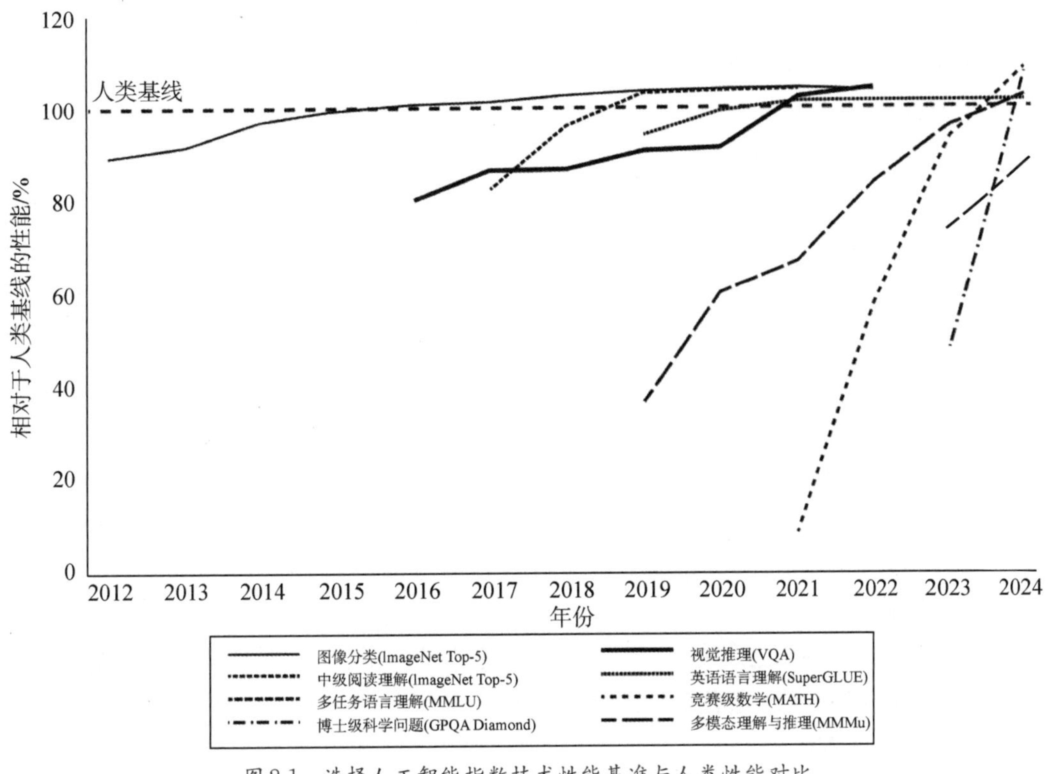

图2.1　选择人工智能指数技术性能基准与人类性能对比
（资料来源：《2025年人工智能指数报告》）

这个过程展示了一个反复出现的模式：人类不断设计出更具挑战性的新基准来“考验”AI，AI模型在初期可能表现平平，但通过技术迭代和规模扩展，往往能在很短时间内取得突破，达到甚至超过设计者最初设定的能力目标。这种“你出题，我解题（并最终超越）”的快速迭代循环，有力证明了无论我们如何定义智能，当前的AI技术在能力层面都在保持高速进步。

2.7　本章小结

1.核心回顾

（1）核心概念界定：介绍了专注于特定任务的专用人工智能（narrow AI）、具备与人类相当的通用认知能力的通用人工智能（AGI），以及假设性的、远超人类智慧的超级人工智能（ASI）。

（2）“AGI火花”之辩：介绍了微软研究者基于GPT-4早期实验提出的“AGI火花”论断及其观察到的AGI的能力，并阐述了对此的核心质疑点——这些表现是源于真正理解还是高级的模式匹配（“随机鹦鹉”论）。

（3）衡量智能的标尺：探讨了衡量AGI的几种主要尝试，即经典的图灵测试及其局限性、Google DeepMind提出的AGI能力层级框架（基于与人类能力对比）及其标准模糊性、OpenAI所倾向的任务胜任标尺（基于完成任务的复杂度和自主性）及其评估挑战。

（4）大模型能力评测：介绍了当前评估大模型（如LLM）常用的基准测试（如MMLU、GSM8K等）及其作用，但也指出了面临的挑战，如数据污染、过度优化以及评估维度的局限性。

（5）前路展望的复杂性：讨论了预测AGI/ASI实现时间线的巨大分歧和不确定性，分析了造成这种分歧的原因（定义模糊、技术路径不确定等）。同时，指出了理解智能本质（特别是人类智能）本身的困难，构成了研发和识别AGI的根本障碍。

（6）可见的进步轨迹：尽管AGI定义和路径充满未知，但一个明确的趋势是，当前AI系统在具体任务上的能力正持续、快速地提升，并在越来越多复杂和专业的领域达到甚至超越人类专家水平。

2.关键洞察

（1）"智能"的深邃与模糊性：定义和衡量"智能"，特别是"通用智能"，本身就是一个极其困难且充满哲学意味的挑战。目前不存在一个普遍接受的、完美无缺的标准或测试方法。

（2）能力表现与内在理解的分野：当前先进AI（尤其是大模型）所展现的惊人能力，究竟是其真正理解的萌芽，还是高度复杂的模仿与统计关联的结果？这是AI领域的核心辩题，目前尚无定论。我们需要审慎区分"看起来智能"和"真正智能"。

（3）评估方法的局限性：目前所有的AI评估方法，都只是对"智能"的某个侧面或某种表现的近似测量，存在盲人摸象的可能性。过度依赖单一指标可能会带来误导。

（4）预测未来的审慎：对AGI何时到来的预测需要极其审慎。与其执着于具体时间点，不如关注技术发展的实际能力边界、潜在风险以及我们自身理解的局限性。

（5）能力进步是确凿的现实：无论关于AGI的争论如何，AI系统在解决现实世界问题、执行具体任务方面的能力正以前所未有的速度提高。关注这些可见的能力进步及其带来的实际应用价值，可能比纯粹的AGI定义之争更具现实意义。

2.8 课后练习

（1）概念辨析与AI互动：使用你选用的AI大模型，要求它解释"专用人工智能（narrow AI）"和"通用人工智能（AGI）"的关键区别，并各举一个具体例子。然后，结合本章2.3节的定义，评价AI的解释是否准确、清晰？它举的例子是否恰当且能体现核心差异？

（2）衡量框架分析：从图灵测试、Google DeepMind的AGI能力层级、OpenAI的任务胜任标尺这三个衡量智能的框架中，任选一个进行分析。论述所选框架至少两个主要的优点（或价值）以及两个主要的缺点（或争议点）。

（3）基准测试认知：什么是大模型能力评测中的基准测试？为什么需要使用基准测试？请列举至少三个不同类型的基准测试及其主要评估的能力维度。这些基准测试主要存在哪些局限性？

（4）模型局限性探索（AI互动）：尝试向AI提出一个本章提到的、可能挑战其常识或简单逻辑推理的问题（例如，"书店里卖的书是用来读的，还是用来吃的？"或者一个简单的逻辑谜题）。记录AI的回答，并分析它的回答是正确理解，还是试图强行解释、回避问题或给出了错误的答案。这反映了当前AI技术的哪些局限性？

（5）"AGI火花"观点评价：微软研究人员在其论文中提出了"AGI火花"已经出现的观点。结合本章学到的关于AGI定义、衡量困境、当前模型能力与局限性等内容，你是否同意这个观点？请阐述你的理由，并进行论证。（可以尝试用AI作为讨论伙伴，先让它陈述支持和反对的观点，再形成你自己的判断）

（6）（思考题）智能与意识：本章讨论了区分"看起来智能"和"真正智能"的困难。你认为当前的大模型是否可能拥有某种形式的"理解"或"意识"？如果不是，它们与人类智能的根本区别是什么？如果未来AI在行为上与人类完全无法区分，我们应该如何看待它？

第2篇

基础：大语言模型的基本原理

在对人工智能整体发展图景有所了解后，本篇将聚焦当前AI浪潮中的核心技术——大语言模型（large language model，LLM）。作为一种强大的AI工具，LLM在文本理解与生成方面展现出前所未有的能力，已成为推动众多智能应用发展的重要基础。

为有效应用LLM并充分发挥其潜力，理解其基本工作原理至关重要。本篇旨在系统介绍大语言模型的技术基础、核心能力、固有限制以及提升性能和构建实用应用的主要方法。

第3章“大语言模型：技术基础”将面向不同背景读者介绍LLM的基本概念，详细解析其技术发展脉络，包括模型定义、关键要素（如数据、参数、算力）、核心架构（如Transformer）以及主要训练流程。

第4章“大语言模型：能力边界”将展示LLM在语言处理、认知模拟及特定应用中的典型能力，同时客观分析其在知识时效性、专业深度、信息准确性和逻辑推理等方面的局限，帮助读者建立对LLM能力边界的理性认识。

第5章“大语言模型：优化方法与应用构建”将介绍提升LLM在具体应用中效果的常用技术路径，如微调、检索增强生成和提示词工程，并探讨如何将技术方法与工程实践相结合，将基础模型转化为面向用户的实用应用。

通过本篇学习，读者将系统理解大语言模型的技术内核、能力边界及优化方法，为进一步探索高级AI应用、提升数字素养及实践人机协同奠定坚实基础。

第3章　大语言模型：技术基础

3.1　导学

在了解人工智能整体发展图景的基础上，本章将深入探讨当前AI技术发展的核心引擎——大语言模型（LLM）的技术基础。理解LLM的运行原理是有效应用并理性评估其能力与局限的前提。

本章面向不同学科背景的读者，首先从“什么是模型”这一基础问题出发，帮助理解通俗易懂的基本概念，然后系统介绍LLM的技术定义、关键构成要素、核心架构以及主要的训练方法与流程。本章的预期学习目标如表3.1所示。

表3.1　第3章的预期学习目标

编号	学习目标	能力层级	可考核表现
LO3.1	解释“模型”“输入输出关系”“人工智能大模型”的通俗含义	理解	能用简单语言向非专业人士解释这些基本概念
LO3.2	区分判别式AI与生成式AI的应用场景	理解/应用	能根据任务类型判断使用判别式或生成式AI，并说明理由
LO3.3	解释“GPT”的含义及其Transformer架构的核心工作机制（自注意力）	理解	能清晰解释GPT及Transformer的核心思想
LO3.4	阐述大语言模型的基本发展脉络	理解	能概括大语言模型从早期统计模型到Transformer架构演进的关键节点
LO3.5	说明大语言模型成功的三个关键因素：大数据、大参数、大算力，并理解其相互关系	理解	能分别列出三要素并举例说明其作用

续表

编号	学习目标	能力层级	可考核表现
LO3.6	描述大语言模型训练的三个主要阶段：预训练、有监督微调（SFT）、基于人类反馈的强化学习（RLHF），并理解各阶段的目标与作用	理解	能准确说出每个阶段的目标、主要使用的数据类型与对模型能力的影响
LO3.7	评估大语言模型训练中的能源消耗及其环境影响，并思考可持续性发展方向	评价	能结合算力消耗讨论模型训练的资源开销与环境影响，并能提出初步的可持续性思考

3.2 什么是模型

在人工智能领域，模型（model）是一个基本而频繁使用的术语。理解模型的本质是后续深入学习的关键起点。

视频3.1：预训练的大模型

简单来说，在人工智能（尤其是机器学习）中，模型可以被视为一个通过数据学习训练、能够执行特定任务的程序或系统。与传统程序依靠人类设定规则和逻辑不同，AI模型通过大量数据学习如何完成任务。传统编程是依赖用户告诉计算机如何一步一步做，而AI模型是从数据中学习如何做。

1.输入与输出的关系：模型的“加工厂”隐喻

可将AI模型形象地比作一个加工厂。加工厂的输入为用户提供的信息，经过模型内部的计算与处理，输出为相应的结果。输入类型因任务不同而异，例如语言模型的输入通常为文本（问题、句子、文章等），图像识别模型的输入为图片，语音识别模型的输入为音频。

输出则是模型基于输入经过处理后的结果。语言模型可能输出回答，生成文章、代码，或对文本翻译与总结；图像识别模型输出图片中物体的类别标签（如猫、汽车），语音识别模型将语音转换为文字。

模型的核心在于学习如何有效地将特定输入映射为期望的输出。以翻译模型为例，其任务是将中文句子（输入）转化为准确流畅的英文句子（输出）。

2.大语言模型就是一个“大文件”：一种通俗理解

LLM的工作原理有一个形象的类比：大语言模型实质上是一个包含海量参数的庞大计算机文件。

基于上述类比，可以将LLM想象为一本通过阅读和分析海量文本（如互联网网页、书籍等）而自动总结形成的语言密码本。这个密码本由模型参数构成，参数数量通常达到数十亿、数百亿甚至数万亿级，决定了模型如何根据输入预测输出。

由于LLM参数数量庞大，模型文件本身也非常大（达到几十GB、几百GB甚至TB级别），因而加载大模型往往需要大量存储空间和较长时间。

3.模型的工作流程（简化版）

用户向LLM输入文本（如“中国的首都是哪里?”），模型会将其转换为数字表示，再利用内部存储的庞大参数文件进行复杂的数学计算。运算的目的是基于输入内容和模型的语言知识，预测最有可能的下一个词或一串词。最终，模型预测输出最有可能的词语序列（如“北京”），并转换为可读文本返回给用户。

需要强调的是，将LLM比作大文件或密码本只是为了帮助非专业读者理解和简化类比。LLM的实际工作机制远比这个类比复杂，涉及神经网络、概率统计、线性代数、微积分和分布式计算等技术。就技术而言，大语言模型的核心是通过庞大的参数文件实现强大的语言处理能力。

在理解了模型是通过数据学习输入与输出关系的基础上，接下来将进一步探讨不同类型的AI模型及其具体原理。

3.3　判别式AI与生成式AI

在人工智能的发展历程中，根据模型学习目标和任务类型的不同，当前主流AI模型大致可分为两类：判别式人工智能（discriminative AI）与生成式人工智能（generative AI）。

如前所示，判别式人工智能专注于学习数据中的决策边界或条件概率$P(y|x)$，其核心任务是分类（classification）、回归（regression），即回答“输入x属于哪个类别或对应哪个数值?”的问题。例如，图像识别模型判断一张图片中的是猫还是狗，垃圾邮件过滤器判断一封邮件是否为垃圾邮件。这类模型的重点在于判别和区分。

生成式人工智能则进一步尝试学习数据的底层概率分布$P(x)$或联合概率分布$P(x,y)$，以生成新的、与训练数据相似但不完全相同的数据样本，致力于回答“生成一个类似于训练数据的……”的问题。生成式人工智能的典型应用包括根据文本描述生成图像或者根据一段开头文字继续创作故事等。

大语言模型（LLM）是生成式人工智能在自然语言处理领域的重要代表，其核心能力在于根据输入提示词生成连贯且具有语义相关性的文本内容。

3.4　什么是GPT：理解核心技术

GPT（generative pre-trained transformer，生成式预训练变换器）通常指一系列，通常指一系列基于Transformer架构的神经网络模型。GPT在包含文本和代码的大型数据集上训练，具备理解和生成与上下文相关的连贯文本的能力，大幅拓展了生成式AI的应用边界。

GPT名称中的三个关键词（生成式、预训练、变换器）概括了其核心特征。其中，生成式体现了模型在创造和生成新的内容方面的能力。模型通过理解输入提示词生成连贯且有创造性的文本、代码或其他序列数据。预训练指出了模型获取广泛知识和能力的基础。在被应用于具体任务（如对话、翻译）之前，模型已通过在大规模、多样化的文本与代码数据上的自监督学习（通常为上下文预测下一个词元）隐式学习了语法规则、词语含义、基本常识及丰富的世界知识，奠定了其通用语言理解与生成能力。变换器是GPT所采用的神经网络架构，支撑了当代主流大语言模型的发展。Transformer架构由Google的研究团队于2017年在论文"Attention Is All You Need"中首次提出，其核心在于自注意力机制（self-attention mechanism）。

1. 自注意力机制的优势

在Transformer架构出现之前，序列数据处理（如文本）主要依赖循环神经网络及其变种（如长短期记忆网络）。但这些模型在捕捉长距离词语依赖关系方面存在一定限制，且顺序计算限制了效率。自注意力机制允许模型在处理序列中每个单元（词元）时，结合并加权考虑序列中所有其他词元的信息，根据它们之间的相关性动态分配注意力权重。这提升了模型捕捉全局上下文和长距离依赖的能力，特别适用于多重指代或复杂句法结构的文本理解。

2. 并行计算带来的规模突破

Transformer架构的非顺序、高度并行计算特性使其能够充分利用现代图形处理器或张量处理器等硬件。这使训练参数量远超以往的超大规模模型成为可能（达到亿级、千亿级甚至万亿级），这也是LLM实现规模化的关键前提。

GPT及类似的大语言模型本质上是基于Transformer架构，通过大规模数据预训练实现强大的文本生成与泛化能力（即便在未特定训练任务下也能处理新任务）。这些模型是算法架构创新、大数据处理与高性能计算协同发展的产物，体现了人工智能领域技术融合与进步的综合成果。

3.5 大语言模型的发展巡礼

大语言模型的发展经历了从统计方法到深度学习，再到架构创新与规模扩张的发展过程（参见扩展阅读3.1）。

扩展阅读3.1：大语言模型的发展历程

1. 早期探索：从统计到神经网络

人工智能发展的语言模型主要依赖统计方法，例如n-gram模型（n-gram model），通过统计语料库中连续n个词（或字符）序列的出现频率，预测给定前$n-1$个词后下一个词的概率。尽管简单直观，但该方法对上下文的建模能力有限，难以捕捉长距离依赖和句子深层语义。

随着深度学习的兴起，神经网络被引入语言建模。循环神经网络（recurrent neural network，RNN）以及长短期记忆网络（long short-term memory，LSTM）开始显示出优势。这两种网络通过内部循环结构或记忆单元处理序列数据，理论上可以捕捉更长的上下文依赖关系。相较于n-gram，它们在语义理解和句法分析上取得了明显提升。然而，这两种网络在处理长序列时仍存在梯度消失或爆炸，且难以充分利用并行计算资源等问题。

2.关键突破：Transformer架构

2017年谷歌提出的Transformer架构成为大语言模型的里程碑。自注意力机制使模型能够高效捕捉长距离依赖，同时实现高度并行的计算，大幅提升了模型训练效率和效果。

3.预训练范式：学习通用知识

基于Transformer架构的成功，研究者提出了预训练-微调（pre-training and fine-tuning）范式。

预训练阶段，模型在大规模无标签文本数据上进行自监督学习。常用训练目标包括掩码语言模型（masked language model，MLM）[如BERT（bidirectional encoder representations from transformers），根据上下文预测被遮盖的词]和因果语言模型（causal language model，CLM）（如GPT，预测下一个词）。这一阶段帮助模型学习语言规则、词义及基础常识。

微调阶段，预训练模型在规模较小且具备标注的特定任务数据集上继续训练，以提升在特定应用（如文本分类、问答）的表现。该范式显著地提高了模型在各类自然语言处理（NLP）任务中的适应性与性能。

4.规模化：从百万到万亿参数的飞跃

在Transformer架构与预训练范式的基础上，模型性能与模型规模（参数量与数据量）呈现明显的正相关关系，即所谓的“规模定律（scaling law）”。该定律进一步推动了模型规模的急剧增长。

早期神经网络语言模型参数量多为百万级，BERT-Large模型提升至3.4亿，GPT-3达到1750亿，表现出强大的零样本与少样本学习能力。近年来的代表性模型（如GPT-4、Gemini、LLaMA 3等）在参数量上进一步提高，部分采用混合专家（mixture of experts，MoE）等技术，总参数甚至达到万亿级。这一规模扩展不仅提升了传统NLP任务的性能，还推动了推理、创作、多模态理解等更复杂能力的涌现。

3.6 成功的基石：大模型的三个关键因素

大语言模型的突破性进展源于大数据、大参数和大算力三大要素的协同发展。这三者相互依存、相互促进，构成了推动模型能力提升的“技术铁三角”。

1. 大数据：广博的语言知识源泉

预训练大语言模型所依赖的学习材料来源广泛，包括互联网网页文本（如Common Crawl）、数字图书、百科知识（如维基百科）、新闻报道、社交媒体对话（经清洗处理）、科学论文（如arXiv预印本）以及开源代码库（如GitHub）。这些数据规模庞大，通常达到TB级甚至PB级，包含数万亿个词元。

词元（token）是大语言模型处理文本的基本单位，通常对应于英文中的单词或词根、前后缀，中文中则常对应单个汉字或高频词。模型可处理的最大词元数受到上下文窗口限制（参见扩展阅读3.2）。数据的质量、多样性、时效性及合规性（如数据清洗、去偏见、去重复、版权和隐私保护）对模型能力和安全性具有重要影响。高质量且多样化的数据能够帮助模型学习语言规律、领域以及文化背景。

扩展阅读3.2：什么是词元（token）

2. 大参数：模型的表达能力核心

模型参数是神经网络中用于学习和存储知识的变量（主要为权重和偏置），其规模直接影响模型的容量和表达能力。更大的参数量通常使模型具备学习更复杂模式、捕捉长距离依赖以及存储更多知识的潜力，并提高了涌现一定高级认知能力的可能性。

目前顶尖大语言模型的参数规模已达到数千亿甚至万亿级（参见扩展阅读3.3）。参数总量在很大程度上决定了模型的潜力、存储需求以及训练与推理所需的算力。参数增加的同时也对训练数据量和计算资源提出了更高要求。

扩展阅读3.3：什么是大语言模型的参数规模

3. 大算力：训练过程的支撑保障

训练拥有海量参数的大语言模型需要其在大规模数据集上进行高强度迭代学习，这对计算机资源提出了极高要求。算力通常以FLOPS（每秒浮点运算次数）衡量，是完成大规模训练任务的基础保障。

训练LLM的总计算量用PetaFLOPs-day（PFLOPS-day）或更高单位表示，通常需要由数百至上万块高性能GPU或TPU组成的计算集群持续运行数周至数月，带来显著的硬件、电力及运维成本。

分布式训练技术（如数据并行、模型并行）和高效的软件框架对提升训练效率同样具有关键作用（参见扩展阅读3.4）。

扩展阅读3.4：什么是算力

总结而言，大数据提供学习素材，大参数提供模型容量，大算力为模型训练提供物理保障。三者的共同进步支撑了当前大语言模型的快速发展。

3.7　铸造智能：大语言模型的训练过程

大语言模型的能力源于系统化、多阶段的训练过程，包括模型训练（模型从数据中学习知识与技能）和模型推理（模型部署后响应用户请求）。理解训练各阶段有助于把握大语言模型的能力来源及其与人类意图和价值观的对齐过程。

以大语言模型的训练为例，训练流程通常包括以下三个阶段（见图3.1）。

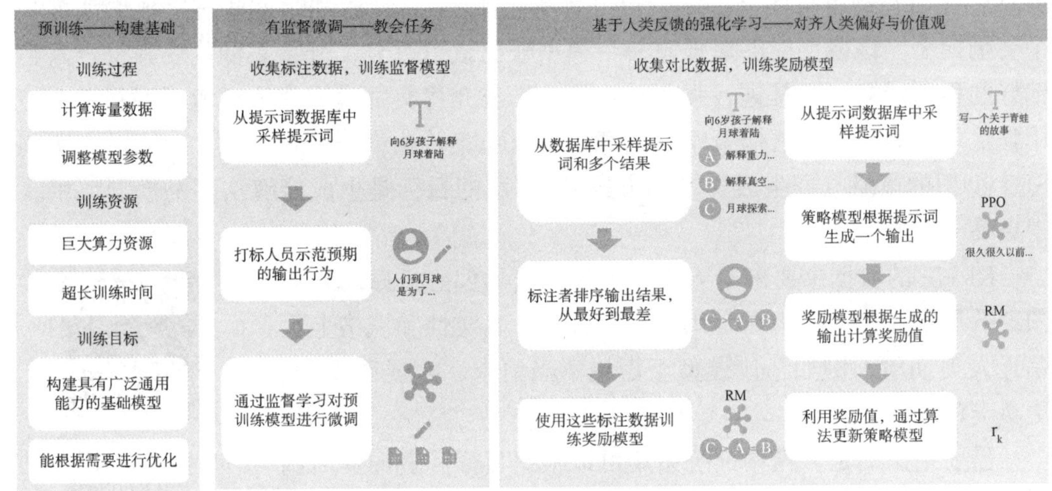

图3.1　大模型训练的三个阶段

1）阶段一：预训练（pre-training）——构建通用语言知识的“地基”

该阶段的目标是让模型从大规模、通常为未标注的文本数据中学习语言规律与世界知识，形成具备通用语言理解与生成能力的基础模型。训练多采用自监督学习（self-supervised learning），最常见的是自回归语言模型，即根据前文预测下一个词。模型通过在数万亿个词元的数据上反复预测，逐步掌握语法、语义、上下文关联、事实知识以及一定的推理能力。训练数据来源广泛，包括互联网文本、书籍、代码库等。预训练通常为整个训练流程中数据量最大、计算资源消耗最高的阶段。

2）阶段二：有监督微调（supervised fine-tuning，SFT）——对齐指令与任务

预训练后的基础模型虽然知识渊博，但不擅长按照人类的指令或期望的方式回答问题。SFT阶段的目标就是教会模型如何听懂指令并给出相关的回应。这个过程也被称为指令微调。微调方法是使用一个规模相对较小（通常是数万到数十万量级）但质量高、由人工编写或标注的“指令-回应”示例数据集进行训练，让模型学习模仿这些高质量的范例。微调阶段的数据主要是人工创建或筛选的“指令-回应”

数据对。这能够让模型学会更好地理解和遵循用户指令，输出更符合特定任务要求的内容。

3）阶段三：基于人类反馈的强化学习（reinforcement learning from human feedback，RLHF）——对齐人类偏好与价值观

SFT之后的模型虽然响应能力有所提高，但仍存在错误、偏见和不当内容。RLHF阶段通过引入人类反馈进一步优化模型输出，使其更符合有用、诚实、无害的人类期望。

RLHF阶段包含多轮次模型迭代训练。第一步是训练奖励模型（reward model，RM）。首先让SFT之后的模型对一批指令生成多个不同的回答，然后让人类标注员对这些回答进行排序（加哪个更好，哪个更差），最后利用这些排序数据训练一个奖励模型。该模型能够对任意一个模型输出进行打分，分数高低代表其符合人类偏好的程度。第二步是进行强化学习优化。首先将奖励模型作为环境或评判者，使用强化学习算法（如近端策略优化算法proximal policy optimization，PPO）来微调SFT模型的策略（即生成文本的方式）。模型的目标是生成能够从奖励模型那里获得更高分数的回答。

RLHF的数据主要来自人类对模型输出的偏好排序。它的预期效果是让模型输出在有用性、无害性、真实性和风格上更贴近人类期望，例如，让模型于拒绝不当请求，生成更安全、更负责任的内容。

扩展阅读3.5：案例研究——DeepSeek v2如何在训练中强化特定能力及其开源贡献

需要指出的是，模型训练策略可以根据目标和资源灵活调整，例如在预训练阶段强化特定领域数据，或在RLHF阶段引入更先进算法以提升特定性能（参见扩展阅读3.5）。

3.8 本章小结

1.核心回顾

（1）模型基本概念：（面向非计算机背景）阐释了AI模型是从数据中学习输入输出关系的系统，同时通俗地说明大语言模型的核心可理解为一个包含海量参数的“大文件”。

（2）AI范式区分：辨析了判别式AI（侧重分类判断）与生成式AI（侧重内容创造）的核心目标与应用差异，明确了LLM属于生成式AI。

（3）GPT定义与核心：阐释了GPT的含义，重点解析了Transformer架构及其自注意力机制的革命性意义。

（4）发展脉络：梳理了LLM从早期统计模型、RNN/LSTM到基于Transformer和预训练范式，并由规模定律驱动的规模化发展历程。

（5）成功三要素：探讨了驱使LLM成功的大数据（知识来源，强调质量、多样性与合规性）、大参数（模型容量与能力核心，与涌现能力相关）和大算力（训练实现的物理基础）这三大关键因素。

（6）训练三阶段：详细描述了LLM的核心训练流程，即预训练（奠定通用基础）、有监督微调（SFT）（对齐指令）和基于人类反馈的强化学习（RLHF）（对齐人类偏好与价值观）。

2. 关键洞察

（1）集成性成果：大语言模型并非单一技术的突破，而是算法架构（特别是Transformer）、海量数据和强大算力等要素协同发展的集成创新。

（2）规模的重要性："规模定律"揭示了增大模型参数和训练数据量是提升LLM能力的关键路径，但也带来了巨大的资源消耗和成本挑战。

（3）对齐的必要性：预训练赋予模型通用能力，但SFT和RLHF对于使其变得有用、可靠、安全，并符合人类意图与价值观至关重要。

（4）原理的价值：理解LLM基于概率生成词元（token）的本质，有助于认识其能力的来源、固有局限性（如幻觉）以及进行批判性评估。

（5）技术持续演进：LLM技术仍在快速迭代，新的架构、训练方法和优化技术不断涌现，学习其原理也需要保持开放和持续更新的态度。

3.9　课后练习

（1）模型与LLM的通俗解释：尝试向一位没有计算机背景的朋友或家人解释什么是"人工智能模型"，以及为什么可以说"大语言模型的核心是一个'大文件'"。记录你解释的要点，并思考哪些比喻或例子最有助于他们理解。

（2）GPT的含义与Transformer的优势（AI互动）：请解释"GPT"三个字母分别代表什么含义？为什么说Transformer架构是现代大语言模型的关键突破？你可以尝试向一个AI助手（如文心一言、Kimi Chat等）提问"Transformer架构相比于RNN/LSTM的主要优势是什么?"，记录其回答要点，并结合本章所学，分析其回答的准确性与侧重点。

（3）成功三要素与规模定律：简述驱动大语言模型成功的三大关键因素是什么？结合规模定律的概念，解释为什么增大模型参数和训练数据量通常能提升模型能力。

（4）训练数据的重要性（AI互动）：大数据是LLM的基础。请讨论在准备和使用训练数据时，除了数据量"大"，还需要重点关注数据的哪些方面？（提示：可从质量、偏见、来源、时效性、合规性等角度思考）。你可以就此问题询问AI助手，看看它会从哪些维度进行回答，并与你的思考进行比较。

（5）训练三阶段辨析：请描述大语言模型训练通常包含的三个主要阶段（预训练、SFT、RLHF），说明每个阶段的核心目标和主要使用的数据类型。为什么说SFT和RLHF对于构建一个实用且负责任的LLM应用至关重要？

（6）自注意力机制理解（AI互动）：请尝试用你自己的话，或者借助一个你认为恰当的比喻（可以请求AI助手提供一些比喻作为参考），来解释Transformer架构中的自注意力机制是如何帮助模型理解长距离依赖关系的（侧重概念理解，无需数学细节）。

（7）能源消耗与可持续性思考：大语言模型的训练和运行需要巨大的算力，这带来了能源消耗和环境影响的问题。请思考并讨论至少两个可能的方向或措施，以促进AI技术的可持续发展。

（8）判别式AI与生成式AI应用判断：请判断以下任务主要适合使用判别式AI还是生成式AI，并简述理由：①根据一段病症描述自动生成可能的诊断报告初稿；②识别医学影像图片中是否存在肿瘤；③为一首古诗自动生成现代文翻译；④判断一篇新闻报道的情感倾向是正面的、负面的还是中性的。

第4章 大语言模型：能力边界

4.1 导学

本章将进一步探讨大语言模型（LLM）在前沿应用中呈现的能力边界与潜在影响。尽管LLM在语言理解、内容生成、逻辑推理与代码编写等方面展现出显著优势，但其能力仍然存在一定局限，需加以系统分析。

本章首先引入“裸模能力（naked LLM capability）”概念，即大模型在不借助外部工具情况下所具备的内在能力。然后，将系统梳理LLM在核心语言处理、认知交互模拟、多语言处理以及代码生成等专门的应用场景中的典型能力。本章重点阐述当前LLM面临的四大核心挑战：知识时效性不足、专业领域理解的局限、幻觉现象、严谨逻辑与数学推理缺陷。理解这些能力与局限是实现有效、安全且负责任的LLM应用的基础。本章的预期学习目标如表4.1所示。

表4.1 第4章的预期学习目标

编号	学习目标	能力层级	可考核表现
LO4.1	理解“裸模能力”概念，并能区分其与依赖外部工具的增强能力	理解	能解释“裸模能力”的定义，并说明检索增强生成（retrieval-augmented generation，RAG）、工具调用等如何扩展模型能力
LO4.2	描述并举例说明LLM的核心语言处理能力（上下文理解、文本生成与风格模拟、信息整合与总结）	理解/应用	能说明各项语言能力的作用，并能利用AI工具执行简单的文本生成、摘要或改写任务

续表

编号	学习目标	能力层级	可考核表现
LO4.3	描述并能举例说明LLM的认知交互与模拟能力（逻辑推理与常识判断、自我修正与纠错、角色扮演）	理解/应用	能说明各项认知交互能力，理解其局限性，并能通过提示词引导模型进行角色扮演或简单的推理
LO4.4	描述并能举例说明LLM的专门应用能力（多语言处理、代码生成与理解）	理解/应用	能说明模型在多语言翻译和代码辅助方面的用途与局限，并能尝试使用AI进行简单的翻译或代码生成
LO4.5	阐释大语言模型信息过时、专业知识不足、幻觉现象、逻辑与推理能力局限这四大局限的成因、表现与典型案例	理解	能用自己的话解释每类局限的成因与影响，并结合实例说明
LO4.6	在给定的模型输出或场景中，识别出哪种局限性在起作用	应用	能分析模型输出，判断问题属于幻觉、知识过时还是其他局限
LO4.7	初步运用批判性思维评估LLM在展现各项能力及暴露各项局限时的可靠性	分析/评价	能结合实例，分析LLM在执行具体任务时可能出现的错误或不足，并阐述为何不能完全信任其输出

4.2 理解“裸模能力”：大模型的基础本领

视频4.1：大语言模型的典型能力

自GPT-3等大语言模型问世以来，生成式AI实现了显著突破。这些模型通过大规模数据训练与参数优化，不仅能生成流畅文本，还展现出对话理解、信息整合、逻辑推理等多任务处理能力，呈现出一定的通用智能特征。这一进展源于模型对语言结构与知识关联的深度学习，是人工智能发展中的重要里程碑。

裸模能力展示了模型在不依赖外部工具（如搜索引擎、数据库或插件系统）的情况下，自身所具备的基础语言处理能力。由于裸模能力不依赖检索增强生成（RAG）、工具调用或外部记忆系统等外部增强手段，仅基于预训练与微调（包括RLHF）形成的内部参数展现能力，因此能够准确反映模型本体在语言理解、生成与推理方面的真实水平。评估裸模能力是理解模型效能的基础，也是研究更复杂、继承外部工具AI系统的前提。

裸模能力主要来源于LLM训练阶段接触的大规模文本数据（如维基百科、网页、书籍、代码等）。模型通过学习这些数据中的统计规律、语言结构与知识关联，将信息压缩并存储于庞大的参数网络中。研究裸模能力有助于区分模型能力的来源，明确模型知识是源自内部学习还是外部信息。这对于提升模型的可靠性、可解释性及识别其局限性具有重要意义。同时，理解裸模能力的边界也为应用设计提供指导，能够帮助判断是否需要以及如何引入外部增强技术以满足具体场景需求。

裸模能力与增强能力的简要对比如表4.2所示。

表4.2　裸模能力与增强能力的简要对比

对比维度	裸模能力（naked LLM capacity）	增强模型能力（augmented LLM capacity）
依赖外部工具	否	是（如RAG、工具调用、外部记忆）
知识时效性	受限于训练数据截止日期	可通过外部信息源获取实时或最新知识
知识领域	限于训练数据覆盖范围	可通过外部知识库扩展到特定领域或私有知识
能力边界	由模型参数、架构和训练数据决定	可通过外部工具扩展，执行计算、软件操作、与现实世界交互等任务
可靠性	可能产生幻觉（编造事实）	结合外部信息源可提高事实准确性，但也会引入外部系统风险
可解释性	相对更难解释（常被视为“黑箱”）	调用外部工具的过程相对更透明，但整体系统复杂度增加

根据OpenAI、Anthropic、Google DeepMind、Meta等国际研究机构以及国内众多团队的研究与实践，目前被广泛认可的大语言模型核心裸模能力主要集中在以下几个方面，对这些内容将在以下小节中探讨。

4.3　核心语言处理能力

核心语言处理能力是大语言模型实现自然语言理解与生成的基础，构成了其最核心的功能。

1. 上下文理解与对话记忆能力

理解上下文（context）是大语言模型的基本能力。上下文指与当前内容相关的前后信息。人类在交流中会根据语境判断话语含义，LLM只有具备类似能力，才能在对话或文本生成中保持逻辑连贯和语义一致。

这一能力在多轮对话中尤为重要。例如，当用户向模型进行连续提问时，模型需要记住前面的对话内容，并在此基础上理解用户的意图，从而给出相关、合理的回答。如果模型缺乏这种能力，就可能在交互中出现答非所问、前后矛盾的问题。

描述模型在一次处理过程中能够“记住”的文字长度的指标是上下文窗口，通常以词元数量计。早期的大语言模型上下文窗口较小（例如几千个词元），难以处理复杂的长文档或进行非常长的对话。随着技术的进步，许多新模型上下文窗口已显著增大（例如达到数十万甚至上百万个词元），可以一次性“阅读”更长的文本内容，从而更好地支持长篇写作、长文档问答、持续性对话等任务。

上下文理解与对话记忆能力的典型表现包括：能理解用户连续输入的语言信息，并结合之前的对话内容进行合理回应；能在其上下文窗口允许的范围内记住对话历史，实现多轮对话的逻辑连贯；能在无须用户重复说明的情况下，理解并处理前文信息（例如，准确解析指代关系）。

示例

输入：我打算去杭州玩几天，你能给我推荐几个值得去的地方吗？

输出：当然可以。杭州是著名的旅游城市，有很多好去处。特别推荐您去游览西湖、参观灵隐寺以及逛一逛河坊街。

输入：好的，那第一个推荐的地方有什么特色呢？

输出：您是说西湖对吗？西湖是杭州的标志性景点，其以秀美的湖光山色、众多历史古迹和优美的传说而闻名。您可以乘船游湖、漫步苏堤白堤，或者参观湖边的雷峰塔、岳王庙等。

从这个例子可看出，模型理解了用户第二句话中的“第一个推荐的地方”指代的是前一轮回答中提到的“西湖”，并能基于此提供相关信息。

2. 文本生成与风格模拟能力

大语言模型的另一项核心能力是根据输入内容生成新的、连贯的自然语言文本。这种文本生成能力不仅体现在语句通顺、语法正确上，更重要的是它能够围绕主题组织结构、安排逻辑，并灵活适应不同的表达风格和语体要求。

具体来说，大语言模型可以根据用户提供的简要提示，生成完整的句子、段落，甚至是整篇文章。例如，用户只需输入“写一封向客户表达歉意的邮件，说明发货延迟的原因”，模型即可生成具有完整格式、恰当措辞的文本内容。

此外，模型还具备较强的风格模拟能力，可以模仿特定人物、机构或文体的语言风格。例如，仿照学术论文的写作规范，生成结构严谨、用词专业的分析段落；模拟某位著名作家的笔调，创作具有其风格特征的叙述文本；采用轻松幽默的语气撰写社交媒体帖子等。这种模拟能力使得模型在教育、传媒、创意写作、市场营销等领域具备广泛的适用性。

示例

输入：请以一位资深科技记者的口吻，撰写一段关于量子计算最新进展的评论。

输出：量子计算领域近日再起波澜。谷歌发布的最新研究声称在量子霸权方面取得了新突破，其Sycamore处理器的升级版在特定计算任务上展现出超越经典超级计算机的潜力。然而，业界对此仍持谨慎态度，认为实现通用容错量子计算机的道路依然漫长，算法优化和硬件稳定性仍是关键挑战。此次进展无疑为该领域注入了新的活力，但距离真正改变计算范式，我们或许还需耐心等待。

值得注意的是，尽管大语言模型生成的文本语言流畅自然，但生成结果可能是不可靠的，尤其是在涉及专业知识、最新信息或需要严格逻辑论证时可能出现幻觉。

3. 信息整合与总结能力

大语言模型不仅能够生成语言内容，还具备对已有信息进行提炼、归纳和重组的能力。这种信息整合与总结能力使其能够从一段或多段文本中提取主要观点、压缩冗余信息，并以更简洁清晰的方式呈现原始内容。

在实际应用中，这项能力常用于处理较长的文本资料，如会议记录、研究报告、新闻报道等。用户可以要求模型完成诸如生成摘要（总结这篇文章的主要内容）、提取要点（列出这次会议的三个关键决策）或信息融合（从多个来源整合信息形成综合概述）等任务。模型还可以根据表达需求对文本进行改写，例如，将复杂的专业术语解释为通俗易懂的语言，或调整文本的语气和视角。

示例

输入：三段关于“人工智能伦理”的新闻片段。

指令：“请整合这些信息，用一句话总结当前AI伦理的主要争议点。”

输出：当前AI伦理的核心争议主要围绕算法的透明度与偏见、技术使用的责任归属以及用户数据的隐私保护这三大方面展开。

需要指出的是，模型在进行信息整合和总结时，其准确性和全面性可能受到输入文本质量、长度以及模型自身理解能力的限制。

4.4　认知交互与模拟能力

在核心语言处理能力的基础上，大语言模型还展现出更接近人类认知活动的交互与模拟能力。

1. 逻辑推理与常识判断能力

除了在语言理解和生成方面的能力，LLM还展现出一定的逻辑推理与常识判断能力。虽然这些模型并非专门为逻辑推理设计的符号AI系统，它们通过学习大量文本中隐含的模式，能够模仿人类进行一些基本的推理活动。例如，简单的演绎推理（如“所有人都会死，苏格拉底是人，因此苏格拉底会死”）、因果推理（如“因为下雨，所以地面湿了”）、条件推理等。同时，LLM还能够运用日常生活中普遍接受的物理常识（如“苹果从树上掉下来会落到地上”）或社会常识（如“在图书馆应该保持安静”）做出判断。

这些能力主要来源于对训练数据中大量出现的逻辑模式和常识性描述的统计学

习，而非真正对逻辑公理或物理定律的“理解”。其局限性体现在：当任务涉及多步骤推理，需要严密的逻辑链条，或涉及抽象概念和反事实推理时，LLM的表现可能不稳定，容易出现错误，且推理过程有时缺乏一致性。

输入：小明有5个苹果，他给了小红2个，后来他又买了3个。现在小明有多少个苹果？

输出：小明最初有5个苹果，给小红2个后剩下5-2=3个。然后他又买了3个苹果，所以现在有5+3=8个苹果。（注意：这是大模型输出的错误结果）

2. 自我修正与纠错能力

与用户的交互中，LLM展现出一定的自我修正能力，能够根据用户反馈进行纠错，使交互过程更具动态性和智能性。这些自我修正与纠错能力表现为以下几种典型形式：响应外部反馈，当用户明确指出模型回答中的错误时，通常能够理解并尝试生成修正后的回应；内部一致性检查，在生成较长文本时，部分先进模型能在一定程度上进行自我审视，调整后续输出以提高文本的连贯性；澄清与追问，当用户指令模糊时，一些模型能够主动提出澄清性问题，以便更好地理解用户的意图。

尽管LLM具备自我修正能力，但这一功能并非完美无缺。模型并不总能识别所有类型的错误，尤其是在其知识范围之外，或涉及非常细致的专业领域时，修正能力的表现往往较为有限。

示例

输入：请介绍一下法国大革命的起因。

输出：法国大革命的主要起因包括社会不平等、启蒙思想的传播以及1789年的财政危机……

输入：你提到了1789年，但攻占巴士底狱好像也是这一年，它们有关系吗？

输出：您提醒得很对，谢谢！我的表述不够精确。1789年的财政危机是法国大革命爆发的重要背景，而同年7月14日巴黎人民攻占巴士底狱则被普遍视为法国大革命开始的标志性事件。这两者紧密相关。

3. 角色扮演与人格模拟能力

LLM展现了出色的角色扮演（role-playing）能力，可以根据用户的指令，模拟特定身份、性格、说话风格和知识背景，生成符合该角色设定的文本内容。这项能力极大丰富了人机交互的体验，并在教育、创意写作、客户服务等领域具有很高的应用价值。用户可以指定模型扮演某一职业从业者、历史人物或虚构角色等，模型将尝试调动与该角色相关的知识，从该角色的视角进行思考和表达。例如，用户可让模型扮演一位医生，回答有关健康的提问；或让其模仿历史人物的风格，进行有关历史事件的讨论。

示例

输入：假设你是哲学家王阳明，请用现代人能听懂的话，谈谈你对现在这个“人工智能”技术的看法。

输出：（节选）这个叫“人工智能”的新事物，听起来真不简单！……我一直觉得，真正的智慧，是我们每个人心里本来就有的那个“良知”……这台机器呢，就算能学很多样子，知道很多事情，但它有自己的“心”吗？……

需要注意的是，大模型的角色扮演是基于模式匹配和文本生成的模拟，并非模型真正拥有了人格、意识或情感。

4.5　专门应用能力

视频 4.2：大语言模型的典型应用

除了通用的语言和认知交互能力外，大语言模型还在一些专门的应用领域展现出强大的潜力。

1. 多语言表达与翻译能力

现代LLM通常在包含多种语言的海量文本数据上进行训练，因此天然具备多语言处理能力。这主要体现在以下几个方面：多语言理解（理解不同语言的输入）、多语言生成（生成多种语言的文本）、机器翻译（在支持的语言间进行翻译，质量常优于传统翻译引擎）、跨语言信息处理（如用一种语言总结另一种语言的文章）以及语言学习辅助等方面。

多语言表达与翻译能力的局限性包括：对不同语言的处理能力与其在训练数据中的频率和质量有关，小语种或低资源语言性能可能下降；对于涉及深层文化背景、习语或微妙情感的表达，翻译可能难以准确传达韵味；在高度专业领域（如法律、医学），术语精确性仍需专家审校。

示例

输入：Comment dit-on “machine learning” en japonais?（法语问：“machine learning”用日语怎么说?）

输出：En japonais，“machine learning” se dit “機械学習”（きかいがくしゅう - kikai gakushū）.

2.代码生成与程序逻辑理解能力

得益于大规模训练数据中包含的开源代码，许多大语言模型，特别是那些针对编程任务优化的“代码大模型”，在代码生成和程序理解方面表现出显著的能力。这些能力包括：根据自然语言描述生成不同编程语言的代码片段或简单程序，解释现有代码的功能和逻辑流程，在IDE中提供代码补全和建议，转换不同编程语言之间的代码逻辑（虽然可能需要人工调整），以及辅助识别潜在错误或提出优化建议。此外，模型还能够为代码生成注释和文档，帮助开发者更好地理解和维护代码。

视频4.3：大语言模型的代码生成能力

然而，代码生成与程序逻辑理解能力也存在一定的局限性与风险。生成的代码可能包含逻辑错误或安全漏洞，也不一定是最优实现方案。在处理复杂算法或底层原理时，模型的理解基于模式匹配，可能不具备深层的理解能力。此外，模型的输出可能受到训练数据中不良实践或版权问题的影响。因此，AI生成的代码在应用于生产环境之前，必须经过开发者的仔细审查和验证。

示例

输入:使用Python的pandas库，读取名为“data.csv”的文件，并打印出名为“Age”列的平均值。

输出:

```
Python
import pandas as pdtry:
    # 读取CSV文件
    df = pd.read_csv('data.csv')
    # 检查 'Age' 列是否存在
    if 'Age' in df.columns:
        # 计算并打印 'Age' 列的平均值
        average_age = df['Age'].mean()
        print(f"The average age is: {average_age}")
    else:
        print("Error: 'Age' column not found in the CSV file.") except
FileNotFoundError:
    print("Error: 'data.csv' file not found.")except Exception as e:
    print(f"An error occurred: {e}")
```

4.6 局限性一：信息过时问题

视频 4.4：大语言模型的局限性

大语言模型的知识储备主要来源于其在特定时间点之前完成的训练数据。随着模型训练完成并部署，其内部的“知识库”便会固定下来，无法像搜索引擎那样自动、实时更新，反映世界的最新动态。因此，LLM在处理需要最新信息的任务时，会面临信息过时的问题。

1.成因：训练数据的静态性

LLM的预训练需要在庞大的数据集上进行，这一过程计算量巨大、成本高昂且耗时漫长。因此，基础模型无法进行频繁（如每日或每周）的重新训练以纳入最新的信息，导致模型的知识基本被冻结在其训练数据的收集截止日期。

2.表现形式

信息过时主要体现在以下几个方面。

（1）时事新闻与动态事件：模型无法提供其训练数据截止日期之后发生的国内外重大事件、体育赛事结果、突发新闻等的准确信息，甚至可能基于旧有信息做出与当前事实不符的判断。

（2）技术与产品更新：科技行业发展迅速，新的软件版本、硬件规格、科学发现、学术观点等层出不穷。模型无法主动获知这些最新的进展。例如，向模型询问一款新发布的手机的具体配置，模型可能无法回答或给出过时的信息。

（3）法律法规与政策变动：各国法律法规和政府政策（尤其在经济、科技、社会等领域）会不断调整。依赖旧数据的模型可能提供不再适用甚至错误的法律或政策解读。

（4）动态变化的实时数据：模型本身无法直接获取并处理实时的、动态变化的数据，如当前天气、股票价格、航班状态等。

示例

许多广为人知的大语言模型（如GPT-3.5或早期版本的GPT-4）的知识通常被认为截止于其训练完成的特定年份（例如2021年底或2023年初，具体取决于模型版本）。这意味着它们无法直接回答关于这之后发生的具体事件或新出现知识的问题。

3.后果与影响

信息过时会在需要强时效性的任务中显著影响模型输出的价值与可靠性，典型场景包括新闻评论、市场分析、最新技术咨询及政策解读等。用户应充分认识到模型存在知识截止日期的特性，并通过其他途径（如结合实时搜索引擎或专业数据库）获取与验证最新信息，以确保结果的准确性和时效性。

4.初步应对方向

针对LLM的信息过时问题，研究人员提出了多种潜在的缓解方案。其中一个方向是设计更高效、低成本的模型增量更新机制，尽管在不进行大规模再训练的前提下实现全面更新仍面临较大技术挑战。另一种主流且实践中较为有效的方法是通过检索增强生成（RAG）等技术，使模型在回答问题前能够实时调用外部信息源，如最新的网络内容或专业数据库（详见第5章）。此外，提升模型对自身知识时效性边界的理解和表达能力，也是当前研究的一个重要方向，旨在让模型在面对过时或不确定内容时，能够更清晰地进行提示或规避。

4.7 局限性二：专业知识深度不足

尽管大语言模型通过学习海量数据具备广泛的知识覆盖面，能够就众多领域的话题进行交流，但在涉及医学、法律、金融、高精尖工程或特定科学分支等高度专业化领域时，模型通常表现为通而不专，在理解深度、准确性和应用可靠性方面存在一定限制。

1.成因：训练数据与学习方式的限制

专业知识深度不足主要受限于训练数据来源和模型的学习方式。

首先，公开互联网数据以通用性和大众化内容为主，专业文献、规范和案例的占比相对较低，且获取专业数据往往受到版权、隐私或技术壁垒的限制，导致模型在专业领域的知识储备不够系统。

其次，LLM依赖统计模式学习，难以精确掌握专业术语在特定语境中的微妙差异及概念间复杂的逻辑关系。此外，专业知识通常高度结构化，并需要实践经验的积累。模型主要从非结构化文本中学习，缺乏如人类专家那样严谨的知识框架和因果链条，更多是描述专业知识的语言模式，而非真正掌握其内在逻辑，难以灵活应用于复杂情境。

2.典型表现与后果

专业知识不足在多个领域均有所体现。在医学领域，模型可能混淆症状相似的疾病，误读医学影像报告或提出不当的治疗建议，因此不能替代专业医生的诊断与决策。在法律领域，模型可能错误引用法律条款、混淆不同法域规定，难以准确把握复杂案件的法律关系和判例精神，生成的法律文书往往需经专业律师审校。在金融领域，模型难以深入理解金融衍生品，执行精确的风险评估或量化分析，提供的投资建议可能基于不完整或过时的信息，不能直接用于决策。在工程与科学研究中，模型往往难以完成高精度的工程计算或深入理解复杂实验设计与理论推导，生成的技术方案或代码可能不符合专业标准，甚至存在安全隐患。这些不足限制了LLM在高风险、高精度应用场景中的独立适用性，当前主要作为辅助工具为专业人员提供资料检索、文本初稿或创意启发，其输出仍需专家严格审核以确保准确性和可靠性。

专业知识深度的不足限制了LLM在高风险、高要求的应用场景中的独立适用性。目前，这些模型更适合作为辅助工具，协助专业人士进行资料查找、起草初步文稿或提供参考思路。需要强调的是，模型输出仍应经过领域专家的严格审查与验证，避免因过度依赖模型带来潜在的重大风险。

3.初步应对方向

为缓解LLM在专业知识深度方面的不足，研究人员提出了多种改进策略。领域自适应微调是其中一种有效方法，即通过使用特定领域的专业数据集对基础模型进行微调，提升其在特定任务中的表现。结合专业知识库，利用检索增强生成等技术，使模型能够查询并应用高质量的专业数据库或知识图谱。人机协同工作流则通过设计合理的流程，促进模型与领域专家的密切协作，提高输出质量与可靠性。此外，针对特定专业领域（如医疗领域的Med-PaLM）开发领域专用大模型，通过专门训练进一步增强模型的专业应用能力。

4.8 局限性三：幻觉现象的挑战

幻觉是大语言模型最广为人知且具有挑战性的局限之一，通俗地被形容为“一本正经地胡说八道”。该现象指模型生成的内容虽然在语言上流畅、语法正确且逻辑连贯，但实际上却包含不准确、与事实不符甚至完全虚构的信息。

1.产生原因：复杂且多因素

LLM产生幻觉的机制目前仍未完全揭示。但研究表明与训练数据和模型自身的知识边界等因素密切相关。例如，训练数据的错误或噪声存在于训练语料中，这些语料自身可能包含错误信息、矛盾的说法、过时的知识或带有偏见的内容。模型在学习这些数据时，可能将这些不准确的模式内化。

概率性的生成机制是另一个内在原因。LLM通过学习到的统计模式预测给定上下文中下一个词元出现的概率，并非像数据库那样存储和检索精确的事实条目。因此当模型对内部知识不确定（缺乏相关信息）时，为了保持输出语言流畅性和连贯性，它会基于统计上最合理的模式编造内容（不符合事实甚至完全不存在）。

此外，LLM通常无法清晰识别自身的知识边界，导致即使在面对超出其知识范围的问题时也倾向于给出答案，而非表明无法作答。训练目标与事实性的偏差也会造成幻觉现象。模型在预训练阶段的目标（如最大化预测下一个词元的概率）与确保输出内容的绝对事实准确性之间可能存在偏差。还有一个影响因素是解码策略的影响。在推理（生成内容）阶段，LLM使用的解码策略［如设置随机的温度（temperature）——一个用于控制AI生成文本的创造力水平的参数］会影响幻觉出现的概率。较高的温度参数值会增加生成内容的多样性和所谓的创造性，同时也会带来更高幻觉信息的风险。

2. 与人类认知的对比

人类在表达中也可能产生错觉、记忆错误和虚构内容，但通常伴随主观不确定性、推测性和情绪与动机等心理影响。相比之下，LLM的幻觉属于当前大规模数据统计学习和概率生成的技术局限，其输出常以高度自信、语言流畅的方式呈现虚假或错误内容，增加了用户识别错误的难度。

3. 典型表现

幻觉现象的表现包括编造事实、虚构引用等多种形式。例如，编造事实是指生成不存在的人物、事件、地点、组织名称、研究成果等；虚构引用是指引用不存在的书籍、论文、新闻报道、数据来源或网址；错误关联是将不相关的人物、事件、概念或属性错误地联系在一起；细节失实则是在描述真实事件或人物时，掺杂错误的日期、地点、数据、引言等细节信息。

示例

当用户向模型询问某个非常细分或冷门的研究领域的代表人物和成果时，模型可能会自信地列出一些听起来非常逼真的虚构学者姓名、编造的论文标题以及相关的“研究贡献”，而这些在现实中可能完全不存在。

4. 后果与影响

幻觉现象严重影响了LLM的可信度，已成为制约其在新闻报道、学术研究、教育辅导、医疗咨询、金融分析等对信息准确性有较高要求的领域广泛应用的主要障碍。如果用户在未经充分审查的情况下直接采用模型生成的幻觉内容，则可能导致信息误导和决策失误，严重时甚至引发社会影响、经济损失，或在关键领域危及安全。

5. 初步应对方向

如何解决幻觉现象已经成为当前LLM应用的核心挑战。在训练数据、模型框架等方面，已经形成了多种有效的应对幻觉现象的方法。例如，通过改善训练数据质量加强数据清洗、去噪、事实核查和一致性校验；通过优化模型架构与训练目标，探索更能感知不确定性、更注重事实性的模型设计和训练方法；采用引入外部知识验证与溯源，结合检索增强生成从可信的外部知识源检索信息进行验证，或者训练模型学会引用其生成内容的信息来源，并评估来源的可信度；使用提示词工程，通过精心设计的提示词，引导模型更谨慎地回答，或明确要求其在不确定时承认知识的局限性；采用后处理与人工审核，对模型输出的内容，特别是在关键应用场景下，进行严格的事实核查和人工校验。

4.9　局限性四：逻辑与推理的短板

大语言模型在处理自然语言任务方面取得了巨大成功，但它在执行需要严密逻辑、精确计算或深入理解抽象概念的推理任务时，往往表现出显著的局限性。这不仅体现在纯粹的数学运算上，还包括更广泛的逻辑演绎、归纳和复杂问题求解能力。

1.成因：统计本质与符号处理的缺失

造成LLM逻辑与推理能力不足的原因包括模型基于词元统计的本质、缺乏内置计算推理引擎等多种因素。从大模型基于词元统计的本质来看，LLM的核心工作机制是通过学习词元序列的统计模式来预测下一个最可能的词元。它们处理数字、运算符或逻辑连接词（如“如果……那么……”“并且”“或者”）的方式，与处理普通词语类似，更侧重于生成在语言上“看起来像”正确推理或计算的文本序列，而非像计算器或符号逻辑系统那样真正执行精确的数学运算规则或逻辑推理步骤。

例如，模型可能从训练数据中学到“2+2=”后面很大概率跟着“4”，这是一种语言模式的记忆。但对于它未曾见过或模式不明显的复杂计算（如“12345×67890=?”），它没有内置的乘法运算法则，只能尝试基于其参数“猜测”一个在形式上看似合理的数字序列，因此极易出错。类似地，它可能学会“如果A则B，A成立，所以B成立”这样的语言模式，但在多步骤、嵌套、包含否定和量词的复杂逻辑链条中，它缺乏对逻辑规则的内在理解和可靠应用能力，难以保证推理的有效性和一致性。

缺乏内置的计算与符号推理引擎是影响LLM逻辑与推理能力的另一个重要因素。通用的大语言模型内部并没有专门用于执行精确算术运算的逻辑单元或进行严格符号推演的引擎。所有的计算和逻辑推理都是通过其庞大的神经网络参数进行近似模拟和模式匹配的，这在处理简单、模式化的问题时可能尚可，但在面对复杂、新颖或需要高精度的问题时，极易累积误差或导致逻辑断裂。

此外，难以处理精确性、长逻辑链与抽象概念也会影响LLM的逻辑推理能力表现。数学和严谨的逻辑推理要求高度的精确性和步步为营的逻辑链条。LLM基于概率的生成方式天然地带有一定的不确定性，难以保证每一步推理的绝对精确。在需要多步骤的复杂推理中，它们容易忘记前提条件、中间结果或逻辑约束，导致最终结论错误。尤其是对于高等数学、形式逻辑或哲学思辨中的许多抽象概念（如极限、集合论、模态逻辑等），LLM只能复述其定义或简单示例，缺乏深层次的理解和灵活运用能力。

2.典型表现

LLM逻辑与推理能力不足有多种表现形式。最常见的是计算错误，即使是简单的多位数加减乘除，模型也可能给出错误答案，尤其是在没有外部工具辅助时。例如，计算过程中将整数结果输出为浮点数，在数值大小比较时错误地判断0.19大于0.9。

逻辑推理错误、代数求解失败、应用题理解偏差也是常见的典型表现。例如，在需要将文字描述转化为数学模型或逻辑关系的应用题（如行程问题、工作效率问题、概率问题）中，模型可能错误地理解题意、建立错误的方程或逻辑关系，导致整个解题过程失败。

对于需要空间想象能力或严格逻辑步骤的几何证明题，LLM的表现通常更差，几何推理与证明困难，无法生成有效且严谨的证明过程。对于包含“并非”“所有”“存在”“至少”“除非”等逻辑词的复杂语句，LLM面临处理否定、量词和复杂条件语句的困难，理解和推理能力会显著下降。

3.后果与影响

逻辑与推理能力的局限性，严重制约了大语言模型在那些需要精确量化分析、严谨逻辑论证和可靠问题求解的领域的直接应用价值，例如科学计算、工程设计、金融建模、数据科学、法律论证、学术研究中的复杂理论推导等。用户不能将其视为一个可靠的计算器或逻辑推理引擎，其输出必须经过严格的验证和人工判断。

4.初步应对方向

提升LLM逻辑与推理能力是当前AI研究的重点和难点。目前已有多种被证明能够有效提升LLM逻辑与推理能力的方法。例如，集成外部专业工具是最有效和最常用的方法。它让大语言模型学会判断何时需要调用外部的计算器、Python代码解释器、Wolfram Alpha等符号计算引擎或专业的数学/逻辑推理工具来执行精确的计算和符号推演。LLM本身负责理解自然语言描述的问题、生成调用工具的指令，以及解释工具返回的结果。

专门的推理能力训练与数据增强也是一种有效的方法。该方法在预训练或微调阶段，加入大量高质量的、包含详细解题步骤和逻辑过程的数学问题、逻辑谜题、代码数据集、科学文献等，并设计专门的训练目标来强化模型的数学和逻辑推理能力。

提示词工程使用诸如思维链及其变体（如要求模型分步思考、自我校对，或者提供解题模板）等提示技巧，可以在一定程度上提高LLM在处理一些相对简单的、模式化的推理任务时的准确性。

混合智能架构也被认为是一种有效的方法。该方法通过研究如何将基于神经网络的LLM与传统的基于规则的符号推理系统（Symbolic AI）进行更深层次的结合，发挥两者各自的优势（参见扩展阅读4.1）。

扩展阅读4.1：AI大模型的文理分科——推理能力的专门化趋势

4.10　本章小结

1.核心回顾

（1）裸模能力定义：介绍了“裸模能力”是指大语言模型（LLM）在不依赖外部工具时所具备的内在能力，并将其与依赖RAG、工具调用等增强手段的能力进行了区分。

（2）核心语言处理能力：系统梳理了LLM在上下文理解与对话记忆（包括上下文窗口的概念）、文本生成与风格模拟（涵盖不同文体和语气），以及信息整合与总结（如摘要、要点提取、文本改写）等方面的基础语言能力。

（3）认知交互与模拟能力：探讨了LLM在一定程度上的逻辑推理与常识判断能力（及其局限性）、响应用户反馈进行自我修正与纠错的能力，以及根据指令进行角色扮演与人格模拟的能力。

（4）专门应用能力：介绍了LLM在多语言表达与翻译、代码生成与程序逻辑理解这两个重要的专门应用领域所展现的能力及其潜在的局限性。

（5）四大核心局限性：详细阐释了当前LLM普遍存在的四类核心局限性，即信息过时（源于训练数据的静态性）、专业知识深度不足（“通而不专”特性）、幻觉现象（生成看似合理但错误的或捏造的信息）以及逻辑与推理能力的短板（尤其在精确计算和复杂多步推理方面）。

2.关键洞察

（1）能力的多样性与模拟性：LLM的裸模能力覆盖范围极广，从基础的语言模仿到初步的认知模拟和专门任务处理。但必须认识到，许多看似智能的表现（如推理、情感模拟）本质上是基于海量数据模式的复杂模拟，而非人类意义上的真正理解、情感或意识。

（2）局限性与能力伴生：LLM的每一项能力都存在其边界和潜在的不可靠性（例如，推理易错、生成内容可能包含幻觉、生成的代码可能含有bug）。清晰地理解这些局限性是有效、安全和负责任地使用这些工具的前提。

（3）“流畅的无知”：LLM生成内容的流畅性和表面上的自信度，往往可能掩盖其在事实准确性、逻辑严谨性或知识深度上的缺陷，需要用户保持警惕。

（4）批判性评估是关键：无论LLM展现出何种能力，用户都必须具备批判性思维，对模型的输出进行审慎的评估和事实核查，尤其是在依赖其进行重要判断或决策时。

（5）裸模能力是增强的基础：准确理解裸模能力的边界，有助于判断何时以及如何有效地引入检索增强生成（RAG）、工具调用等外部机制来弥补其不足，从而构建更强大、更可靠的AI应用。

4.11 课后练习

（1）裸模能力与增强能力辨析：什么是“裸模能力”？请结合一个具体场景（例如，使用聊天助手撰写一份课程报告的初稿），说明在该场景下，哪些AI的辅助功能可能主要依赖其裸模能力，哪些则更可能需要依赖外部增强手段（如联网搜索以获取最新数据，或调用专业数据库）。

（2）核心语言能力体验与反思：选择一项你认为LLM令人印象最深刻的“核心语言处理能力”（例如，长上下文理解、文本风格模拟、信息总结与改写），设计一个具体的任务，并使用一款AI助手尝试完成。记录AI的输出，并评价其表现。思考这项能力在你的学习或生活中可能带来哪些便利，以及在使用时可能存在的局限性或需要注意的问题。

（3）认知交互能力测试（AI互动）。

①逻辑与常识：尝试向一个AI助手提出一个需要简单常识（例如，“如果我把湿衣服放在太阳下晒，会发生什么？”）或基础逻辑（例如，“所有哺乳动物都是温血动物，猫是哺乳动物，所以猫是温血动物吗？”）的问题，观察其回答。然后，尝试提出一个更复杂或包含微妙陷阱的逻辑题，再次观察其表现。结合本章所学，简要分析AI在处理这两类问题时可能表现出的差异及其原因。

②角色扮演：设计一个提示词，要求AI扮演一个你熟悉的专业领域的“资深专家”角色，然后你向它咨询该领域的一个核心概念或一个有一定深度的问题。观察AI的回答是否能较好地维持其专家角色，其解释是否专业、准确。

③专门应用能力体验（代码生成）：请尝试让AI助手为你生成一段实现简单功能（例如，“用Python编写一个函数，输入一个年份，判断其是否为闰年。”）的代码。请审阅生成的代码：①它是否能正确运行并处理各种边界情况？②代码风格是否规范、易于理解？③你认为直接在要求严格的项目中使用这段代码是否存在风险？为什么？

（4）局限性识别与分析（AI互动）。

①信息过时：尝试向一个AI助手提出一个明显需要最新知识才能准确回答的问题（例如，“请介绍一下上个月刚刚发布的某款最新型号手机的主要技术参数和市场评价。”）。观察并记录它的回答。它的回答是如何体现“信息过时”这一局限性的？它是否会尝试承认自己的知识局限或提示信息可能不准确？

②幻觉现象：尝试向AI助手询问一个关于非常冷僻或不存在的人物、事件或学术概念的详细信息（例如，“请详细介绍18世纪著名挪威数学家奥拉夫·林德斯特伦的主要贡献。”——假设此人为虚构）。仔细观察其回答，判断其中是否存在

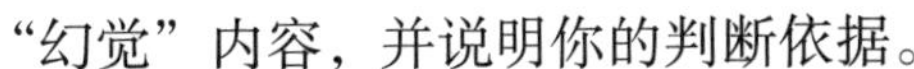

“幻觉”内容，并说明你的判断依据。

③应对局限性的思考：面对大语言模型存在的各种局限性（信息过时、专业知识不足、幻觉、逻辑推理短板），为什么说用户的“批判性思维”和“事实核查”能力变得尤为重要？请结合本章讨论的至少两种局限性进行说明。

(5)（综合思考题）能力与局限的平衡：在了解了大语言模型的诸多“典型能力”及其“核心局限性”后，你认为在哪些类型的应用场景中，我们可以相对更放心地依赖和使用它们？而在哪些场景中，使用它们需要极其谨慎甚至应该寻求其他更可靠的解决方案？请结合具体的例子阐述你的观点。

第5章 大语言模型：优化方法与应用构建

5.1 导学

在实际应用中，直接使用预训练的裸模型往往难以满足特定领域、复杂任务以及对知识实时性有较高要求的应用需求。因此，针对具体场景对大语言模型进行优化和工程化，已成为实现稳定、可靠AI应用的关键步骤。本章将系统介绍当前主流的大语言模型优化方法，包括微调（fine-tuning）、检索增强生成（retrieval-augmented generation，RAG）以及提示词工程（prompt engineering）。内容将涵盖三种优化方法的基本原理、适用场景、优缺点，以及在实际应用中如何根据需求进行选择与组合。此外，本章还将讨论如何通过工程化流程将优化后的模型部署为面向终端用户的通用聊天应用。本章的预期学习目标如表5.1所示。

表5.1 第5章的预期学习目标

编号	学习目标	能力层级	可考核表现
LO5.1	识别并比较大语言模型三种主要的优化方法：微调、RAG与提示词工程，理解其适用场景、优缺点与技术特征	理解/比较	能准确列出三种优化方法，解释其基本概念，并能根据任务需求判断最适合的优化路径及理由
LO5.2	描述三种优化方法在“知识-能力”二维坐标系中的定位与优化路径的选择逻辑和组合策略	应用	能将实际任务映射到“知识-能力”坐标图上，并说明优化路径的选择顺序

续表

编号	学习目标	能力层级	可考核表现
LO5.3	描述微调（含参数高效微调PEFT）的基本过程和主流微调平台的操作方式	理解/应用	能描述微调步骤，解释其关键功能模块，并能概念性地说明PEFT的优势
LO5.4	分析RAG的基本流程与结构组件	分析	能绘制RAG工作流程图，标出各环节的功能及其与LLM的关系
LO5.5	区分裸模型与通用智能聊天应用的概念与功能，描述将裸模型转化为聊天应用所需的关键工程任务（模型优化、交互设计、功能扩展、系统部署、安全机制）	理解/分析	能正确列出两者的定义与特征；能用自己的语言说明各项工程转化任务的核心内容
LO5.6	举例说明通用聊天应用在不同场景（如学习、生活、创意）的典型应用	应用	能设计一个具体的对话场景并匹配合适的模型功能组件

5.2 优化方法概览：微调、RAG与提示词工程

视频5.1：LLM优化方法

大语言模型的预训练阶段通常以通用性为目标，旨在形成广泛的语言理解和跨任务迁移能力。然而，在实际应用中，通用模型往往难以直接满足特定场景需求，尤其在知识时效性、领域专业性、任务执行能力及输出风格一致性等方面的表现存在不足。为弥合通用模型能力与实际应用需求之间的差距，研究人员和开发者提出了多种优化方法，其中微调、RAG和提示词工程已成为当前主流且互为补充的技术路径。

1.微调

微调旨在提升模型的内在能力和知识适应性。通过在小规模、高质量的特定领域数据集上对预训练模型进行进一步训练，调整其内部参数，使其行为模式和知识在专门的任务上表现更优。

微调可以类比为一位知识渊博但缺乏特定行业经验的通才毕业生，通过针对性的在岗培训和项目实践（微调数据），培养成能够胜任特定岗位职责的领域专家。该方法主要解决模型在特定任务上的性能不足、输出风格不统一、缺乏专业知识或需遵循特定行为规范等问题。

2. 检索增强生成

RAG的核心在于为模型引入外部、动态或私有知识。模型在生成回答前，先从外部知识库（如企业文档、实时数据库或专业文献库）中检索相关信息，并将这些信息作为额外上下文输入，以提升生成内容的准确性、全面性和时效性。

检索增强生成好比给博学的模型配备了一个可以随时查阅、不断更新的“外接硬盘”或“实时搜索引擎”，使其在回答问题时能够“先查资料，再作答”。它主要

解决模型知识的过时性、缺乏特定领域或私有知识，以及减少幻觉产生等问题。

3.提示词工程

提示词工程侧重于优化与模型的交互方式。通过精心设计用户向模型输入的指令（即提示词）的结构、内容、措辞和上下文信息，更清晰、更有效地引导模型理解任务意图并产生期望的输出。

提示词工程好比学习如何与一位能力极强但有时略显刻板的助手进行高效沟通，找到最能让对方准确领会并出色完成任务的“说话艺术”或“指令手册”。

提示词工程主要解决对用户指令理解不清、模型输出格式或风格不符合要求、难以激发模型特定能力（如推理、创作）等问题。提示词工程是成本最低、迭代最快的基础优化方法，也是其他两种方法有效发挥作用的前提。

这三种优化方法各自从不同层面提升了模型的应用能力，彼此之间并非互斥，而是高度互补。实际应用中，通常须根据任务特点、资源条件以及成本与效果的平衡，选择单一方法或组合应用以实现最佳优化效果。表5.2对三种优化方法进行了简要比较。

表5.2 三种优化方法的比较

维度	微调	RAG	提示词工程
是否改动模型参数	是（调整模型内部参数）	否（模型参数不变，改变的是输入给模型的信息）	否（模型参数不变，改变的是输入给模型的信息）
是否需要额外训练数据	是（通常需要高质量的、针对特定任务的标注数据）	否（但需要构建和维护外部知识库及检索系统）	否（主要依赖设计和测试提示词的人力）
成本	较高（数据准备、模型训练计算资源、模型部署更新）	中等（知识库建设、向量化、检索系统运维、API调用）	低（主要是人力设计和反复测试的成本）
输出稳定性与一致性	较高（若训练充分，对特定任务的表现和风格更稳定一致）	中等（高度依赖检索到的外部知识的质量、相关性和实时性）	较低（对提示词的设计、措辞，甚至微小变动都非常敏感，结果可能不稳定）
灵活性/迭代速度	低（模型训练和版本更新周期通常较长）	中（外部知识库可独立于大模型进行更新，相对灵活）	高（提示词可以即时修改和测试，迭代速度快）
技术门槛	较高（涉及数据处理、模型训练原理、超参数调优、部署运维等专业知识）	中等（需理解信息检索、向量数据库、Embedding模型，以及如何将检索结果与LLM有效融合等）	低（普通用户也可尝试，但要达到精通和专业水平则需要系统学习和大量实践）
主要解决的问题	模型核心能力不足、输出风格不统一、需要深度掌握特定领域知识模式或行为规范	模型知识过时、缺乏特定领域知识或用户私有知识、需要提高回答的事实性与可溯源性	用户指令难以被准确理解、输出内容的格式或风格不符合要求、难以有效激发模型的特定潜能

理解这三种优化路径的特点和适用场景，是后续进行有效的大模型应用开发和

人机协同的基础。

5.3　微调：让大模型“更懂你”

在实际应用中，即使用户提供了清晰的指令，预训练的大语言模型输出的内容仍可能存在偏差，表现为与用户意图不符、内容不准确或风格不一致等。这主要源于LLM在预训练阶段面向广泛任务和通用数据的学习，难以预判具体用户在特定情境下的需求。为提升模型在特定场景中的表现，微调技术应运而生。

1.微调的概念与核心价值

微调指在已有的预训练基础模型（foundation model）上，使用规模较小且与目标任务或领域高度相关的数据集，进一步对模型参数进行有针对性的训练和优化。

微调的核心价值在于，通过调整模型内部参数，有效提升其在特定任务中的专业性、一致性和用户需求匹配度。常见应用包括：提升模型在文本分类、信息抽取、问答、摘要等特定任务上的性能；增强模型对特定领域（如医学、法律、金融等）术语和知识体系的理解；学习企业内部流程规范、产品信息或客户沟通策略等私有数据（需严格遵守数据安全和隐私要求）；统一输出的风格、语气与格式，以满足特定行业标准或品牌需求；降低不当内容的生成概率，尤其通过引入安全与伦理约束的数据进行训练。

总的来看，微调能够使通用模型在特定应用中转变为“说得对、说得准、风格一致”的专业助手。

2.微调的过程与关键考量

微调是对已有模型的调整，需要一个细致规划的操作过程，形成科学有效的步骤。以下是一系列常见且有效的微调步骤。

第一步是明确微调目标与评估指标，清晰界定待解决的问题及衡量效果的方法，如准确率、用户满意度、风格一致性等。

第二步是准备高质量微调数据。数据的准确性、一致性和多样性比数量更为关键。低质量数据不仅无助于提升效果，甚至可能导致灾难性遗忘或引入新的偏差。实践表明，针对具体任务，几百到几千条高质量样本即可获得显著提升。

第三步是选择合适的基础模型。根据任务需求、可用资源（算力、预算）以及模型是否开放微调接口等因素，选择合适的预训练大模型作为微调的基础。

第四步是选择微调方法。全参数微调对模型全部参数进行训练，性能潜力高但成本较大；参数高效微调（PEFT）则通过如LoRA、Adapter Tuning、Prefix Tuning等技术，仅微调模型部分参数，显著降低了资源需求，并缓解了灾难性遗忘风险，是当前主流且实用的策略。

第五步是执行训练过程。使用准备好的数据和选定的微调方法对模型进行训练。这包括设置合适的学习率、训练轮数、批次大小等超参数，并监控训练过程中的损失函数变化和验证集上的性能表现。

第六步是评估与迭代。使用一组未参与训练的测试数据（或通过人工评估、线上A/B测试等方式）全面评估微调后模型的性能。如果效果达到预期，则可以将微调后的模型部署到实际应用中。如果不满意，可能需要回到数据准备、微调方法选择或超参数调整阶段进行迭代优化。

3. 微调的典型应用平台

为降低技术门槛，国内外主要云服务商和AI公司均推出了一站式模型微调平台，涵盖数据准备、模型选择、训练执行及部署等完整流程（参见扩展阅读5.1）。

扩展阅读5.1：微调的典型应用平台

需要强调的是，微调虽能显著提升模型在特定任务中的实用性，但同时对数据质量和技术投入有较高要求。因此，是否采用微调及其实施方案，需在效果提升、技术成本与潜在风险之间权衡决策。

5.4 检索增强生成：让模型“先查资料，再作答”

大语言模型在训练阶段积累了广泛的知识，但其知识储备具有静态性，无法自动更新以反映最新事件或特定领域的动态变化。当用户提出超出模型知识范围的问题（如最新新闻、公司规章制度或高度专业化的细分领域知识）时，模型往往无法准确作答，甚至可能产生幻觉，编造不存在的信息。为有效解决知识时效性不足和专业知识缺失的问题，检索增强生成已成为当前研究和应用中的重要优化技术。

1. 什么是RAG？

RAG的核心思想是，在大语言模型执行任务前，先从外部、可实时更新或包含特定领域知识的知识库中检索出与用户输入最相关的信息片段。随后，这些信息作为额外上下文，与用户原始问题一并输入至模型，辅助其生成更准确的回答。

2. 为什么需要RAG？

RAG技术能够有效缓解LLM的多项核心局限。首先，RAG能提升知识时效性。外部知识库可独立于模型进行实时或定期更新，例如同步最新新闻、政策、技术文档等，使模型具备回答最新问题的能力，突破了模型知识截止日期的限制。

其次，RAG能实现领域/私有知识的引入。它可以将特定企业的内部文档、特定行业的专业知识库、个人的笔记资料等构建为外部知识库，从而让通用的大语言模型能够理解和回答这些非公开领域或高度专业化的问题，实现知识的定制化和应用的纵深拓展。最后，RAG能够提高LLM的透明度和可信度。许多RAG系统可以（或被设计为）在生成答案的同时，指明其答案是基于哪些检索到的外部信息片段生成的（引用来源）。这不仅提高了答案的透明度，也允许用户自行追溯和验证信息的原始出处，从而增强了对模型输出结果的信任度。

3.RAG的基本工作流程

一个典型的RAG系统通常包含以下几个关键步骤。

（1）接收用户问题（user query）：获取用户的原始输入问题或指令。

（2）问题处理/意图识别（query processing/intent recognition）（可选步骤）：有时会对用户的问题进行预处理。例如，将其改写得更适合检索，或者识别其核心意图和关键词，以便更有效地在知识库中查找信息。

（3）信息检索（information retrieval）：这是RAG的核心环节。系统根据处理后的用户问题，在预先构建好的外部知识库中查找最相关的信息片段。目前，主流的技术是向量检索（vector retrieval）。

（4）知识库构建（离线）：首先，将知识库中的所有文档（如PDF、网页、数据库记录等）进行切块（chunking），即将长文档分割成较小的、语义相对完整的文本块。其次，使用嵌入模型（embedding model）将每一个文档块（以及后续的用户问题）都转换成高维的数学向量［即词嵌入（word embedding）或句子嵌入（sentence embedding）］。这些向量能够捕捉文本的语义信息。最后，将这些文档块的向量存储在专门的向量数据库（vector database）中，并为其建立高效的索引。

（5）在线检索：当用户提问时，同样使用嵌入模型将用户问题转换为查询向量。然后，通过计算查询向量与向量数据库中所有文档块向量之间的相似度（例如，使用余弦相似度），找出与用户问题在语义上最相关的Top-K个文档块。除了向量检索，有时也会结合传统的关键词检索来提高召回率。

（6）上下文构建（context construction）：将检索到的相关信息片段（通常是按相关性排序后的前几个文档块）与用户原始的问题一起，按照预先设计的提示词模板（prompt template）进行组织和整合，形成一个新的、包含丰富上下文信息的“增强提示（augmented prompt）”。

（7）答案生成（answer generation）：将这个增强后的提示输入给大语言模型（LLM）。

（8）模型生成答案（LLM response）：LLM基于其强大的语言理解和生成能力，结合提供的上下文信息（即检索到的相关文档块），生成最终的回答。这个回答通常会比没有RAG时更准确、更具信息量，并且更紧密地围绕检索到的知识进行。

（9）后处理（post-processing）（可选步骤）：有时会对模型生成的答案进行进一步的处理。例如，添加引用来源的链接、进行安全审核、格式化输出等。

RAG工作流程示意，如图5.1所示。

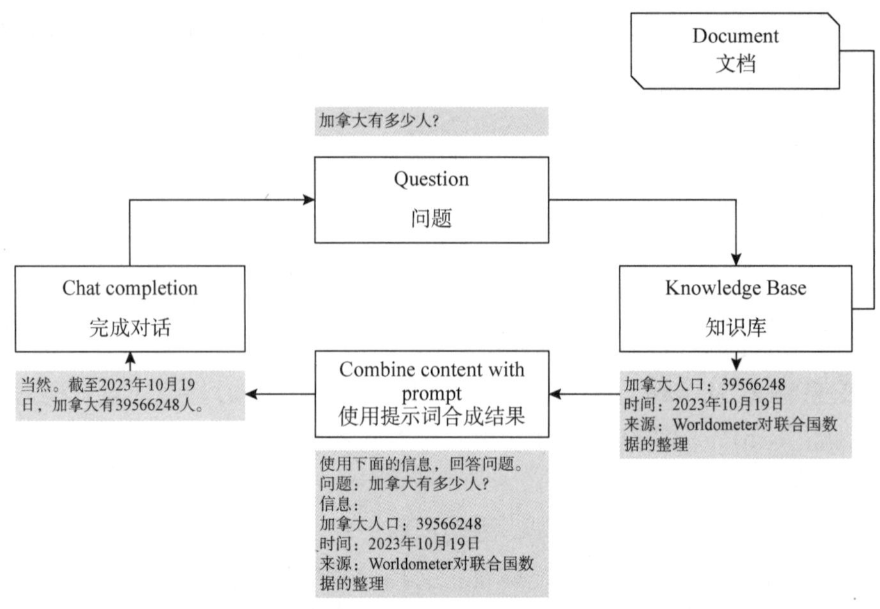

图5.1　RAG工作流程示意

4.RAG与传统搜索引擎的区别

RAG和传统搜索引擎都涉及信息检索，但它们的目标和工作方式有显著不同(见表5.3)。RAG可以看作是将搜索引擎强大的信息查找能力与大语言模型深度的自然语言理解和生成能力进行有效结合的一种先进技术。

表5.3　RAG与搜索引擎的比较

项目	搜索引擎	RAG
用户得到的结果	通常是一系列相关的网页链接列表，以及每个链接对应的简短摘要片段	通常是一段（或多段）连贯、完整的自然语言答案，直接针对用户的问题
信息整合者	用户（需要自己点击链接、阅读多个网页内容、筛选信息并进行判断和整合）	大语言模型（在理想情况下，能够自动理解检索到的多个信息片段，并将其综合、提炼后生成一个统一的、易于理解的答案）
检索内容的用途	主要作为线索提供给用户，供用户进一步探索和参考，不直接用于生成最终结果	作为大语言模型生成答案的核心依据和直接的上下文信息。LLM被明确指示要基于这些检索到的内容来回答问题
输出形式	链接列表、摘要片段	自然语言文本，通常更贴合用户问题的原始语境，力求直接、完整

5.RAG的应用场景

RAG技术因其能够有效地提升了大语言模型的可靠性和知识范围，已在众多实际场景中得到广泛应用。

(1) 智能客服与问答机器人：基于企业的产品手册、FAQ文档、内部知识库等构建RAG系统，能够为客户提供更准确、更专业的7×24小时在线支持。

（2）企业知识管理与内部搜索：帮助员工通过自然语言快速查询公司内部的规章制度、技术文档、项目报告、历史案例等，提升信息获取效率和知识共享水平。

（3）教育辅导与个性化学习：基于教材、讲义、习题库、学术论文等构建针对特定课程或领域的RAG系统，能够为学生提供个性化的答疑解惑和学习建议。

（4）研究辅助与文献综述：基于海量的学术论文数据库构建RAG系统，可以帮助研究人员快速了解某个领域的研究进展、查找高度相关的文献，甚至辅助生成文献综述的初稿。

（5）AI驱动的新一代搜索引擎：许多新兴的AI搜索引擎（如Perplexity AI）和传统搜索引擎中集成的AI问答功能（如Google的SGE、Microsoft的Copilot搜索），其核心技术之一就是RAG。它们不再仅仅返回链接列表，而是尝试直接给出整合性的、摘要式的答案，并提供信息来源。

6.RAG的优势、挑战与局限

RAG为LLM带来了独特的优势，但在实际应用中也面临一些挑战和固有的局限。RAG的优势包括：

（1）知识可更新性强：无需重新训练成本高昂的大语言模型，只需更新外部知识库即可引入最新的信息或领域知识。

（2）提高事实准确性/减少幻觉：由于答案主要基于可信知识库中检索到的文本生成，因此可以显著提高答案的事实准确性，减少LLM凭空捏造（幻觉）的可能性。

（3）增强透明度与可解释性：可以（也应该）引用生成答案所依据的信息来源，方便用户追溯和验证，提升了系统的可信度。

（4）易于定制化：可以相对容易地接入特定领域或企业内部的私有知识库，使通用大模型能够服务于更专门化的场景。

RAG的挑战与局限包括：

（1）检索质量是瓶颈：RAG系统的整体效果高度依赖于信息检索模块的性能。如果检索不到相关信息，或者检索到的信息质量不高（例如，内容错误、过时、不完整或与问题不匹配），那么即使LLM能力再强，也难以生成好的答案（即所谓的“输入垃圾，输出垃圾（garbage in，garbage out）”问题）。提升检索的准确率（precision）和召回率（recall）是RAG系统优化的核心。

（2）知识库的构建与维护成本：构建和维护一个高质量、结构良好、易于检索的外部知识库本身就需要投入相当的成本，包括数据的收集、清洗、切块、向量化、索引更新等。

（3）检索内容与LLM的有效融合：如何将检索到的多个（可能存在冲突或冗余）文档片段有效地融入提示词，让LLM最好地理解和利用这些信息，而不是被无关信息干扰或简单复述检索内容，需要精心的提示词工程设计和对LLM能力的深刻理解。

（4）系统复杂度增加：一个完整的RAG系统涉及信息检索模块（含Embedding模型、向量数据库）、大语言模型模块以及它们之间的复杂交互逻辑，相比单纯调用LLM的API，系统的设计、实现和维护更为复杂。

（5）无法提升模型的核心能力：RAG主要解决的是LLM“知识层面”的问题（如知识的缺乏或过时），对于模型自身在逻辑推理、数学计算、深层理解、创造性表达等“核心能力”上的短板，RAG的作用是有限的。它不能让一个不擅长推理的模型变得擅长推理。

尽管存在这些挑战，RAG已被广泛证明是扩展大模型能力、提高其实用性和可靠性的一种非常重要且有效的技术路径。随着向量数据库技术、检索算法、Embedding模型以及大语言模型本身理解和整合上下文能力的不断进步，RAG的应用将会更加广泛和深入。

5.5 提示词工程：作为轻量级优化方法

在大语言模型广泛应用的背景下，越来越多的用户开始尝试通过自然语言与模型交互。然而，实践中很快发现，即使是面对相同的问题或任务，模型的输出质量、风格、准确性乃至任务完成度也会因提示词的措辞和结构差异而产生显著差别。大语言模型并非有问必答的理想助手，既不能自动精准地领会用户的真实意图，也难以在缺乏明确指引的情况下提供高质量的回答。

视频5.2：提示词工程基础

针对上述问题，一个看似简单却至关重要的思考是：应如何与LLM进行有效的沟通，使其更准确地理解用户需求并生成符合预期的输出？这一需求催生了提示词工程这一新兴研究方向。作为当前大模型优化方法中成本最低、迭代速度最快且适用范围最广的轻量级技术，提示词工程已成为提升模型应用效果的重要手段。

1.为什么提示词需要成为“工程”？

最初，用户与LLM交互时输入的可能只是随意的几个词或一句话，例如“写个关于猫的故事”或“翻译一下‘你好世界’”等。随着使用经验的积累和任务复杂度的提升，人们逐渐认识到提示词的典型特点和作用。

（1）模型对提示高度敏感：同一个意图，用不同的措辞、结构、语气或示例来表达，模型输出的质量、风格甚至其是否能正确理解任务都可能产生显著差异。

（2）复杂任务需要精心设计的提示：对于需要进行逻辑推理、遵循特定输出格式、进行多轮深入对话或精确控制生成内容风格的任务，简单、随意的提示往往难以胜任。这时，就需要设计包含清晰的背景信息、明确的角色设定、合理的任务拆解、具体的输出要求，甚至少量的示范性示例（few-shot examples）等元素的结构化提示词。

（3）寻找最优提示需要系统性的方法：要找到能够针对特定任务、引导特定模型产生最佳输出的提示词，往往不是一蹴而就的，而需要经过反复尝试、对模型输出的结果仔细评估，以及基于评估结果对提示词迭代优化。这个过程需要一定的系统性方法论和经验积累，而不仅仅是临场发挥或凭感觉。

正是基于上述认识，原本看似随意的用户输入逐渐演变成了一种需要精心设计、反复测试和系统化管理的工程对象，并正式形成了“提示词工程”这一领域。提示词工程可以被定义为一种强调系统化地设计、构建、优化和管理用户输入（即提示词），以最大限度地引导大语言模型（或其他生成式AI模型）产生期望的、高质量的输出的方法学与实践集合。

2.提示词工程的本质：人机交互的“软指令集”

从本质上看，提示词工程旨在提升人与大语言模型之间沟通的效率与效果。如果将大语言模型比作一个拥有海量知识和强大通用生成能力，但缺乏主动性和明确任务目标的通用信息处理器或智能引擎，那么提示词便是用户向其发出的自然语言指令或软指令，用于引导模型理解任务并生成符合预期的输出。这种基于自然语言的软指令集具有以下几个典型特点。

（1）用自然语言进行“编程”：不使用像Python或Java那样具有严格语法和语义的传统编程语言来控制计算机，而是主要通过日常使用的自然语言（结合一些特定的结构和技巧）来编程或引导大模型的行为。

（2）上下文即“代码”：在与LLM交互时，提示词中的每一个词、每一句话，甚至标点符号、换行和格式，都可能像程序代码中的一部分一样，影响模型的“执行”过程和最终的输出结果。模型会基于其对整个输入上下文的理解来生成回应。

（3）灵活性与模糊性并存：自然语言的丰富性和内在的灵活性使得提示词可以用来表达极其复杂和细致的需求。但与此同时，自然语言固有的模糊性、多义性和语境依赖性，也给模型准确理解用户意图带来了一定的不确定性。

（4）迭代优化是常态：很少有复杂任务能够一次性写出“完美提示词”。更常见的情况是根据模型的初步反馈，不断地调整和优化提示词的内容、结构或策略，通过试错和迭代来逐步逼近理想的输出。

因此，提示词工程可被视为在人类用户与AI大语言模型之间建立的一种高效、可解释的对话协议（dialogue protocol）或交互媒介（interaction medium）。设计合理的提示词能够清晰传达用户的意图、任务的具体约束以及对输出结果的期望，有效激发并引导模型的相关能力，从而提升生成内容的质量和针对性。

3.提示词工程的价值与挑战

作为一种优化大模型输出的方法，提示词工程因其独特的优势而具有显著的应用价值。提示词工程的优势包括：

（1）低成本、零门槛（相对而言）：与需要大量数据、昂贵算力和专业技术知识的微调相比，提示词工程几乎不需要额外的训练数据或计算资源，也不直接修改模型参数。任何能够使用自然语言的用户都可以通过改进自己的提问方式来尝试优化模型输出。

（2）高灵活性、快速迭代：用户可以即时修改提示词，并立即观察到模型输出的变化，从而能够快速地进行测试、评估和调整。这使其非常适合进行快速的原型验证和探索性的应用开发。

（3）激发模型潜力：通过运用一些高级的提示词技巧，例如思维链提示（chain-of-thought prompting，引导模型分步骤思考）、少样本提示（few-shot prompting，在提示中提供几个输入输出示例让模型学习）、角色扮演提示等，可以显著提升模型在处理复杂推理、创意生成、特定风格模仿等任务上的表现，更好地挖掘和利用模型的潜在能力。

（4）精细控制输出格式与风格：可以通过在提示词中明确要求，来引导模型按照特定的格式（如生成表格、JSON对象、Markdown文本）、特定的语气（如正式、非正式、幽默、严肃）或特定的角色（如扮演专家、初学者）进行输出。

尽管提示词工程具有巨大的应用价值和便捷性，但在实践中也面临着一些不容忽视的挑战。提示词工程的挑战包括：

（1）效果不稳定、可复现性较差：相同的提示词，在不同的模型或者在同一模型的不同版本、不同时间点运行，其输出结果可能不完全一致，甚至有较大差异。模型服务商对底层模型的微小更新或安全策略的调整，可能导致原先设计得很好的提示词效果发生改变。

（2）缺乏完全标准化的理论与方法：提示词工程目前在很大程度上仍然依赖于实践经验、直觉洞察和大量的黑箱式试错，尚未形成一套完全成熟的、得到普遍公认的、可以精确预测结果的标准化理论体系或设计规范。许多有效的技巧（如所谓的“咒语”）更像是一种经验性的“炼金术”。

（3）“提示词越狱（prompt jailbreaking）”与安全风险：恶意设计的、旨在绕过模型安全限制或伦理防护机制的提示词（即“越狱提示”），可能诱导模型生成不当、有害或违反其使用政策的内容。

（4）复杂提示词的维护困难：对于需要实现非常复杂的目标或精细控制输出的任务，提示词本身可能会变得非常冗长、结构复杂，难以编写、理解和维护。

（5）能力上限受限于模型本身：提示词工程的本质是引导和激发模型已有的潜在能力，而非“赋予”模型新的能力。如果一个模型本身在其训练数据和架构层面就不具备某种知识或能力（例如，无法获取实时更新的信息、不擅长精确的数学计算），那么无论提示词设计得多么巧妙，也无法凭空创造出这种能力。

基于上述特点，提示词工程常被称为一个艺术与科学结合的领域。其科学性体现在对模型特性和能力的深入理解，艺术性则体现在对语言表达的敏感度、逻辑组织能力以及通过反复实验与观察不断优化提示策略的创造性探索。

4.提示词工程的发展趋势

随着提示词工程在大模型应用中的重要性日益凸显，它正在从一种用户自发的小技巧快速发展为一个广受关注和系统研究的新兴领域。其发展趋势主要体现在以下几方面。

（1）提示词优化工具与自动化研究：目前已经出现了一些尝试自动化或半自动化地优化提示词的工具和研究方向。例如，利用AI模型自身来分析和改进其他提示词（元提示，meta-prompting），或者根据用户的高层目标自动生成有效的提示词。

（2）提示词库、社区与市场：围绕高质量提示词的分享、交流和交易的社区及平台正在蓬勃发展，用户可以从中学习和借鉴他人成功的提示词设计经验。

（3）成为AI时代的基础素养：设计和运用有效提示词的能力，正逐渐成为许多需要与AI进行深度交互的岗位人员（如AI产品经理、AI内容创作者、教育工作者、研究人员等）所必须具备的一项核心数字素养。

（4）与RAG、微调等优化方法的结合：提示词工程并非孤立存在。在RAG系统中，精心设计的提示词对于有效融合检索到的外部知识和用户原始问题至关重要；在模型经过微调后，有时仍然需要配合良好的提示词工程来更好地激发和引导微调后模型所具备的特定能力或行为模式。

总的来说，提示词工程远不止于向AI提出问题的简单操作，更是一套围绕如何与大语言模型实现高效沟通、精准控制与深度协作的关键技术与方法论。掌握提示词工程的基本原理与常用策略，对于任何希望充分发挥大模型潜力、获得高质量且符合预期输出的学习者和实践者而言均具有重要意义。本书后续章节将进一步系统讲解和实践具体的提示词设计模式与高级应用技巧。

5.6 优化路径的选择逻辑与组合

在掌握了微调、检索增强生成与提示词工程三种主流优化路径后，需要进一步关注在特定应用场景中应如何选择合适的方法。这三种路径并非相互排斥，往往需根据任务特点、资源条件及对成本与效果的综合预期，灵活选择或组合应用。理解它们的选择逻辑是高效利用大语言模型的关键。

1.基于知识与能力的二维选择框架

为了系统性地思考优化路径的选择，可以从知识和能力这两个核心维度来考量特定任务对模型的要求，并据此判断不同优化路径的适用性（见图5.2）。

知识维度指模型完成任务所需的知识是否已经包含在其预训练数据中，或者是否需要外部的、动态的或私有的信息。当内部知识足够时，任务主要依赖通用知识、常识，或者模型训练数据截止日期之前的公开信息。当需要外部知识时，任务涉及实时更新的信息（如最新新闻、股价）、特定垂直领域（如医学、法律、特定工程学科）的纵深专业知识、企业内部的私有文档或用户的个人数据等模型在预训练阶段未曾接触过或未能充分学习的知识。

能力维度指模型是否具备准确理解任务指令、执行所需操作（例如，遵循特定的输出格式、模仿特定的写作风格、进行复杂的多步推理、可靠地遵循用户给出的复杂指令）并生成合理、高质量输出的核心本领。当基础能力满足（或稍加引导即可）时，模型通过相对简单或结构清晰的提示词就能较好地理解任务要求，并能生成大致符合期望的初步结果或草稿。当需要能力增强/定制时，模型难以准确理解复杂或模糊的指令，输出的格式或风格与要求不符，在特定类型的任务（如代码生成、特定模式的逻辑推理、生成高度结构化的数据）上表现不佳，或者需要模型展现出非常稳定、一致的行为模式。

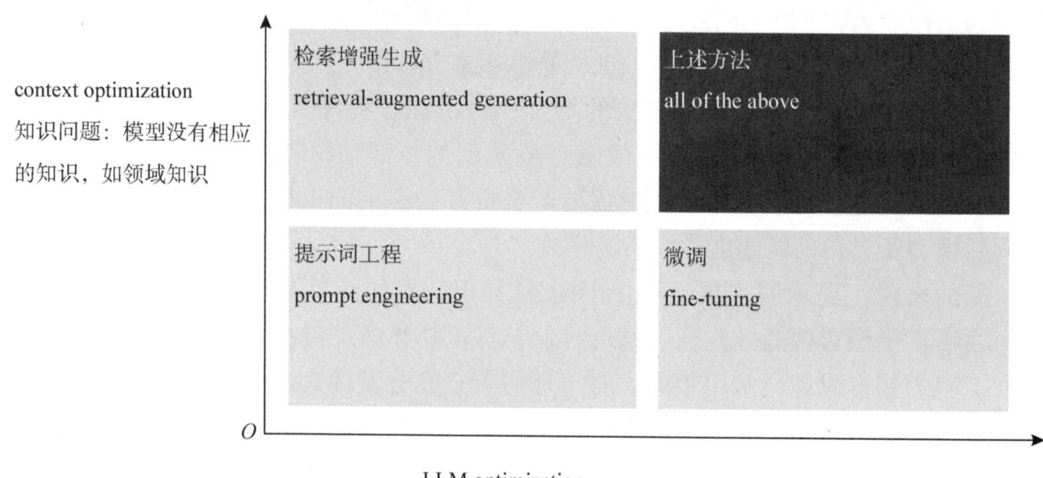

图5.2 知识-能力二维坐标图及三种优化方法定位

基于图5.2所示的知识与能力的二维选择框架，前文提及的三种优化方法可以形成明确的定位和作用区间。

提示词工程主要作用于能力维度，尤其是当模型已具备所需知识，但其基础能力需要被有效引导和精确控制时。例如，让模型按照特定格式总结一段它已经理解的文本内容，或者模仿某种特定风格写一封邮件。提示词工程是成本最低、迭代最快的优化方式，它相当于调整与模型的沟通方式或下达指令的技巧。

检索增强生成主要作用于知识维度。当模型的基础能力（如理解指令、生成文本）尚可，但缺乏完成任务所需的外部知识时（例如，回答关于最新发生的事件的问题、查询企业内部的非公开文档或提供基于特定专业文献的答案），RAG通过引入外部知识源来弥补这一短板。它相当于给模型外挂了一个可以实时查阅的知识库。

微调主要作用于能力维度，并间接影响和增强模型对特定领域“知识”的理解和应用（通过学习特定领域数据中的模式和表达方式）。当模型的基础能力不足以完成特定任务（即使有清晰的提示和相关的外部知识也做不好），或者需要模型深度掌握特定领域的知识体系、专业术语和独特的行为模式，亦或对输出的稳定性、一致性、特定风格有极高且持续的要求时，微调往往是必要的手段。它相当于对模型进行一次专项的、深度的培训，以重塑其部分内在参数。

2.优化路径的实践顺序建议

在实际工程实践中，面对一个需要优化的大模型应用，建议遵循一种由简到繁、成本由低到高的渐进式优化策略（见图5.3）。这个过程强调首先尝试成本最低、最灵活的方法，只有当其效果无法满足需求时，再考虑逐步引入更复杂、成本更高的方法。

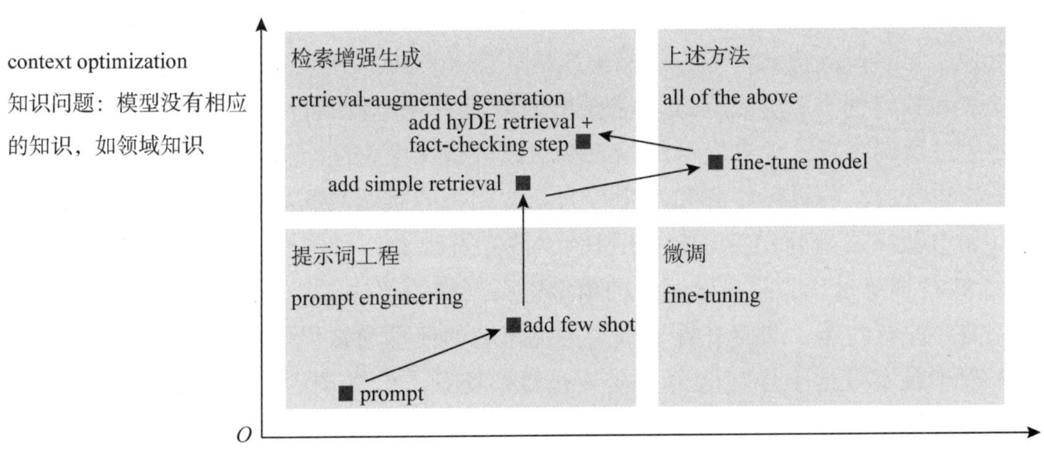

图5.3 大语言模型的优化路径

一个典型的实践顺序如下。

第一步是提示词工程优先。该步骤的目标为尝试通过精心设计和迭代优化提示词，看是否能够仅凭改进提问的方式就让基础的、未经额外修改的大语言模型（或已有的通用模型）满足任务需求。具体操作包括反复尝试不同的提示词结构、指令清晰度、上下文信息、角色设定、少样本示例等技巧（详见第8章）。如果通过提示词工程能够达到满意的效果，这通常是成本最低、实现最快的解决方案。如果效果仍不理想，则需要进一步分析瓶颈究竟在于模型缺乏必要的知识，还是其核心能力（如遵循指令、特定推理模式、风格控制等）不足。

第二步是当知识不足成为主要瓶颈时，考虑引入检索增强生成。该步骤的目标是如果分析表明模型能够理解任务指令，但其回答因为缺乏相关的、最新的或特定领域的知识而出现错误、不完整或产生幻觉（例如，无法回答关于最近发生的事件的问题，或不了解公司内部的特定规定），则应优先考虑引入RAG。该步骤的具体操作包括构建或接入相关的外部知识库（如企业内部文档、最新的行业报告、专业的数据库等），设计有效的检索策略（如向量检索、关键词检索或混合检索），并优化RAG的提示词模板以有效地将检索到的信息与用户问题相结合，引导LLM基于这些外部知识生成答案。如果在引入了相关的外部知识后，模型的输出质量得到了显著提升并满足了需求，那么RAG就是当前阶段合适的解决方案。然而，如果即使给定了相关的外部资料，模型仍然无法正确理解这些资料、无法遵循复杂的指令来利用这些资料，或者生成的答案在逻辑、风格、专业性上仍有较大欠缺，那么可能意味着模型在核心能力层面存在不足。

第三步是当核心能力不足或需要深度定制化时，考虑进行微调。该步骤的目标是如果模型在经过了提示词工程的精心优化，并且在RAG提供了相关知识补充之后，仍然无法稳定地、高质量地完成特定的任务（例如，始终难以遵循复杂的多步骤指令、无法保持特定且一致的输出风格、需要深度掌握某个非常细分的领域的知识模式和独特的推理方式，或者需要模型学习一种全新的行为模式），则表明可能需要通过微调来直接提升模型的核心能力或进行深度定制。该步骤的具体操作包括准备高质量的、与目标任务和期望行为高度相关的微调数据集，选择合适的微调方法（如参数高效微调PEFT中的LoRA，或在资源允许且确有必要时进行全参数微调），执行训练过程，并对微调后的模型进行严格的评估。

需要注意的是，即使进行了微调，优化后的模型通常仍然需要配合良好的提示词工程来最有效地引导其能力。在某些复杂场景下，微调后的模型也可以与RAG系统结合使用，形成更强大的解决方案（例如，通过微调提升模型对特定领域术语和上下文的理解能力，再通过RAG为其提供最新的动态信息或更广泛的背景知识）。上述方法的组合应用，即同时运用精良的提示词工程、高效的检索增强生成以及针对性的模型微调，往往是构建高性能、高可靠性大模型应用的最终途径。

总的来说，大语言模型的优化路径选择并非简单的三选一，而是一个结合具体问题进行诊断、平衡成本与收益，并通常遵循由简到繁、由外到内（即优先优化交互与知识输入，最后考虑调整模型参数）的渐进式决策过程。理解这一选择逻辑，有助于更高效、更经济地释放大语言模型在实际应用中的潜力。

5.7 工程转化：从裸模型到通用聊天应用的构建之路

大语言模型凭借其强大的通用语言理解与生成能力，已成为众多智能应用的核心引擎。然而，具备裸模型能力的LLM与实际应用中的ChatGPT、文心一言、Kimi智能助手等功能丰富、交互自然的通用智能聊天产品之间，仍存在显著差距。将一个高性能的裸模型转化为用户友好、功能完善、运行稳定且符合安全合规要求的智能聊天应用，是一个涵盖多项技术与设计要素的复杂系统工程。

1.裸模型与通用聊天应用的核心区别回顾

裸模型是AI技术的核心，具备广泛的语言处理潜力，但通常不直接提供面向用户的交互界面，需通过API进行调用。其知识具有静态特性（受限于训练数据的截止时间），上下文记忆能力受限于上下文窗口，且行为一致性在很大程度上依赖于外部提示与引导。

通用聊天应用则是在裸模型基础上构建的面向最终用户的产品化系统。它不仅封装了LLM的核心能力，还通过系统工程实现了自然的多轮对话管理，集成了多样化的外部功能与工具，提供了友好的用户界面，并内置了安全性与合规性控制，显著提升了用户体验与应用可靠性。

2.关键工程转化任务

将裸模型成功转化为一个实用的通用聊天应用，通常涉及以下五类工程任务。

1）任务一：模型优化，提升核心对话能力与行为对齐

这是工程转化的第一步，旨在使基础的裸模型更适应对话场景，输出更符合用户期望。

2）任务二：交互设计，构建流畅、自然的人机沟通桥梁

良好的交互设计是确保用户能够自然、高效地与聊天应用进行沟通的关键。交互设计包括多轮对话管理、模态多样性支持、输出样式与格式控制。

多轮对话管理需要支持三个典型功能：①上下文维护，需要有效的机制来存储和传递对话历史（在LLM的上下文窗口限制内，或借助外部短期记忆模块进行扩展和管理）；②意图识别与状态跟踪，准确理解用户在多轮对话中的真实意图（可能需要结合对话历史进行分析），并跟踪当前的对话状态（例如，用户是否还在讨论上一个话题，是否需要澄清等）；③对话逻辑控制，设计合理的对话策略，决定模型何时应该主动追问以获取更多信息、何时需要对用户的模糊表达进行澄清、何时应判断一个话题结束，以及如何处理用户的突然打断或话题转换。

模态多样性支持涉及输入和输出控制。前者除了传统的文本输入，可能需要支持语音输入（这需要集成自动语音识别技术将语音转换为文本）、图片上传（需要集成视觉理解模型或服务来解析图片内容）。后者除了文本回复，可能还需要支持语音合成（text-to-speech，TTS）、图片或图表的生成与展示、代码块的高亮显示等。实现多模态的输入理解和输出生成需要整合多种不同的AI技术和API服务。

输出样式与格式控制涉及三个功能：①可读性优化，对模型生成的较长文本回复自动分段、使用项目列表、对关键信息进行加粗等格式化处理，以提升用户阅读体验；②结构化输出支持，根据用户要求或特定场景需要，能够引导模型生成表

格、JSON对象、Markdown等结构化数据，方便后续处理或展示；③交互式元素生成，在聊天界面中适时嵌入按钮、选项卡、建议问题列表等交互元素生成，方便用户进行快速选择、功能导航或引导对话流程。

3）任务三：功能扩展，从“能说会道”到“能干实事”

现代用户对聊天应用的期望早已超越了简单的你问我答。他们希望AI能够完成更具体的任务，成为真正的智能助手。这就需要通过集成外部工具和服务来扩展模型的核心语言能力。

工具调用是最重要的功能扩展之一，允许LLM根据用户意图，智能地判断何时需要以及如何调用外部的工具或API来完成其自身无法独立完成的任务。工具调用机制通常需要模型具备理解用户任务、判断是否需要外部工具、生成调用工具的标准化指令（例如，API请求的JSON格式）、解析工具返回的结果，并基于这些结果生成给用户的最终答复的能力。

工具调用的典型例子如下：

①调用计算器完成精确的数学运算；

②调用搜索引擎查询最新的实时信息；

③调用日历API帮助用户创建或查询日程；

④调用天气API获取天气预报；

⑤执行用户提供的代码片段（通常在一个受控的沙箱环境中，如代码解释器）。

任务辅助型功能是利用LLM强大的语言理解和生成能力，提供各种直接提升生产力或辅助完成特定任务的功能。例如，文本处理类包括文档摘要生成、长篇报告总结、多语言翻译、文本润色与语法校对、写作风格转换等。内容创作支持类包括提供写作灵感、进行头脑风暴、辅助生成文章标题或大纲、起草邮件或演示文稿初稿等。代码辅助类（如果模型具备代码能力）包括编程问题解答、代码逻辑解释、简单Bug修复建议、测试用例生成等。上下文记忆与个性化持久化（有限度）包括为了提供更个性化、更连贯的服务体验，聊天应用可能需要实现超越单次对话的记忆能力。用户偏好学习（初级）包括通过用户在设置中明确提供的偏好信息（如自定义指令），或者从用户的历史交互中（在符合隐私政策的前提下）学习其常用的语言风格、语气偏好、关注的领域等，以调整模型的输出。对话历史召回包括允许用户查找、回顾并可能继续之前的会话。有限的长期记忆包括对于用户在对话中明确告知并希望模型记住的关键信息（例如，“我的猫叫咪咪，我住在杭州”），一些应用可能会尝试通过特定的外部存储机制或用户画像技术来实现有限度的跨会话记忆。

4）任务四：系统集成与部署，支撑服务稳定运行的底层架构

将一个包含了复杂AI模型和多种集成功能的聊天应用，稳定高效且经济地提供给潜在的大量并发用户，需要一个强大且设计合理的后端系统来支撑。

API封装与接口标准化。这部分包括模型即服务、接口设计、多端适配等功能。其中，模型即服务（MaaS）将优化后的LLM（或其他AI模型）封装成稳定、可调用的API服务。API是不同软件组件之间进行通信和数据交换的桥梁和标准。接口设计需要定义清晰的API请求格式（如输入参数、数据结构）、响应格式（如输出内容、错误代码）、认证与授权机制，以及错误处理逻辑。目前大模型的API设计风格包括RESTful API和gRPC等。多端适配需要设计良好的API，应能够方便地被各种客户端（如网页应用、移动App、桌面应用，甚至其他后端服务）集成和调用。

弹性扩容与负载均衡。这部分包括应对高并发访问、负载均衡、成本优化等功能。其中，应对高并发访问通用聊天应用可能在某些时段面临数百万甚至上亿用户的并发请求。系统必须能够根据实际负载情况，动态地扩展或缩减计算资源（这通常利用云计算（cloud computing）平台提供的弹性伸缩能力来实现）。负载均衡通过负载均衡器将用户请求有效地分发到多个并行的模型推理实例或应用服务器上，以避免单点过载，保证服务的整体稳定性和用户请求的快速响应。成本优化根据实时负载情况动态调整所使用的GPU/TPU等昂贵计算资源的数量，以优化运营成本，提高资源利用效率。

跨平台集成与兼容性。这部分包括多端一致体验和生态系统整合等功能。其中，多端一致体验确保用户在不同的访问端点（如Web浏览器、iOS App、Android App等）上能够获得一致的核心功能和用户体验。生态系统整合需要将聊天应用的核心功能嵌入到其他已有的应用或平台中（例如，作为浏览器插件提供网页内容总结功能，或集成到办公软件中提供写作辅助）。

5）任务五：安全与合规，保障应用的可用性、可信性与社会责任

面向公众提供服务的AI大模型应用，必须将安全保障和法律法规的合规性放在首位，以防止技术被滥用，保护用户权益，并履行社会责任。安全与合规涉及内容安全与过滤、用户数据隐私保护、使用限制与滥用检测等内容。

内容安全与过滤需要建立有效的机制来检测和过滤模型可能生成或用户可能输入的不当或有害内容，例如仇恨言论、暴力信息、歧视性语言、色情内容、虚假信息，以及违反法律法规的内容。内容安全与过滤的实现途径通常需要结合多种技术手段，包括关键词与正则表达式过滤、基于机器学习的内容分类模型、经过安全目标微调的LLM自身，以及在必要时引入人工审核等。内容安全与过滤服务提供者需要在内容安全方面承担起应有的平台责任。

用户数据隐私保护方面，需要严格遵守运营的数据隐私保护相关法律法规，包括《中华人民共和国网络安全法》《中华人民共和国数据安全法》《中华人民共和国个人信息保护法》（PIPL）等。同时也需要关注如欧盟《通用数据保护条例》（GDPR）、美国《加州消费者隐私法》（CCPA）等其他重要的国际或地区性规则

(若适用)。此外，还需要在隐私政策中清晰明确地告知用户关于个人数据的收集范围、使用目的、存储方式、共享情况以及用户享有的权利（如查询、更正、删除个人信息等），并确保在收集和使用前获得用户的明确同意。采用加密传输、安全存储、访问控制、数据脱敏或匿名化处理等技术和管理措施，最大限度地保护用户数据不被泄露、篡改或滥用。

使用限制与滥用检测包括防止恶意使用、速率与资源限制。前者需要建立机制来检测和阻止利用聊天应用进行非法活动（如生成钓鱼邮件脚本、传播恶意软件代码、进行网络钓鱼或社会工程学攻击、大规模制造和传播虚假信息）或严重违反服务条款的行为（如自动化刷量、考试作弊等)。后者对API的调用频率或用户与应用的交互频率进行合理的限制，以防止计算资源被滥用或遭受拒绝服务攻击。

以上五类工程转化任务相互关联、相互支撑，共同构成将一个裸模型转变为一个成功且负责任的通用智能聊天应用所需的核心工作。这个过程需要跨学科的团队协作，涵盖AI算法、软件工程、产品设计、用户体验、法律合规等多个领域。

5.8 本章小结

1.核心回顾

（1）本章系统介绍了微调、检索增强生成、提示词工程三种大语言模型优化方法。其中，微调通过在特定数据上进行再训练，调整模型内部参数，提升其在特定任务或领域的内在能力、风格一致性和专业性。检索增强生成通过在生成回答前从外部知识库检索相关信息作为上下文，有效缓解模型知识过时和缺乏特定领域/私有知识的问题。提示词工程通过精心设计用户输入，引导和控制模型的行为，以较低成本优化输出质量、风格和格式。

（2）本章介绍了优化方法的选择逻辑，阐述了基于知识与能力的二维框架，以及“先易后难、由外及内”的实践顺序（先提示词工程，再考虑RAG，最后考虑微调）来选择和组合优化路径的策略。

（3）本章阐述了裸模型与通用智能聊天应用的概念，描述了将裸模型转化为实用聊天应用所需的五大关键工程转化任务。

①模型优化：针对对话场景进一步提升模型能力。

②交互设计：确保人机沟通的流畅性与自然性（包括多轮对话管理、多模态支持)。

③功能扩展：通过工具调用、任务辅助、上下文记忆等增强应用实用性。

④系统集成与部署：构建稳定、高效、可扩展的后端服务架构。

⑤安全与合规：保障内容安全、用户数据隐私，并遵守法律法规。

2.关键洞察

（1）优化是释放LLM潜能的关键：预训练得到的“裸模型”虽有通用能力，但往往难以直接满足复杂的实际应用需求，有效的优化是其走向实用化、可靠化，并产生真正价值的必经之路。

（2）优化方法的互补性与组合性：微调、RAG和提示词工程各有侧重，分别从模型内在能力、外部知识和人机交互层面进行优化。在实践中，它们并非相互排斥，一个完善的应用系统常常是这三种方法有机结合的成果。

（3）应用是复杂的系统工程：一个成功的通用智能聊天应用远不止于一个强大的底层模型，它是一个涉及模型、数据、算法、交互设计、软件工程、系统架构、安全合规等多方面要素的复杂系统工程。

（4）“最后一公里”的重要性：从强大的模型能力到优质的用户体验之间，存在着关键的“最后一公里”。交互设计的友好性、功能扩展的实用性、系统部署的稳定性以及安全合规的保障，对于用户最终能否用好、愿用AI应用至关重要。

（5）技术与产品的协同驱动：底层模型能力的持续提升（如更长的上下文窗口、更强的推理能力、更优的多模态融合）为产品创新提供了更广阔的空间，而产品应用层面的用户需求和市场反馈（如对工具调用能力的需求、对更自然交互的期待）也反过来驱动着模型技术和工程实践的不断发展。

（6）责任与伦理贯穿始终：在大模型优化及工程转化的每一个环节，尤其是在功能设计、数据使用、交互引导和安全部署中，都需要充分考虑伦理规范、社会责任和潜在风险，确保技术的健康发展和负责任应用。

5.9　课后练习

（1）优化路径辨析：请简要列出本章介绍的三种大语言模型优化方法，并用自己的语言解释每一种方法的核心原理和主要目标。

（2）优化方法比较：指出微调、检索增强生成（RAG）和提示词工程这三种优化方法在以下几个方面的主要区别：①是否直接改动模型本身的参数？②是否主要依赖外部知识源？③对额外训练数据的需求程度如何？④实施成本和技术门槛大致如何？

（3）选择逻辑应用：本章中提到的“知识-能力”二维坐标图（见图5.3）如何帮助判断优化方法的选择？请结合该坐标图，分别解释在以下三种情境下，你认为首选的优化路径可能是什么，并说明理由。

情境A：模型能理解任务，但缺乏最新的行业动态信息。

情境B：模型知识储备足够，但输出内容的格式和风格不符合特定要求。

情境C：模型在特定专业领域的理解深度和推理能力均不足，即使提供了相关资料也难以有效利用。

（4）RAG流程理解：检索增强生成（RAG）通常包含哪几个关键步骤？请结合“用户询问一款刚刚上市的手机（例如，深空X100型）的主要摄像头配置参数”这一任务，简要说明一个基于RAG的系统可能的工作流程，以及为什么RAG适合解决这类问题。

（5）从裸模到应用的转化：简要说明“裸模型”和“通用智能聊天应用”在用户体验和功能上的三点主要差异，并解释为什么将裸模型转化为一个成功的聊天应用是一个复杂的“系统工程”？

（6）工程任务识别：某团队计划基于一个开源大语言模型，开发一个面向大学生的“AI求职辅导助手”。该助手需要能够：①根据学生输入的简历草稿，从语言表达、结构组织、内容侧重等方面提供修改建议；②模拟不同行业的面试官与学生进行对话练习；③回答关于常见面试技巧和礼仪的问题；④（未来可能）连接最新的招聘信息数据库，为学生提供个性化的岗位推荐。请指出为了实现这些功能，该团队可能需要重点关注本章5.7节中提到的哪几类工程转化任务？并为其中至少三类任务简述其在此场景下的具体作用。

（7）功能扩展与用户体验：讨论“工具调用”功能（例如，让聊天机器人能够联网搜索或使用计算器）对于提升通用聊天应用的用户体验和实用性有哪些主要的好处？同时，它可能带来哪些新的技术挑战或潜在风险？

（8）（综合思考与设计）优化策略组合：假设你正在为一个在线教育平台构建一个“AI历史助教”。它的目标是能够：①准确回答学生关于特定历史时期（例如“中国宋代”）的常见问题；②生成符合该时期历史背景的简短故事片段以增强学习趣味性；③避免传播不准确或有争议的历史观点。请根据这个任务特性，设计一个可能的模型优化组合策略（可以只用其中一种或几种方法：提示词工程、RAG、微调），并说明你这样选择的原因，以及你认为每个方法在这个场景中的具体作用。

第3篇

应用：AIGC与智能体

在学习了大语言模型技术基础、能力边界和优化方法之后，本篇将探讨当前人工智能最具活力的应用领域：人工智能生成内容与智能体。这两种应用展示了AI技术从理解走向创造、从辅助走向自主的最新进展，也预示着未来与AI系统人机交互的新形态。

第6章“AIGC：多模态内容的智能创作”，将带领读者超越单一的文本模态，进入由文本、图像、音频、视频等多种信息形式交织的多模态世界。本章将介绍AIGC的核心概念、内容类型、驱动技术等，同时也概览流行的AIGC工具，探讨如何利用这些工具进行内容创作。

第7章“智能体：赋予AI自主行动的能力”，将探讨如何让AI系统根据人类设定的目标实现更强大的自主规划和行动能力。本章将界定智能体的基本概念与核心特征，介绍智能体的关键组成模块，通过实例展示智能体在各种场景下的应用潜力。同时，本章将讨论智能体工作流的构建思路，展望人与多智能体协作的未来前景。

通过本篇的学习，读者将对AIGC如何赋能内容创作、智能体如何执行自主任务形成清晰认识。这将为读者更深入地理解AI技术如何拓展人类创造力和提升智能化水平提供具体的路径指引。

第 6 章 AIGC：多模态内容的智能创作

6.1 导学

当前人工智能在基于文本的大语言模型领域取得了很好的进展和效果。然而，人类的认知与创造远不止于文字。图像的斑斓色彩、声音的悠扬旋律、视频的动态叙事等共同构建了这个丰富的世界。如果人工智能要更全面地模拟人类智能，成为人类强大的创造伙伴，就必须突破单一模态的限制，拥抱由文本、图像、音频、视频等多种信息形式交织而成的多模态领域。

本章将引导读者进入人工智能生成内容(artificial intelligence generated content, AIGC)的世界。本章首先介绍多模态AI基本概念与发展趋势，然后阐释AIGC的核心内涵、特征类型与技术基础。本章还将回顾多模态生成工具，介绍内容创作需要的提示词设计与参数设置。这将为读者后续深入探索AIGC可控生成技术与创作工作流提供理论与实践基础。本章的预期学习目标如表6.1所示。

表6.1　第6章的预期学习目标

编号	学习目标	能力层级	可考核表现
LO6.1	定义“模态”，并解释“多模态大模型”及其与单一模态模型的区别，理解多模态AI的加速演进趋势	理解	能够解释“模态”和“多模态大模型”，并结合实例说明多模态AI发展的速度与广度
LO6.2	理解AIGC的含义、主要类型（图像、视频、音频等）及前沿探索（如世界模型），认识其基于大规模、对齐良好的数据训练	理解	能够解释AIGC概念，列举多种内容模态，说明数据基础的重要性，并能概念性地描述“世界模型”的目标

续表

编号	学习目标	能力层级	可考核表现
LO6.3	识别并比较主流多模态生成工具的基本功能、特点与局限性，了解国内外主要平台	了解/比较	能够列举不同模态的代表性工具（含中国实例），并说明其核心功能、主要优缺点或适用场景
LO6.4	掌握适用于多模态生成（特别是图像）的提示词工程的基本构成要素、编写原则及常用参数的意义与应用	应用	能够根据创作意图编写包含关键要素的图像提示词，并能解释宽高比、种子、引导强度等常用参数的基本作用
LO6.5	认识到仅通过基础交互进行创作的局限性，初步理解高级控制与工作流的必要性	理解	能够结合工具特点，说明为何仅用基础提示词难以完全满足复杂或精确的创作需求
LO6.6	描述专业内容生产（PGC）、用户内容生产（UGC）与AIGC的互动关系及AIGC对内容生态的赋能作用	理解	能够比较PGC/UGC的特点，并阐述AIGC如何为内容创作提供新动力

6.2 多模态AI的加速演进之路

视频6.1：数字创业的行业变化

在人工智能领域，模态（modality）指信息或数据存在的特定类型、形式或通道。这也是人类感知和表达世界的方式或媒介。常见的模态包括文本（text）、图像（image）、音频（audio）、视频（video）、三维模型（3D model）等。多模态（multimodal）指同时涉及两种或两种以上不同模态信息。因此，多模态人工智能（multimodal AI）专注于研究和开发那些能够处理、解释、关联不同模态信息，并能基于一种或多种模态输入生成一种或多种模态输出的AI系统。

1. 多模态AI能力的爆发式增长

近年来，多模态AI的能力呈现出加速发展的趋势。2022年，业界（如红杉资本）就认识到多模态AI在图像与视频生成等领域的巨大潜力，并预测了相关技术取得关键突破的节点。然而，多模态AI的能力进步速度大大超过了预测进展（参见图6.1和图6.2的对比）。许多原先预计需要数年甚至更长时间才会成熟的多模态AI能力（如生成具有复杂艺术风格的图像、合成具有一定时长的视频内容，以及初步构建几何三维模型等）在很短时间内就达到了接近实际应用的程度。

2. 多模态AI持续加速的趋势

根据斯坦福大学《人工智能指数报告》，截至2025年初，多模态AI的能力继续保持高速发展。这些能力进步主要体现在生成质量、理解推理等方面。

以生成质量与复杂度为例，用于视频生成的多模态AI已经能够生成数分钟时长的连续视频片段（如OpenAI的Sora模型），而且在视频的场景连贯性、角色一致

	2020年前	2020年	2022年	2023年？	2025年？	2030年？
文本	垃圾邮件识别 文本翻译 简单问答	简单文案撰写 初稿文本撰写	长文生成 自然文本生成	垂直领域文稿撰写能力提升	终稿，生成质量超过人类平均水平	终稿，生成质量超过专家水平
代码	单行代码自动填充	多行代码的生成	长篇代码生成	支持语言的多样性生成能力进一步提高	基于自然语言直接生成可使用的产品	生成质量超过专业程序员
图像			艺术创作 Logo生成 摄影后期修图	辅助应用于广告和包装（产品设计、建筑设计、平面设计等）	直接应用于广告和包装(产品设计、建筑设计、平面设计等)	生成质量超过专业艺术家、设计师、摄影师
视频/3D模型/游戏			尝试3D模型和视频的生成	生成能力进一步提高，支持生成简单的3D模型和视频	进一步提高3D模型和视频的生成进度	AI直接生成虚拟的三维世界

初次尝试　即将实现　迎接AIGC全盛时期

图6.1　红杉资本2022年预测AIGC的发展

	2022年进展	2023年进展
发展速度	近10年时间达到实习生级别	极速发展、超出预期 甚至3D模型、游戏和音乐
成长瓶颈	用户需求/商业模式	Nivida GPU 智能算力订阅模式
垂直分离	产品和UI层和大模型分离	尚未完全发生 目前最成功的应用是垂直集成的
竞争环境	竞争格局大量空白 少数拥挤（图像/文案）	竞争格局：竞争多于机遇
竞争优势	更多使用→更多数据→更好的模型→更多使用	下一代基础模型 / 工作流 / 用户群体

图6.2　红杉资本AIGC发展早期预测与后期实际进展对比

性、物理规律模拟（如物体的受力运动轨迹和相互作用）方面取得了快速进步。多模态AI的多模态理解与推理能力也在快速提高。AI不仅能够看图说话和听音识字，还展现出强大的多模态推理能力，例如结合文本、图像、声音等多种信息进行复杂逻辑判断、回答问题和执行组合指令。多模态AI的交互能力也开始支持语音、手势等多种自然交互形式。

多模态AI的加速发展也体现在AI开源社区的日益活跃。例如，Hugging Face等全球开源社区为多模态AI领域注入了强大活力。这些社区的前沿技术探索与大型科技公司的研发是两种互补的力量，共同驱动AI领域发展。社区开发者发布了众多先进的开源模型与实用工具，促进了AI技术，特别是多模态AI的技术进步与应用迭代。

3.驱动因素：算法、数据与算力的协同

多模态AI的高速发展得益于算法、数据和算力的协同推动。

扩展阅读6.1：Transformer架构：多模态模型的重要基石

在算法架构方面，研究人员持续优化多模态网络结构、注意力机制及训练策略，不断推动Transformer架构（参见扩展阅读6.1）等基础模型的演进。

在数据集方面，海量且模态间高对齐度的数据为训练强大模型提供了关键支撑。对齐指在图像与文本配对数据中，确保每张图像均准确对应描述其核心内容的文字标签。数据的获取、清洗、标注与管理能力的提升，大幅增强了模型学习跨模态关联的能力。

在算力方面，当前多模态AI的参数规模已达到数十亿甚至万亿级别，对计算资源提出了极高要求。图形处理器（GPU）、张量处理器（TPU）等专用AI芯片性能的快速提升，加上并行计算技术的发展，为大规模模型训练提供了强有力的算力保障。

6.3 智能内容合成（AIGC）

视频6.2：智能内容合成的可控性

多模态AI催生了一个新领域——人工智能生成内容。AIGC指的是通过人工智能技术（特别是多模态AI）自动生成的、不是由人类直接创作的各种形式的内容。它通常被视为生成式AI的核心组成部分。

AIGC的核心是合成。具体而言，AI不是凭空创造，而是在学习海量数据中的模式、结构、风格和关联等信息之后，根据用户指令和要求，输出重新组合、演绎、迁移和创新的信息。

1.AIGC应用领域/内容类型

目前AIGC已渗透至几乎所有数字内容创作领域，展现出巨大的应用潜力（见图6.3）。其主要应用领域包括：文本生成［包括文章写作、新闻摘要、邮件撰写、诗歌创作、代码生成（如GitHub Copilot）、对话交互、剧本构思］；图像生成［包括文生图（如Midjourney、Stable Diffusion、DALL-E系列）、图像编辑、风格转换、超分辨率提升和虚拟头像生成］；音频生成［包括文本转语音（text to speech，TTS）、声音克隆（如ElevenLabs）、AI音乐创作（如Suno AI），以及音效生成］；视频生成［包括文生视频或图生视频（如OpenAI的Sora模型）、视频风格迁移、自动动画生成以及复杂场景模拟］；模型生成（通过文本、图像或草图生成3D模型，应用于游戏开发、产品设计、建筑可视化和VR/AR环境构建等）。

其他新兴应用方面，AIGC正随着技术进步持续拓展应用边界，包括根据用户绘制的草图或拍摄的实景图片生成相应的代码（如前端界面开发）、创作具有分支选项的交互式叙事内容，以及辅助科学研究中的数据可视化等。

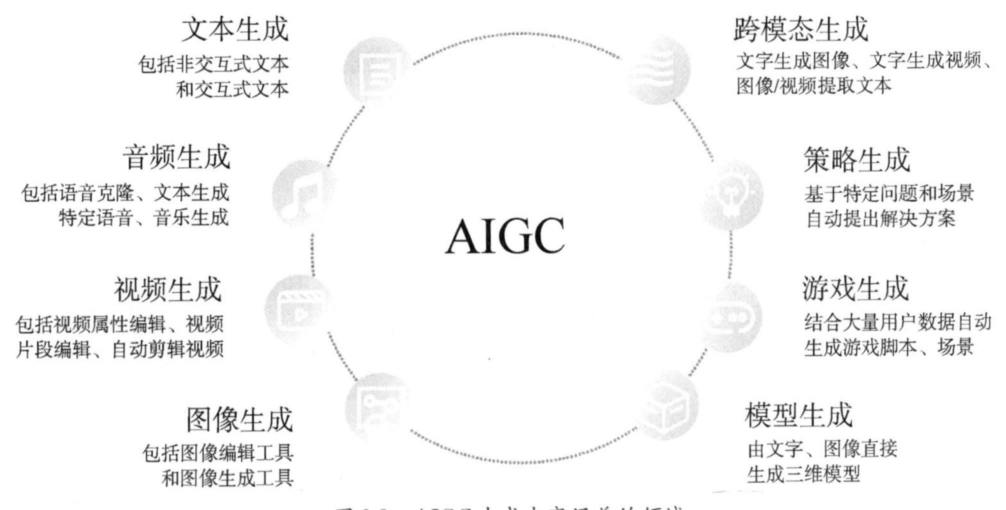

图6.3 AIGC生成内容涵盖的领域

2.AIGC的前沿探索：迈向世界模型

在AIGC不断扩展的能力版图中，构建世界模型（world model）被视为一个具有重要探索价值的前沿方向。这一方向不仅关注生成表面逼真的图像或视频片段，更强调AI对物理世界基本规律、对象间交互关系以及事件因果逻辑的学习、理解与模拟。

理想的世界模型应具备对物体恒存性（如物体被遮挡或移出视野后仍然存在）、基本物理规则（如无支撑物体通常会下落，碰撞物体会相互作用而非穿透），以及动作连贯性与意图（如伸手拿取杯子的动作具有目的性和连续性）等概念的理解。在此基础上，模型能够生成在时间和空间维度上相对连贯、逻辑一致且符合物理直觉的动态场景或虚拟环境，而不仅仅停留于像素层面的模拟。

以OpenAI于2024年初发布的Sora模型为例，其演示中呈现出良好的物理一致性和场景动态连贯性（如视角变化时物体保持相对一致的外观和行为），引发了关于世界模型发展潜力的持续讨论。尽管当前技术尚处于早期阶段，距离全面理解和模拟复杂现实世界仍有较大提升空间，但已有研究显示出其在模拟仿真、机器人学（让机器人更好地理解与预测环境）、自主智能体训练等方向的应用前景。

3.AIGC的核心基础：学习自大规模、对齐良好（well-aligned）的数据

无论是哪种模态的内容合成，从简单的文本片段到复杂的动态视频，其生成能力均以海量训练数据为基础。类似于大型语言模型需“阅读”大量文本语料以掌握语言规律，图像生成模型则通过“观看”数量可观的图片学习视觉模式，视频和音频模型同样依赖于相应模态的大规模数据集进行训练。

第三方机构分析显示，开源图像生成模型Stable Diffusion的早期版本使用了约50亿个图像-文本配对数据进行训练。然而，数据数量并非模型性能的唯一决定因素。数据质量（如图像清晰度、文本描述的准确性）以及不同模态数据之间的对齐关系同样具有重要影响。只有在具备足够规模、高质量且模态间对齐良好的训练数据基础上，模型才能有效地学习跨模态关联，理解复杂用户指令，并生成具有较高保真度、相关性和实用性的内容。因此，数据被视为AIGC能力发展的关键基础之一。

6.4 新的内容生态：PGC、UGC与AIGC的互动

视频6.3：智能内容合成与数字创意

在AIGC技术广泛应用之前，互联网上的数字内容生产主要由专业内容生产（professional generated content，PGC）和用户内容生产（user generated content，UGC）两种力量推动。理解这两者的特点及其与AIGC的关系，有助于更好地把握当前内容生态中正在发生的结构性变化（参见扩展阅读6.2）。

扩展阅读6.2：初识AIGC社区与资源

1.专业内容生产与用户内容生产的回顾与特点

专业内容生产（PGC）通常指由专业机构（如新闻媒体、出版社、影视公司、游戏工作室等）或具备专业技能的个人（如作家、导演、设计师、音乐家等）创作的内容。PGC的典型特点包括内容质量较高、具备专业性、通常采用工业化或标准化生产流程，制作成本和时间相对较高，且发布渠道较为可控。

用户内容生产（UGC）则指由广大互联网用户自发创作和分享的内容，如社交媒体帖子、照片、短视频、博客文章、论坛评论和用户上传的视频等。UGC的主要特点为数量庞大、形式和主题多样、创作门槛较低且具有一定的即时性，但内容质量存在差异，通常以社交动机或个人表达为主要驱动因素。

视频6.4：图像合成的典型工具

2.AIGC的角色：赋能者（为内容生产“插上翅膀”）

AIGC的兴起并未形成与PGC、UGC简单对立的第三极，而更多体现为对二者的辅助与赋能，倾向于为专业创作者和普通用户提供工具支持，提升内容生产的效率与能力（见图6.4）。

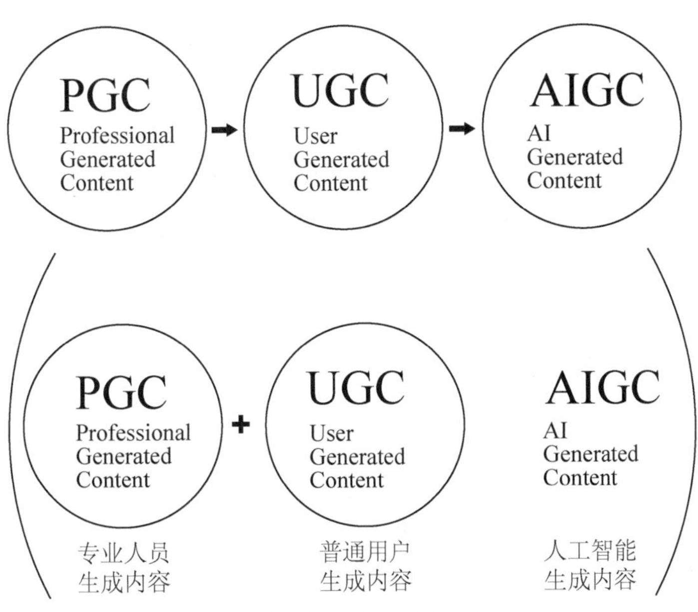

图6.4　AIGC赋能PGC和UGC的场景对比

AIGC赋能PGC。对于专业内容生产者，AIGC作为强大的生产力工具可集成于现有工作流中，支持创意辅助、提升效率、降低成本并拓展可能性。例如，AIGC可提供设计灵感、生成故事大纲或脚本草稿、辅助探索不同艺术风格，以及自动化部分重复性或耗时任务，如生成文本摘要、为数据图表撰写描述性文字、创作基础背景音乐或辅助编写代码等。在生成概念图、制作初步视觉特效、多语言配音等环节的应用，有助于降低人力和时间投入，实现传统方法较难达成的效果。这使专业团队能够将更多精力集中于高层次的创意策划、质量把控和内容价值挖掘。例如，一些新闻机构已使用AI辅助撰写财报摘要或体育赛事快讯，影视行业也开始利用AI参与概念设计和场景预演。

AIGC赋能UGC。对于普通用户，AIGC显著降低了内容创作的技术门槛和时间成本。许多原本需专业技能（如绘画、设计、音乐创作、视频剪辑、编程）或大量时间的任务，现在可以通过自然语言指令或图形化界面快速实现。AIGC赋能体现在激发创作兴趣、提升内容质量和拓展内容形式等方面，可以帮助更多用户表达创意、分享生活并参与内容创作。AI工具可提升文本表达力、图像美观度和音视频呈现效果，从而优化UGC整体质量。此外，AIGC还促进了新的UGC形式的出现，如AI绘画作品分享、AI音乐翻唱与演绎、AI生成的短视频故事等。这些进一步丰富了UGC生态，拓展了内容创作模式与网络文化表达的多样性。

3.思考：AIGC如何重塑内容价值链？

AIGC的广泛应用不仅提升了内容生产的效率同时降低了创作门槛，还在深层次上影响并逐步重塑传统内容价值链。从创意构思、信息搜集，到素材制作、内容编辑、风格渲染，再到个性化分发、用户交互及内容衍生，AIGC在各环节中均可能发挥新的作用，进而改变原有的成本结构、时间周期和参与方式。

AIGC与高度个性化内容推荐的结合有助于实现更精准和动态的内容分发。AI驱动的交互式内容（如游戏中的AI NPC）为娱乐与教育体验提供了新的可能性。此外，内容版权归属、价值评估及商业模式等领域也因AIGC的介入而面临重新探讨。因此，理解AIGC不仅关乎技术本身，更涉及其对内容产业生态、信息传播、文化创造及经济活动可能产生的深远影响。

6.5 本章小结

1. 核心回顾

（1）模态与多模态AI：界定了模态，即信息的特定类型或形式（如文本、图像、音频等），解释了多模态人工智能（multimodal AI）是处理、关联和生成多种不同模态信息的AI系统，介绍了近年来能力上的加速发展趋势，以及算法、数据和算力驱动因素。

（2）智能内容合成（AIGC）概念：探讨了AIGC的定义，即通过AI技术自动生成的、非人类直接创作的内容。强调其本质是基于对海量数据中模式的学习与合成，而非凭空创造。列举了其在文本、图像、音视频、三维模型等领域的主要应用类型。

（3）AIGC前沿探索与数据基础：提及了AIGC的前沿方向，如旨在模拟物理世界运作规律的世界模型（world model）。重申了所有多模态生成能力都依赖于大规模、高质量且模态间对齐良好的训练数据。

（4）新的内容生态：针对PGC、UGC与AIGC的互动，分析了专业内容生产（professional generated content, PGC）、用户内容生产（user generated content, UGC）与AIGC之间的关系，突出了AIGC作为赋能者的角色，它为专业创作者和普通用户的内容生产都插上了翅膀，并正在重塑内容价值链。

2. 关键洞察

（1）AI正从单一文本走向多维感知与创造：多模态AI的发展标志着人工智能正突破单一文本模态的限制，进入深度理解、融合与创造包括图像、声音、视频在内的多种信息的时代。这是AI向更全面、更接近人类智能形态迈进的关键一步。

（2）数据与算法仍是核心驱动：多模态AI的变革性能力建立在先进的模型架构（如Transformer及其变体）和前所未有规模的高质量、对齐良好的多模态数据基础之上。

（3）AIGC的合成本质需理性看待：理解AIGC的本质在于对已有数据模式的学习、重组和创新性合成，有助于我们更理性地看待其能力边界，并审慎思考其带来的版权、原创性、信息真实性等问题。

（4）赋能而非简单替代，重塑而非颠覆：当前及可见的未来，AIGC更多地表现为对现有内容生产方式的赋能和效率提升，通过降低技术门槛、激发创意、自动化部分流程等方式，重塑内容创作的生态和价值链，而非简单的替代关系。

（5）跨模态理解与生成是前沿挑战：让AI真正像人类一样理解不同模态信息间的深层语义关联，并能进行复杂的跨模态推理和生成具有高度一致性、逻辑性和物理真实感的内容，是该领域最具挑战和潜力的前沿方向。

6.6 课后练习

（1）什么是“模态（modality）”？请至少列举三种你在日常生活中经常接触到的不同信息模态。

（2）请用自己的话解释什么是“多模态人工智能（multimodal AI）”。相比于主要处理文本的大型语言模型（LLM），多模态AI在能力上最主要的区别是什么？

（3）解释“人工智能生成内容（AIGC）”的概念。为什么说它的本质更侧重于“合成（synthesize）”而非“凭空创造（create from scratch）”？

（4）AIGC的主要应用类型有哪些？请至少列举四种不同内容模态的AIGC应用。另外，“世界模型（world model）”是AIGC领域的一个怎样的探索方向？它试图模拟的“世界规律”可能包含哪些方面？

（5）为什么说大规模、高质量且“对齐良好（well-aligned）”的数据是训练高性能多模态AI模型的基础？请简要解释数据“对齐”在此处的重要性。

（6）什么是专业内容生产（PGC）和用户内容生产（UGC）？请分别简述它们的主要特点。

（7）讨论AIGC技术是如何为PGC创作者和UGC创作者这两类群体分别“赋能”的？请各举一个具体的例子来说明。

（8）结合本章或你自身了解的知识，举例说明多模态AI领域近年来仍在“加速发展”的一个具体体现（例如，某个新能力的出现、某项性能的显著提升、某个开源模型的发布或某个令人印象深刻的AIGC作品）。

第7章　智能体：赋予AI自主行动的能力

7.1　导学

软件智能体的工作日常
AD
感知：检查新闻邮件
决策：识别垃圾邮件
行动：执行过滤操作
完成！收件箱清爽了！

如果AIGC主要关注AI如何生成多样化内容，那么智能体（agent）则更侧重于赋予AI系统一定程度的自主性，使其能够根据设定的目标，主动规划、调用工具并与环境交互，以完成相对复杂的任务。因此，理解智能体的核心概念、工作原理及构建方法，对于把握人机协作和自动化任务执行的发展趋势具有重要意义。

本章首先阐释大模型驱动的智能体概念，介绍关键特征与主要类型，通过分析典型智能体实例，展示其当前能力和未来发展潜力。其次剖析智能体的核心模块——记忆、规划、工具与行动，探讨如何通过构建智能体工作流实现理论与实践的结合，包括基于现有平台的初步实现。最后，讨论多智能体协同工作的可行性。本章的预期学习目标如表7.1所示。

表7.1　第7章预期学习目标

编号	学习目标	能力层级	可考核表现
LO7.1	理解智能体的基本定义、类型（软件/具身）和核心特征（基于LLM、目标导向、环境交互、规划与行动、学习适应）	理解	能够用自己的话解释什么是大模型智能体，并列举其关键特征
LO7.2	识别不同类型的智能体应用实例（如斯坦福小镇、HuggingGPT、AppAgent、多智能体协作）及其特点	理解	能够根据描述区分不同智能体实例的主要贡献、应用场景和技术特点

续表

编号	学习目标	能力层级	可考核表现
LO7.3	描述智能体的四大核心构成模块（记忆、规划、工具、行动）及其功能，区分短期与长期记忆的作用	理解	能够说出智能体的核心模块，解释各自的主要作用，并说明长期记忆如何扩展智能体能力
LO7.4	理解并阐述智能体工作流的理论基础（如任务分解、工具选择、顺序执行）和实践方法（如结合平台工具构建）	理解/应用	能描述智能体工作流的基本原理，并能设想或初步设计一个简单任务的智能体工作流
LO7.5	说明工具模块对智能体能力扩展的重要性，以及智能体之间交互协作的意义	理解	能够解释为什么智能体需要使用工具，并说明多个智能体协同工作的优势
LO7.6	分析一个简单智能体任务（如结合搜索和内容生成的任务）的执行过程，识别其中涉及的核心模块和可能的工具调用	分析	能够针对一个典型任务实例，识别其涉及的智能体模块和可能的工具
LO7.7	了解常见的智能体构建平台（如扣子）及其基本功能，并能将其与智能体的核心模块概念对应	了解	能够识别典型智能体平台界面中的关键配置项，并将其与智能体的核心模块概念对应

7.2　什么是智能体

视频7.1：什么是智能体

在大语言模型驱动的人工智能领域，智能体通常被视为一种特殊的AI系统。它以大型语言模型作为核心或推理引擎，能够理解用户设定的复杂目标，并据此自主制定执行计划及步骤，调用外部工具或自身功能与环境交互，力求实现用户的既定目标。

简而言之，智能体可以被看作是一个高级的任务处理器或自主行动的助手。用户无须像传统编程那样提供详细的操作指令，而只需设定一个宏观目标（例如“帮我调研一下关于人工智能伦理的最新研究报告，并总结其核心观点”）。一个设计良好的智能体能分析目标，规划达成目标所需的步骤（如确定搜索关键词、使用搜索引擎查报告、筛选和阅读文献、提炼要点并生成总结），并在执行过程中与外部数字资源（如搜索引擎API、专业数据库）多次交互，最终独立完成整个任务。这种围绕目标进行自主规划和行动的能力，是智能体区别于简单的问答机器人或被动指令程序的关键特征。

视频7.2：角色设定：轻量智能体

1.智能体的主要类型

根据其运行环境和交互方式，智能体可以大致分为两种基本类型。一类是纯软件智能体（software agents）。这类智能体完全运行在计算机或网络环境中，它们通过调用应用程序编程接口、访问数据库、执行脚本或其他软件工具来与数字世界进行互动。纯软件智能体可以执行诸如在线研究、数据分析、内容生成、自动化办公流程、控制其他软件或在线服务等多种任务。

另一类是具身智能体（embodied agents)。这类智能体不仅拥有信息处理和决策能力，还具备物理形态（如机器人手臂、人形机器人、无人机等）或者在模拟的虚拟三维环境中运行（如游戏角色、仿真环境中的虚拟机器人)。它们不仅需要进行思考和规划，还需要通过传感器感知物理世界或虚拟环境的状态，并通过执行器（如电机、机械臂）在环境中执行物理动作（如移动、抓取、操作物体）或虚拟动作。具身智能是当前AI研究中一个极具挑战和潜力的方向。

2.智能体的核心特征

智能体能够展现一定程度的智能和自主性，主要源于以下几个关键特征。

（1）基于大型语言模型：智能体的核心认知与决策能力大多由LLM提供支持。LLM在自然语言理解、文本生成、知识推理及尝试判断方面的能力，为智能体理解复杂指令、任务规划和决策提供了基础。

（2）目标导向：智能体的行为围绕一个或多个目标展开，这些目标通过自然语言提示、结构化配置或其他形式由用户设定。它们是指导智能体行为和评估任务完成度的依据。

（3）环境交互：智能体不是孤立运行的程序，它们具备与外部环境进行信息交换的能力。对于纯软件智能体，这种交互表现为调用API、访问数据库、执行代码或使用其他工具。具身智能体则结合传感器感知物理环境，并通过执行器施加物理影响。环境交互使智能体能够获取实时信息、调用外部能力并影响环境状态。

（4）规划与行动能力：这是智能体的核心能力。智能体基于目标和当前环境状态（或内部记忆中的信息）自主规划一系列任务步骤，并执行实现目标所需的步骤，调用工具或自身功能与环境互动。

（5）学习与适应能力：部分智能体具备在执行任务过程中积累经验、调整行为的自主能力。这通常体现在更新内部记忆（如记录成功策略、失败教训、用户偏好)、通过反思机制评估和优化计划，或在特定框架下（如强化学习）基于从环境得到的反馈进行策略学习和优化。需要指出的是，这类学习与适应多为策略或记忆层面的适应性调整，而非底层大语言模型参数的实时更新，后者在当前技术条件下仍然具有很高的难度和成本。

理解这些核心特征有助于把握智能体的本质及其与传统AI系统的区别，为后续探讨其内部结构与应用前景提供基础。

7.3　智能体实例：从概念验证到前沿探索

理论概念有助于理解基础，具体实例则更直观地展现了智能体的应用潜力和发展方向。以下介绍几个在人工智能领域具有代表性的智能体研究实例，并补充这些案例中智能体的发展趋势。

1.斯坦福小镇

斯坦福小镇由斯坦福大学与谷歌研究团队于2023年4月发布（见图7.1）。案例在一个类似模拟人生游戏的虚拟小镇环境中，创建了25个由大语言模型驱动的居民智能体。每个智能体都具备独特的身份、记忆（包括对日常事件的观察和反思）以及行为模式，能够自主开展日常活动（如工作、购物、休闲）、与其他智能体进行社交互动（如交谈、组织聚会），并基于记忆进行反思与后续行为规划。

该案例展示了LLM驱动的智能体具备生成近似人类可信社会行为和复杂互动动态的能力，即所谓的涌现行为（emergent behavior）。该案例成果推动了关于智能体记忆机制（尤其是LLM如何有效利用长期记忆和反思）、规划能力以及社会行为模拟的研究，成为该领域影响力最高的论文之一，并促进了后续的大量探索工作。

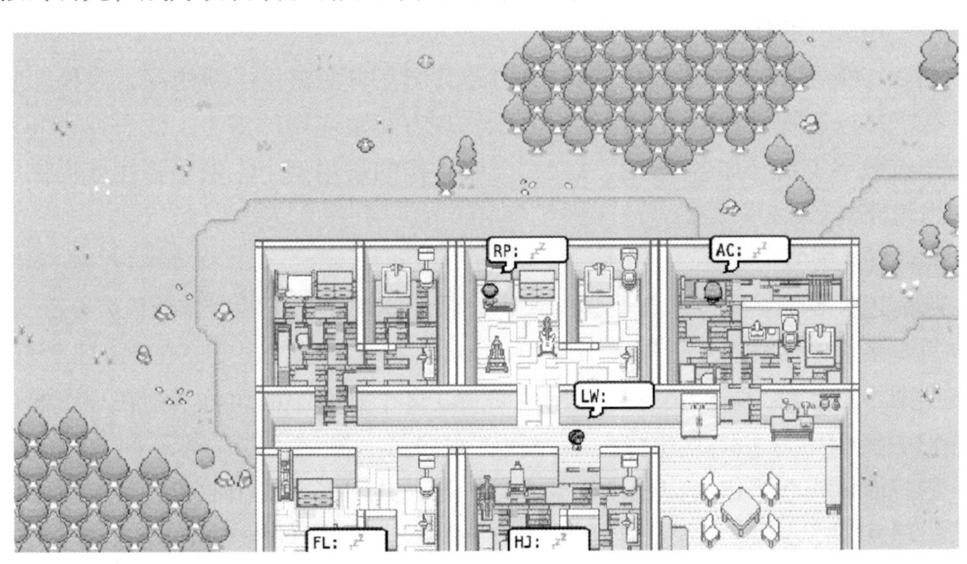
RP:
AC:
LW:
FL:
HJ:
This is a pre-computed replay of a simulation that accompanies the paper entitled "Generative Agents: Interactive Simulacra of Human Behavior." It is for demonstration purposes only.
Current Time:
Monday, February 13, 2023 at 6:57:50 AM
▶ Play
⏸ Pause

图7.1　斯坦福小镇的可视化呈现

2.HuggingGPT

HuggingGPT由浙江大学和微软亚洲研究院研究团队于2023年3月提出。它的核心是一个以大语言模型（如ChatGPT）为控制中心或任务规划器的框架。当用户提出一个复杂（尤其是多模态）的任务请求时，中心LLM能够理解任务需求，智能调度Hugging Face等平台上多种预训练AI模型（如图像识别模型、文本生成模型、语音处理模型等），协同完成任务及其子步骤，并整合各个模型的结果，输出最终答案。

HuggingGPT创新地提出了大语言模型作为通用接口和AI模型调度器的思路，为解决单一LLM难以独立处理所有复杂多模态或高度专业化任务提供了模块化、可扩展的解决方案。该案例展示了如何整合现有AI模型生态以构建更强大的应用，对模型协同、任务规划与分解、工具调用等方向产生了积极影响。

3.AppAgent

AppAgent由腾讯研究团队于2023年12月提出，其核心是探索如何使智能体通过像人类一样的观察和模仿来学习操作智能手机上的各种应用程序。AppAgent通过分析应用用户界面的视觉信息（如截图）及结构层次（如UI树），理解界面元素的功能和布局，进而自主生成点击、滑动、文本输入等操作指令，实现无需应用程序提供专用API的任务执行。

AppAgent在无需特定编程接口的通用UI交互方面提供了新的探索路径。它展示了智能体通过视觉和模仿学习适应并操作现有海量应用的潜力。该研究为开发能够与现有数字工具（如各类手机App）无缝协作的通用型个人助手智能体提供了新的技术思路。

4.新兴发展方向

除前述代表性案例外，智能体的快速发展还体现在以下几个方面。

（1）多智能体协作：近年来出现了如AutoGen（微软提出）、MetaGPT等框架。这些框架不再是单个智能体独立工作，而是让多个具有不同角色（如在一个模拟软件开发的流程中，可以有扮演产品经理、程序员、测试工程师等不同角色的智能体）的智能体相互协作、沟通，甚至进行辩论，共同完成复杂的项目。这些案例展示了构建AI团队或AI组织，以群体智能应对更复杂问题的潜在可行性。

（2）具身智能与机器人：另一个备受关注的前沿方向是将具备理解语言、视觉等多模态信息能力的大型模型（智能体的“大脑”）与物理实体（如机器人手臂、人形机器人、无人驾驶车辆等）结合。例如，谷歌DeepMind的Robotics Transformers（RT）系列研究，Figure AI与OpenAI合作开发的人形机器人等项目，均在探索如何使机器人基于自然语言指令感知环境、规划任务并执行具有泛化性的操作（如整理房间、制作咖啡、与人互动）。这一方向标志着智能体正逐步由纯数字环境向物理世界延展，为实现可服务于人类日常生活的通用机器人助手提供了技术基础。

这些研究案例和探索方向共同勾勒了智能体技术发展的广阔图景：从模拟个体行为与社会互动，到高效调度与整合现有AI工具，再到实现与数字软件及物理环境的自主、目标导向的交互和协作，智能体正展现出作为下一代计算平台和人机交互新范式的重要潜力。

7.4　智能体的内部结构：四大核心模块

尽管不同类型的智能体在实现方式上存在较大差异，但从功能角度来看，一个典型且功能相对完整的智能体通常可被划分为四个相互协作的核心模块：记忆（memory）、工具（tools）、规划（planning）和行动（action）。理解这些模块的功能及其相互关系，有助于揭示智能体的工作机制（见图7.2）。

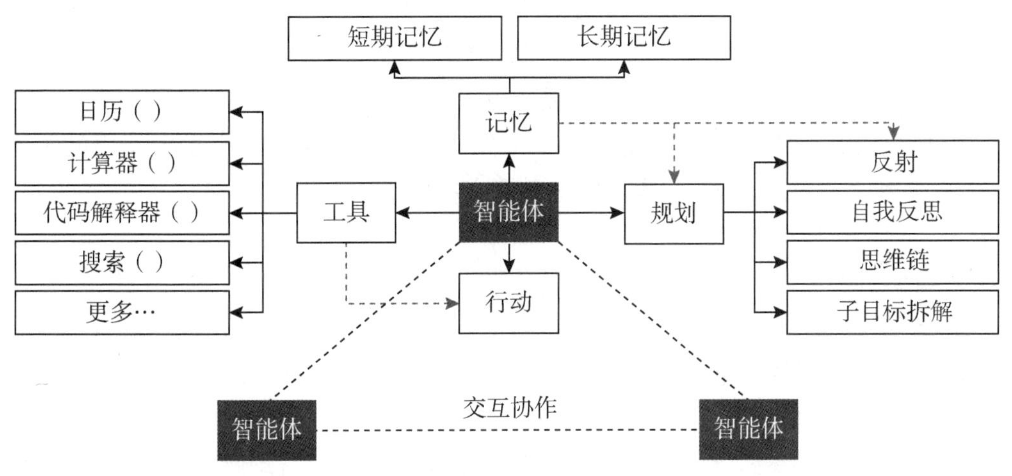

图7.2　智能体的四个模块

1.记忆模块

记忆模块（memory module）负责存储和管理智能体在运行过程中获取或产生的各类信息，是智能体实现上下文关联、知识累积、经验形成和个性化服务的基础。记忆模块通常包括短期记忆和长期记忆。其中，短期记忆（short-term memory/working memory）类似于人类的工作记忆或计算机的内存、缓存。它主要用于存储当前交互的上下文信息，如用户最近指令、智能体的中间思考过程、任务执行中的临时变量等。短期记忆与LLM的上下文窗口紧密相关，帮助智能体理解当前对话状态并生成连贯的回应，但缺点是容量有限且信息易失。长期记忆（long-term memory）类似于人类的长期知识和经验库。它用于存储智能体需要长久保留的信息，如专业知识、过往交互总结、用户行为偏好、世界事实等。长期记忆有助于智能体突破短期记忆和上下文窗口的限制，实现大规模数据的累积与利用。为了实现高效存储和语义检索（根据意义而非关键词查找信息），长期记忆通常需要借助外部存储系统，如数据库或向量数据库（vector database），以存储和检索文本、图像等的嵌入表示，支持智能体记住海量信息并提供更具深度和个性化的服务能力。

2.工具模块

工具模块（tool module）赋予智能体调用外部资源和执行核心模型难以独立完成的能力，显著扩展了智能体的功能范围。该模块弥补了大语言模型在获取最新信息（如知识截止导致无法获取最新信息）、精确数学计算、实时感知外部世界、直接执行代码或控制其他软件等方面的不足。

该模块的能力主要体现在外部信息获取，具体包括：通过API调用获取外部信息（如搜索引擎查询最新资讯、天气API查询气象数据、访问数据库获取专业数据）；执行精确计算或代码（如使用计算器进行数学运算、通过代码解释器运行Python代码实现数据分析）；操作其他软件或服务（如调用日历API安排会议、邮件API发送邮件、控制智能家居设备）；扩展感知能力（特别是对具身智能体，如连接到摄像头、麦克风等传感器收集物理环境数据）。

工具模块是智能体能够真正在现实世界或复杂的数字环境中发挥作用的关键。通过灵活组合和调用多种工具，智能体能够完成远超内部LLM能力范围的复杂任务。

3.规划模块

规划模块（planning module）负责制定实现用户目标的策略和步骤，并在执行后评估结果，是智能体思考和决策能力的核心。它包括事前规划/任务分解、事后反思/自我修正两个环节。其中，事前规划/任务分解（task decomposition）指当接收复杂目标时，将其细化为更小、可执行的子任务，涉及行动顺序的确定、工具选择以及对不同方案结果的预测。LLM的推理能力在此过程中发挥重要作用，常见方法包括思维链（chain-of-thought, CoT）、思维树（tree-of-thought, ToT）、思维图（graph-of-thought, GoT）等多路径探索策略。事后反思/自我修正（reflection/self-correction）是在执行完成行动后，规划模块（有时与记忆模块等其他模块协同）对结果进行评估。如果任务成功，规划模块可以将有效策略记录至长期记忆；如果任务失败，则分析原因并调整后续计划或更新知识，以避免类似错误。这种机制提升了智能体的自我完善与适应性。

有效的规划能力显著提高了智能体的任务效率和成功率，减少了不必要的尝试。规划能力也使智能体能够应对复杂任务，并通过持续学习不断提升问题解决能力。

4.行动模块

行动模块（action module）负责具体执行规划模块制定的行动指令，是智能体与外部环境（数字或物理）进行交互的执行者。该模块的典型行为包括：调用工具模块中的工具或接口（如执行搜索查询、执行代码）；生成自然语言回应用户或与其他系统交互；操作记忆模块（如在长期记忆中写入观察结果、从短期记忆中检索上下文）；对于具身智能体，控制物理执行器（如机械臂、车辆驱动装置）完成物理动作。

行动模块的执行会改变环境状态或产生新的观察数据，反馈给规划模块（通常经记忆模块存储和处理），形成“感知—规划—行动”的闭环。该机制支持智能体根据环境变化和任务进展动态调整行为，展现出一定的适应性。

行动模块的效率、准确性和可靠性直接影响智能体的整体性能。具备可靠性与执行能力的行动模块是智能体成功完成实际任务的重要保障。

智能体的记忆、工具、规划和行动四大核心模块并非孤立存在，而是紧密协同工作。记忆模块为规划模块提供信息基础和经验支持，规划模块基于目标和记忆制定行动计划并选择所需工具，行动模块负责执行计划与环境互动，产生新的感知数据再次更新记忆并发出新的规划。正是这种模块间的动态交互，赋予智能体超越传统程序的自主性、适应性和复杂问题解决能力。

需要指出的是，实际系统中的智能体是否具备全部四个模块及其功能，取决于具体应用和设计目标。例如，一些智能体可能仅侧重于其中某些模块，或以简化形式实现相关功能。

7.5 智能体工作流：理论、实践与平台赋能

理解了智能体的核心模块后，一个关键问题是如何将这些模块有效组织，使其协同完成复杂任务。这引出了智能体工作流（agent workflow）的概念。智能体工作流指为了实现特定的、通常为多步骤的目标而设计的一系列有序动作和决策序列。这些序列可能由一个或多个智能体（或智能体不同模块）共同执行。设计和优化智能体工作流提升其实用性和任务解决能力的基础。

1.理论基础：任务分解与流程编排

智能体工作流的设计主要基于任务分解和流程编排。

任务分解（task decomposition)指面对复杂的目标，智能体（或智能体的规划模块）将其分解细化为一系列更小、可管理、可执行的子任务。每个子任务可能涉及调用特定工具、执行信息检索、生成特定文本或做出局部决策。

流程编排（process orchestration）则是在逻辑上组织这些子任务，形成完整的执行流程。流程可以是串行、并行或包含条件分支。它定义了信息如何在不同步骤之间流转，以及在每个步骤中应该执行什么操作或调用哪个功能。

示例

一个研究助手智能体的工作流可以是：用户输入研究主题→步骤1（工具调用）：利用搜索引擎查找相关文献→步骤2（LLM处理）：阅读并总结文献摘要→步骤3（记忆存储）：将摘要和关键信息存入知识库→步骤4（LLM处理）：根据所有摘要生成初步的文献综述框架→步骤5（用户交互）：将框架呈现给用户并请求反馈。

工具选择与调用要求智能体在工作流的特定节点，判断当前步骤调用的工具（如计算器、代码解释器、天气API、股票API），并正确生成调用指令。

条件逻辑与循环为高级功能，支持基于条件改变执行路径（如“如果搜索结果为空，则尝试使用不同的关键词重新搜索”）或对列表数据进行循环执行（如“对列表中的每一项都执行相同的分析操作”）。

2. 实践方法：结合平台工具构建

从头开始编程实现一个复杂的智能体工作流对普通用户而言门槛较高。目前已涌现出一些旨在降低智能体和工作流构建难度的平台和框架。这些平台通常通过以下方式赋能用户。

（1）可视化编排界面：许多平台（如扣子Coze及其国际版）提供了图形化工作流编辑器。用户可以通过拖拽功能节点（如“获取用户输入”“调用插件/API”“运行代码”“LLM推理”“条件判断”“循环控制”“操作数据库/知识库”等）并连接节点，直观设计智能体任务流程。

（2）预置插件与工具集成：平台通常预置丰富的插件（如网页搜索、新闻阅读、天气查询、图片生成、Office文档处理等）和API接口及调用接口，便于用户调用且无须关心底层API细节。同时，平台也支持用户自定义插件或连接自有API。

（3）知识库与记忆管理：平台支持知识库上传和文档管理功能（如上传PDF、TXT、网页链接等），智能体可以在工作流中随时检索这些数据。同时，平台也会提供变量和数据库机制，支持智能体短期和长期记忆管理。

（4）LLM能力的灵活调用：用户可以在工作流的不同节点中调用LLM实现文本理解、内容生成、逻辑判断、信息提取等，结合提示词工程精细控制模型在每个环节的具体行为。

（5）调试与测试：平台通常配备工作流调试工具与测试功能，允许用户逐步查看执行过程、识别中间问题、定位和优化工作流。

示例 基于扣子平台

设想构建一个"每日新闻摘要与评论Bot"。

（1）角色与目标：在"人设与回复逻辑"中设定为"资深新闻评论员，每日为我提供特定领域新闻摘要并附上简短评论"。

（2）工作流设计（可视化编排）：

节点1（定时触发/用户指令）：每日固定时间或用户输入"今日新闻"时启动。

节点2（插件调用）：调用"新闻搜索"插件，搜索用户预设领域（如"人工智能最新进展"）的过去24小时新闻。

节点3（LLM处理——摘要）：将搜索到的多条新闻标题和摘要（或全文链接让LLM访问）输入给LLM，要求其对每条新闻生成简短摘要。

节点4（LLM处理——筛选与评论）：要求LLM从摘要中挑选出最重要的3条新闻，并对每一条用设定的"资深评论员"口吻撰写一小段评论。

节点5（格式化输出）：将筛选后的新闻摘要和评论整合成结构化的文本（如Markdown格式）输出给用户。

（3）知识库/记忆（辅助）：可能利用平台的数据库功能记录用户感兴趣的新闻领域，或存储过往的评论风格偏好。

通过这些平台化工具，用户即使不具备深入的编程能力，也能根据任务需求构建个性化的智能体工作流，开发出具有实际功能的AI助手。

3. 理论与实践的平衡

构建智能体工作流既依赖对理论的理解（如任务如何分解、信息如何传递、工具的适用边界等），也需要掌握平台工具的实践技能。这些理论为智能体工作流设计提供指导，实践反过来丰富对理论的理解。通过持续的设计、测试和优化，用户可不断提升对智能体行为的认知，更有效地将其应用于实际任务解决中。

7.6　智能体之间的协同工作

前面主要讨论了单个智能体的构成和能力。然而，当面对高度复杂、规模庞大或涉及多学科知识及技能的问题时，单个智能体的能力可能面临限制。此时，通过多个智能体的分工、交互和协作来提升智能体系统整体性能成为重要策略。这种由多个相互作用的智能体组成的系统称为多智能体系统（multi-agent system，MAS）。

可以将MAS类比为一个由多位专家助理组成的团队，每位智能体在特定领域（如数据分析、市场研究、文案写作、法律咨询等）具备优势。当接收如商业计划制定等复杂任务时，这些专家助理可以协同合作，各自贡献专长，共同完成整体目标。这种模式体现了整体优于部分之和的协同效应。

多智能体协同工作通常体现在以下几个方面。

1. 任务分解与分工（task decomposition and division of labor）

将一个宏观任务拆分为若干更小、可以独立处理的子任务，分配给具备相应能力的智能体。例如，在模拟城市交通管理中，可以设置多智能体分别负责监控路况、信号灯调度、公共交通调度等。这些智能体各司其职，共同优化整体交通流。

2. 信息共享与融合（information sharing and fusion）

不同智能体可能掌握不同来源的数据信息、观察视角和知识片段。通过交换数据、共享分析结果和传递知识片段，多智能体系统可以形成更全面准确的全局视图，从而支持更优决策。

3. 协同规划与决策（collaborative planning and decision-making）

当任务涉及多个智能体协同执行时，需要共同规划与决策。这可以通过协商、投票和预设协调机制实现，以避免潜在冲突并达成一致行动方案。

4. 动态适应与容错（dynamic adaptation and fault tolerance）

在多智能体系统由于智能体故障、外部环境变化或其他原因无法完成任务时，可以通过其他智能体动态接管任务或者调整策略。这能保持多智能体运行的连续性并提升系统鲁棒性和容错能力。

5. 涌现与自组织（emergence and self-organization）

部分多智能体系统中，尽管每个智能体都遵循简单行为规则，它们之间的相互作用仍可能产生复杂、高级或未预设的行为模式或结构。这种现象称之为涌现。它为多智能体系统研究提供了独特价值，展现了群体智能的潜在优势（如使多智能体展现出超越个体智能体之和的集体智能）。

总的来看，智能体协作显著拓展了AI在解决复杂问题时的适用范围。通过有效的分工、信息共享、协同规划和适应机制，多智能体系统在模拟复杂系统和自动化协作流程（如AutoGen、MetaGPT等框架尝试模拟软件开发团队）等应用领域展现出良好前景，成为当前智能体研究的重要发展方向之一。

7.7 本章小结

1. 核心回顾

（1）智能体定义与特征：阐释了智能体是以大型语言模型为核心，能够理解目标、自主规划、调用工具并与环境交互以达成目标的AI系统。其核心特征包括基于大型语言模型、目标导向、环境交互，具有规划与行动能力以及潜在的学习与适应能力。

（2）智能体类型与实例：区分了纯软件智能体和具身智能体，并通过分析斯坦福小镇、HuggingGPT、AppAgent等代表性研究实例，以及多智能体协作、具身智能与机器人等新兴方向，展示了智能体的能力边界与发展趋势。

（3）智能体的内部结构：详细描述了构成智能体的四大核心模块：记忆模块（包含短期记忆和长期记忆，后者常借助向量数据库等外部存储实现）、工具模块（赋予智能体调用外部API、执行代码等超越LLM本身能力的功能）、规划模块（负责任务分解、策略制定和反思修正）以及行动模块（具体执行规划并与环境交互）。强调了这四个模块的协同工作和"感知—规划—行动"循环。

（4）智能体工作流：介绍了智能体工作流的概念，即为实现特定目标而设计的一系列有序的、由智能体执行的动作和决策序列。探讨了其理论基础（任务分解、流程编排、工具选择）和实践方法（特别是结合如"扣子（Coze）"这样的低代码/无代码平台进行可视化构建）。

（5）多智能体协作：讨论了多个智能体通过任务分解与分工、信息共享与融合、协同规划与决策、动态适应与容错等方式进行协作的优势，以及由此可能产生的"涌现"集体智能。

（6）标准化协议的重要性：通过扩展阅读提及了如A2A（智能体到智能体）和MCP（模型上下文协议）等标准化协议对于促进智能体间协作和模型能力扩展的意义（参见扩展阅读7.1）。

扩展阅读7.1：智能体协作与模型扩展的标准化协议——A2A与MCP

2.关键洞察

（1）从对话到行动的跨越：智能体技术标志着AI应用从主要作为被动的信息响应者（如聊天机器人）向能够主动规划并执行一系列行动以达成复杂目标的"行动者"演进，这是人机协作模式的一次重大升级。

（2）LLM是智能体的大脑：LLM强大的自然语言理解、推理和生成能力为智能体理解复杂目标、进行规划和决策提供了核心认知基础。

（3）工具赋予智能体手脚：工具模块通过连接外部API、服务和执行环境，极大地扩展了智能体的能力边界，使其能够获取实时信息、执行精确计算、操作其他软件乃至与物理世界互动。

（4）规划与记忆是实现自主性的关键：智能体的规划模块（进行任务分解、策略制定、反思修正）和记忆模块（存储经验、知识和上下文）是其展现自主性、适应性和解决复杂多步骤任务能力的核心。

（5）工作流编排是释放潜能的途径：通过精心设计和编排智能体的工作流，可以将智能体的各项能力模块和外部工具有效地组织起来，以自动化的方式完成复杂的目标，从而极大地提升效率和生产力。

（6）模块化与平台化降低开发门槛："记忆—规划—工具—行动"这一概念框

架为理解和设计智能体提供了清晰的范式，而低代码/无代码智能体开发平台的出现，则使得更多非专业开发者也能参与到智能体的创建和应用中，将加速AI技术的普及和场景创新。

（7）协同智能是未来的重要方向：单个智能体的能力有限，而多智能体系统通过分工协作和信息融合，展现出解决单一智能体难以应对的大规模复杂问题的潜力，预示着一种基于“集体智能”或“组织智能”的未来AI应用形态。

7.8 课后练习

（1）智能体定义与特征：请用你自己的话解释什么是“大模型驱动的智能体”，并列举其至少四个核心特征。与传统的、基于规则的自动化脚本相比，LLM驱动的智能体在“智能”和“自主性”方面主要有哪些不同？

（2）实例分析：从本章介绍的斯坦福小镇、HuggingGPT、AppAgent三个研究实例中任选一个，简要说明其核心思想和主要贡献，以及它体现了智能体的哪些关键特征或未来发展方向。

（3）核心模块功能：请描述智能体的记忆模块、工具模块、规划模块和行动模块各自的主要功能是什么？并解释为什么说这四个模块是“紧密耦合、协同工作”的？

（4）记忆机制探讨：解释智能体中短期记忆与长期记忆的主要区别和作用。为什么说向量数据库等外部存储技术对于实现智能体的有效长期记忆非常重要？

（5）工具的价值：为什么说“工具模块”对于扩展智能体的能力边界、弥补底层LLM的不足至关重要？请至少举出三个不同类型的工具，并说明它们如何增强智能体的能力。

（6）工作流初步设计：设想一个你希望AI智能体为你完成日常或学习中的具体任务（例如，“帮我预订下周五晚上7点在学校附近一家评分不低于4.0分的中餐馆的两人桌位，预算人均不超过150元，并将预订结果通过邮件通知我”）。请尝试将这个任务分解成智能体可能需要执行的若干个主要步骤（即初步的工作流），并思考在每个步骤中可能需要调用哪些工具或LLM的哪些能力。

（7）智能体平台认知（AI互动与思考）：假设你正在使用一个类似“扣子（Coze）”的智能体开发平台来创建一个“旅行计划助手”Bot。

①你会如何在平台的“人设与回复逻辑”部分设定这个Bot的核心职责和说话风格？

②为了让这个Bot能够查询航班酒店信息、推荐景点，甚至预估旅行费用，你认为需要在“技能”部分为其启用或添加哪些类型的插件或工具？

③如果希望这个Bot能记住你偏好的旅行目的地类型（如“海岛度假”“历史文

化名城”）或预算范围，你会考虑利用平台的哪个功能（如知识库、数据库）来实现这种“个性化记忆”？

（8）多智能体协作的优势：结合本章的讨论，请阐述为什么说“多智能体系统”在解决某些复杂问题时，可能比单个、功能更全面的智能体更具优势？（提示：可以从任务分解、专业化、鲁棒性、创新性等角度思考）

第4篇

素养：人机交互的基础能力

前两部分内容已系统阐述了人工智能（特别是大语言模型）的技术原理、核心能力及其在内容创作（AIGC）与自主任务执行（智能体）等特定领域的应用。然而，仅仅理解AI的技术潜力尚不足以应对智能时代的挑战。如何与这些日趋强大的人工智能系统进行有效、安全且合乎伦理的互动，已成为一项至关重要的基础素养。本篇内容将聚焦于此，系统介绍驾驭AI所必需的核心技能与规范意识。

第8章“提示词工程：与AI高效对话”，将深入解析提示词这一人机沟通的语言。该章不仅阐述构建高质量提示词的基本原则和常用策略，还将进一步探索结构化框架的应用、思维模型的融入、高级推理技巧的运用以及利用外部工具增强提示效果等进阶方法，旨在帮助读者掌握与AI进行精准、高效对话的艺术与科学。

第9章“信息辨别：批判性思维与事实核查”，将直面AI生成信息可能带来的风险。在“眼见不一定为实”的数字环境中，该章将重点培养读者的批判性思维，并系统介绍事实核查的核心技能与实用方法，使读者能够更有效地辨别信息的真伪，从而规避误导性信息的影响。

第10章“伦理规范：AI的负责任使用之道”，将全面审视AI大模型带来的主要伦理挑战，涵盖算法偏见、数据隐私、责任归属、情感依赖和版权问题等方面。该章还将讨论在学术研究和日常生活中安全、合规地使用AI的基本准则，并介绍AI治理的宏观框架与实践方向，以期提升读者的伦理素养和负责任行动的能力。

掌握本篇所阐述的人机交互基础能力，是确保AI技术真正服务于个体学习与发展、促进社会福祉的前提条件。这要求不仅成为AI技术的使用者，更要成为具备辨别力、责任感，并深谙如何与智能系统协同共进的思考者。

第 8 章　提示词工程：与AI高效对话

8.1　导学

人工智能大模型正加速渗透于学习、工作及日常生活的各个方面。在此背景下，如何有效地与这些系统沟通，确保其准确理解用户意图并高效生成期望结果，已成为一项至关重要的能力。这门“与AI对话”的学问，便是提示词工程的核心。提示词，作为用户向AI系统输入的指令、问题或上下文信息，是开启AI强大潜能的“钥匙”。

本章旨在系统性地介绍提示词工程的基本概念、核心原则、常用策略与进阶技巧。章节内容将从构建清晰、明确提示的基础出发，逐步探索如何通过角色扮演、提供示例、利用结构化框架以及融入思维模型等方法，来提升AI输出的质量与可控性。此外，本章还将讨论如何利用外部工具增强提示效果，识别并规避常见的提示陷阱，并对提示词工程的未来发展趋势进行展望，帮助学习者掌握这门与AI高效协作的“艺术与科学”。本章的预期学习目标如表8.1所示。

表 8.1　第 8 章预期学习目标

编号	学习目标	能力层级	可考核表现
LO8.1	理解提示词和提示词工程的基本概念及其在人机协作中的重要性	理解	能够清晰解释提示词和提示词工程的定义，并阐述为何它们对于有效利用大模型至关重要
LO8.2	掌握构建有效提示词的核心原则（清晰性、目标导向、任务分解、上下文提供）和思维链提示法	应用	能够根据具体任务场景，运用原则和思维链编写或修改提示词

续表

编号	学习目标	能力层级	可考核表现
LO8.3	应用不同的提示词策略（如角色扮演、提供示例、使用分隔符、要求模型检查或反思、指令放置）	应用	能在不同场景下，选择并运用合适的策略来优化模型输出
LO8.4	理解并应用提示词框架（如APE、CO-STAR）构建结构化提示，并能在提示词中融入思维模型（如SWOT、六顶思考帽）引导AI进行结构化分析	应用	能根据任务选用框架或思维模型，并编写相应的提示词
LO8.5	理解高级推理技术（如自洽性、思维树概念、自我修正）和工具组合使用的基本思想及其对提升模型能力的意义	理解	能简述这些高级策略如何尝试提升推理的可靠性或深度，以及扩展模型能力
LO8.6	识别并规避常见的提示词编写陷阱（如模糊性、隐含假设、任务过载、引导性偏见），并理解不同模型（含国产模型如DeepSeek）的响应差异与选择策略	应用/分析	能分析给定提示词的问题并提出改进建议；知道需通过试用比较模型
LO8.7	了解提示词工程领域的动态发展和关于其未来角色的讨论	了解	能简述关于提示词工程未来形态的主流观点和讨论

8.2 核心原则与思维链：构建有效提示的基石

视频8.1：提示词工程基础

扩展阅读8.1：为什么称提示词工程为心法

如同掌握任何技能，有效运用提示词也需遵循一些基本原则。这些原则构成了与AI高效沟通的“心法”，看似简单却至关重要（具体阐释见扩展阅读8.1）。

1.构建有效提示词的核心原则

1）原则一：清晰性——指令明确，减少歧义

直接具体：明确告知大模型需要执行的具体任务，避免使用模糊、笼统的词语。例如，避免说“介绍宋朝”，尝试说“概述北宋时期（公元960—1127年）在政治、经济和文化方面的主要成就，并列举至少三位代表人物及其关键贡献。”

提供上下文：如果任务依赖背景信息，务必提供。例如，分析历史事件影响时，界定时间范围和地域背景。

避免歧义：检查指令是否存在多种解释。例如，“反应条件”需具体说明温度、压力等。

指定输出格式：若对结果的格式有要求（如表格、列表、特定文风），应明确说明。

2）原则二：目标导向与迭代优化——明确目标，持续改进

明确目标：在编写提示词前，清晰定义期望的输出结果。

持续迭代：很少能一次性写出完美的提示词。有效的提示词工程是一个循环往复、不断优化的过程：从简单指令开始，观察反馈，分析差距，针对性调整，再次测试，直至满意。

认知路径：掌握提示词工程本身也存在一个从“初步简洁”到“结构化复杂”，再到“精准简洁”的认知发展过程。

3）原则三：任务分解——化繁为简，循序渐进

拆分复杂任务：对于复杂需求，避免用一个冗长的提示词解决所有问题。应将其分解为一系列更小、更具体的子任务，通过多轮交互或分步指令来完成。例如，避免直接要求“写一篇关于罗马帝国衰亡原因的论文”，可分解为先列出主要因素，再针对某个因素查找资料，然后构建大纲，最后草拟各部分。

引导思考步骤：可以明确指示模型按步骤进行思考或处理。

4）原则四：上下文原则——提供必要的背景信息

大模型并不知道你提问的具体背景。提供必要的上下文信息（如任务背景、领域知识、用户情况）对于获得相关、有用的回答至关重要。

2.思维链提示法：引导AI“思考”过程

在处理需要推理、计算或解决多步骤问题的任务时，仅仅给出问题本身，LLM有时难以直接给出准确答案。思维链提示（chain-of-thought prompting, CoT）是一种简单而有效的技术，旨在通过引导模型显式地展示其推理或解决问题的中间步骤，来提高其处理复杂任务的能力。该方法的核心思想是在提示词中明确要求模型在给出最终答案之前，先“一步一步地思考”或“列出推理过程”，具体优势如下：

（1）分解复杂度：将复杂问题分解为小步骤，有助于模型准确处理。

（2）模拟人类思考：模仿人类解决难题时逐步推理的方式。

（3）减少“跳跃”错误：迫使模型关注过程，减少因忽略中间环节导致的错误。

（4）过程透明化：输出的思考步骤让用户能更好地理解和检查模型的逻辑。

实现CoT的基础方法是在提示词末尾或指令中加入类似“请一步一步思考并解释你的推理过程”的引导性短语。

示例 利用思维链提示法解决简单的逻辑问题

未使用CoT的提示：农场里有17头羊，除了9头以外都卖掉了。农场里还剩多少头羊？

模型可能的（错误）回答：17-9=8头。

使用CoT的提示：农场里有17头羊，除了9头以外都卖掉了。农场里还剩多少头羊？请一步一步思考并解释你的推理过程。

模型更可能的（正确）回答：

好的，让我们一步一步分析：

（1）问题描述是“除了9头以外都卖掉了”。

（2）这句话的关键在于理解“除了9头以外”的含义，它指的是未被卖掉的羊的数量，即剩下的羊的数量。

（3）因此，这句话直接告诉我们，剩下的羊的数量就是9头。

（4）原始的总数17头羊是用来迷惑的背景信息，与最终剩下的数量没有直接计算关系。结论：农场里还剩9头羊。

8.3 常用提示词策略

视频8.2：提示词工程进阶

扩展阅读8.2：我们应该表扬大模型还是进行批评操控？——探讨与AI交互的专业性

除了核心原则和思维链，实践中还总结出一些行之有效的具体策略，可以进一步提升提示词的效果和对模型输出的控制力（参见扩展阅读8.2）。

1）策略一：角色扮演

为大模型设定一个特定的角色身份，可以引导它以该角色应有的视角、语气、专业知识水平或思维模式来回答问题或执行任务。

示例 社会文化史分析

假设你是一位专注于清代社会文化史的研究者，请分析《红楼梦》这部小说在反映清代（特别是康雍乾时期）贵族家庭生活、社会关系、礼俗观念以及深层文化价值观方面的主要文献价值。

2）策略二：提供示例

对于某些需要特定输出格式、风格或需要模型理解抽象模式的任务，直接在提示词中提供一到几个完整的“输入-期望输出”示例（称为“shots”），往往比冗长、复杂的文字描述更有效。这利用了模型的上下文学习能力。

示例 解决经济学领域中的判断市场结构问题

提供给模型的示例1：

输入:市场上只有一家公司提供某种独特的产品或服务，没有近似替代品，并且存在极高的进入壁垒，使得新公司几乎不可能进入该市场。

输出:完全垄断

提供给模型的示例2：

输入：市场上有大量的买者和卖者，所有卖者提供的产品都是同质的（没有差别），信息完全透明，并且企业可以自由进入或退出市场。

输出：完全竞争

需要模型完成的任务：

输入：市场由少数几家大型企业主导，它们占据了绝大部分市场份额。这些企业之间的决策会相互影响，并且新企业进入市场存在一定的障碍。

输出：（模型需按以上模式填写）；预期输出：寡头垄断

3）策略三：使用分隔符清晰界定输入的不同部分

当提示词包含多个组成部分时（如指令、上下文、示例、待处理文本等），使用清晰的分隔符（如三重反引号'''、三重引号" " "、XML标签如<context></context>）可以显著帮助模型更好地区分和理解提示词的结构，提高其遵循指令的准确性。

示例 在提示词中使用XML标签界定输出内容的不同部分

XML

<prompt>

<background_info>

反应物A和反应物B在催化剂C的作用下，于特定反应器中反应生成目标产物P。主要反应条件为：温度150℃，压力5atm。根据现有文献报道，该反应在上述条件下，目标产物P的选择性不够理想，容易生成副产物Q。

</background_info>

<task>

请基于上述背景信息，提出至少三种可能提高目标产物P选择性的工艺优化策略。

</task>

<output_requirements>
1. 列出每种策略。
2. 对每种策略，简要说明其可能的作用原理。
3. 格式为项目列表。
</output_requirements>
</prompt>

4）策略四：要求模型检查或反思（self-reflection/self-critique）

通过明确要求模型对其自身的输出进行检查、评估或反思，或者对其推理过程进行审视，有助于发现潜在错误、遗漏或提升答案质量。

示例 经济模型分析

你刚才解释的这个经济模型（例如：IS-LM 模型），其成立依赖于哪些核心假设？在现实经济运行中，这些假设在多大程度上是成立的？如果不完全成立，模型的解释力会受到哪些限制？

5）策略五：指令放置策略（针对长上下文）

当提示词包含大量上下文信息时，模型可能会难以始终“记住”最初的指令。将核心任务指令同时放在上下文信息之前和之后（“双重提醒”），通常比仅放在开头或结尾更有效。

8.4 结构化提示：使用提示词框架

随着提示词工程实践的深入，为了提高提示词的规范性、可复用性和效果稳定性，研究者和实践者们总结出了一些结构化的提示词框架。这些框架提供了一套思考和组织提示词要素的模板或“配方”，帮助用户更系统地构建高质量的提示词，尤其适用于需要精确控制或完成复杂任务的场景。

这些框架并非强制性规则，而是推荐性的思考结构，可以根据具体任务灵活选用和调整。以下介绍几个常见的提示词框架：

1.APE 框架(源自吴恩达的提示词工程课程)

（1）行动（action）：明确告知模型需要执行的具体动作，通常以动词开头（如“生成”“总结”“翻译”“比较”“分类”“评估”等）。

（2）目的（purpose）：解释执行这个行动的背景、原因或最终目标，帮助模型

更好地理解任务意图和重要性。

（3）期望（expectation）：清晰、具体地描述对输出结果的要求，包括内容要点、格式、长度、风格、受众对象、评价标准等。

APE框架的优势是结构简单清晰，易于掌握和应用，适合快速构建目标明确的提示词。

示例 结合APE框架

行动（action）：请为一篇关于“人工智能在教育领域应用”的学术论文撰写一份详细的大纲。

目的（purpose）：这份大纲将用于指导后续论文的写作，确保内容全面、结构合理。

期望（expectation）：大纲应包含引言、文献综述、主要应用领域（至少涵盖个性化学习、智能辅导、教育管理三个方面，并为每个领域下设2～3个具体应用点）、面临的挑战与伦理问题、未来展望以及结论等部分。请使用层级清晰的项目符号列表格式输出。

2.RTF框架

（1）角色（role）：为模型设定一个特定的角色或身份（同8.3节策略一）。

（2）任务（task）：明确告知模型需要完成的具体任务。

（3）格式（format）：对输出结果的格式提出具体要求。

RTF框架的优势是强调了角色设定对引导模型视角和专业性的重要性，同时关注输出格式的规范性。

示例 结合RTF框架

角色：假设你是一位经验丰富的市场分析师。

任务：请分析当前智能手机市场的主要竞争格局，识别出Top 3的品牌及其核心竞争优势，并预测未来一年市场可能出现的新趋势。

格式：请将分析结果整理成一份简洁的报告，包含要点总结和数据支撑（如果可能）。

3.CRISPE框架（源自Matt Nigh的总结）

CRISPE框架提供了一个更全面、更细致的提示词构建思路，旨在激发模型更深层次的能力。

（1）容量与角色（capacity and role）：明确告知模型其应具备的能力和扮演的角色。

（2）洞察（insight）：提供关键的背景信息、上下文或约束条件。

（3）陈述（statement / task）：清晰陈述需要模型执行的具体任务。

（4）个性（personality）：定义模型输出时应采用的语气、风格或拟人化特征。

（5）实验（experiment / iterate）：鼓励模型尝试不同的角度、给出多个选项或进行自我优化。

示例 结合CRISPE框架部分要素

容量与角色：你是一位精通教育心理学和教学设计的专家。

洞察：我正在为大学一年级学生设计一门关于"批判性思维"的入门课程，他们普遍缺乏系统训练，容易轻信网络信息。

陈述：请为这门课程的第一节课设计一个包含理论讲解、案例分析和互动练习的教学活动方案。

个性：方案应兼具理论性和趣味性，语言通俗易懂，能激发学生的学习兴趣。

实验：请为互动练习环节提供至少两种不同的活动形式供我选择。

4. CO-STAR框架（源自Kevin Liu的总结）

CO-STAR框架提供了一个结构化的模板，特别适合需要精确控制输出内容和风格的场景。

（1）上下文（context）：提供背景信息，帮助模型理解情境。

（2）目标（objective）：明确此次交互希望达成的具体目标或完成的任务。

（3）风格（style）：指定期望的写作风格（如学术、新闻、创意、技术文档）。

（4）语气（tone）：定义期望的情感色彩或态度（如正式、非正式、乐观、中立、批判）。

（5）受众（audience）：明确内容的目标读者或受众群体，以便模型调整语言和深度。

（6）响应格式（response format）：对输出的结构或格式提出具体要求。

示例 结合CO-STAR框架

上下文（context）：我们是一家初创科技公司，即将发布一款面向大学生的AI学习助手新产品。

目标（objective）：需要撰写一篇新闻稿，向媒体和潜在用户介绍这款产品的主要功能和价值。

风格（style）：新闻报道风格，语言专业且富有吸引力。

语气（tone）：积极、乐观、强调创新性。

受众（audience）：科技媒体记者、教育工作者、大学生。

响应格式（response format）：标准新闻稿格式，包含标题、导语、主体段落（介绍核心功能、技术优势、用户价值）、公司简介和联系方式。

在运用结构化提示词框架与大型语言模型进行交互的过程中，应明确以上框架本质上是辅助思考的有效工具，而非必须刻板遵循的僵化模板，故实际应用时不必试图填满其所有构成要素。实践中，框架的选择宜根据具体任务的复杂性与控制精度需求进行调整。例如，对于相对简单的任务，APE或RTF框架或许已能充分满足需求；而面对更为复杂或需要精细操控模型输出的任务场景，CRISPE或CO-STAR这类更为详尽的框架则可能提供更有力的支持。无论选用何种框架，其核心目标始终在于更为清晰、全面地梳理任务的关键构成要素，并确保这些要素能有效传达至模型。为进一步提升交互效果，这些结构化框架亦可与诸如提供示例、要求模型进行自我反思或采用多轮对话等其他高级提示词策略灵活结合、协同运用。这种系统化、结构化的高质量提示词构建方法，有助于更为稳定且有效地驾驭大型语言模型的强大能力，从而获取更精准、更符合预期的成果。

8.5　引导思考：在提示词中融入思维模型

除了使用结构化的提示词框架来规范指令外，将人类已经发展成熟的各种思维模型创造性地融入提示词，亦可引导LLM进行更深入、系统且结构化的思考和分析。这相当于为AI装备上人类智慧的“思考脚手架”。思维模型作为一种能够辅助理解世界、简化复杂性、支持决策制定或问题求解的框架性或概念性工具，当其被引入提示词工程时，能够促使LLM超越其固有的统计模式进行响应，转而尝试模拟人类进行深度思考的认知路径。

1.融合提示词与思维模型的优势

（1）提升分析深度与结构性：引导模型从特定角度或按照既定结构进行分析，避免泛泛而谈。

（2）激发多维视角：运用不同的思维模型可以促使模型从多个维度审视同一个问题。

（3）辅助复杂决策：帮助模型（以及使用者）系统性地权衡利弊、评估风险或制定策略。

（4）促进创造性思维：一些思维模型本身就旨在激发创新或打破常规思维。

2.常见的可融入提示词的思维模型

（1）SWOT分析（SWOT Analysis）：用于评估一个项目、产品、组织或个人所面临的优势（strengths）、劣势（weaknesses）、机会（opportunities）和威胁（threats）。

示例 新技术的洞察分析

请对（某项新技术，如量子计算）进行一次SWOT分析，分别列出其主要的优势、劣势、外部机遇和潜在威胁。

（2）六顶思考帽（six thinking hats）：由爱德华·德·博诺提出，通过扮演六种不同颜色的"帽子"所代表的思考角色（白色——客观事实，红色——情感直觉，黑色——风险批判，黄色——积极价值，绿色——创意发散，蓝色——流程控制），来进行全面、系统、避免混淆的思考。

示例 六顶思考帽分析

让我们运用六顶思考帽方法来讨论是否应该在大学全面推广AI辅助教学。请分别从白色帽子（现有事实数据）、黑色帽子（潜在风险和问题）、黄色帽子（主要益处和价值）、绿色帽子（创新性的可能性）的角度进行分析。（通常蓝色和红色帽子更适合人类引导者控制）

（3）第一性原理思考（first principles thinking）：强调回归事物的基本构成要素和底层规律进行思考，打破固有假设和类比思维，寻求根本性的解决方案。

示例 第一性原理分析

请尝试运用第一性原理思考，探讨未来大学教育的本质可能是什么？超越目前常见的课程、学分、教室等形式，从"学习"和"成长"最基本的需求出发，设想可能的颠覆性模式。

（4）波特五力模型（Porter's five forces）：用于分析一个行业的竞争结构和吸引力，评估行业中存在的五种基本竞争力量（供应商议价能力、购买者议价能力、新进入者威胁、替代品威胁、现有竞争者之间的竞争）。

示例 波特五力模型分析

请使用波特五力模型，分析当前全球电动汽车行业的竞争态势。

（5）5W1H分析法（Who, What, Where, When, Why, How）：一种经典的问题分析框架，通过回答关于事件或问题的六个关键要素，来进行全面、系统的描述和理解。

示例 5W1H分析

请使用5W1H方法，全面梳理和介绍一下“AlphaFold蛋白质结构预测技术”的背景、内容、意义和影响。（Who——主要参与者/机构，What——技术内容/解决了什么问题，Where——主要应用领域，When——发展关键时间点，Why——重要性/意义，How——大致原理/实现方式）

以上内容仅为部分示例，详细列表请见附录二。

3. 应用建议

（1）明确模型名称：在提示词中直接点明希望模型使用的思维模型名称。

（2）解释模型（如果必要）：如果模型可能不熟悉某个特定思维模型，可以在提示词中简要解释其核心要素或步骤。

（3）结合具体场景：将思维模型应用于具体的分析对象或问题情境。

（4）引导结构化输出：可以要求模型按照思维模型的各个组成部分分别进行阐述。

8.6　提升推理：高级策略与技术

虽然基础的CoT方法能够显著提升大语言模型在处理需要多步骤推理任务时的表现，但面对更复杂、更需要精确性或探索性的推理问题时，研究者们又进一步发展出了一些更高级的策略和技术。这些方法旨在克服基础CoT可能存在的推理路径单一、易受早期错误影响等问题，力求获得更可靠、更深入的推理结果。

1. 自洽性（self-consistency）

与其只依赖模型生成的一条思考路径（这可能恰好是一条错误的路径），不如让模型针对同一个问题，采用不同的方式（例如，通过提高生成过程中的随机性，即设置更高的“温度（temperature）”参数）生成多条不同的思维链推理路径。然后，考察这些不同路径最终得出的答案，选择其中出现次数最多（即最“自洽”）的那个答案作为最终结果。

自洽性策略基于一个基本认知：对于复杂的推理问题，正确的答案往往可以通过多种不同的有效逻辑路径殊途同归地推导得出，而错误的答案则更可能源于特定路径上的偶然性推理失误或局部最优。因此，通过采纳这种“多数表决”或“共识机制”，能够有效过滤掉由个别不可靠或异常的推理路径所导致的随机性错误，从而显著提升最终答案的准确性与整体鲁棒性。鉴于此特性，自洽性策略尤其适用于那些答案目标相对确定且具有唯一或标准答案（例如，数学问题求解、逻辑演绎题、具有标准答案的问答任务等），但其推理过程本身却错综复杂、易产生中间错误的各类任务场景。

示例 自洽性策略分析

（1）向LLM提出一个复杂的数学应用题。

（2）要求LLM（通过调整“温度”等方式）生成5条不同的解题思维链。

（3）假设这5条思维链分别得出答案：A、B、A、C、A。

（4）选择出现次数最多的答案“A”作为最终输出。

2. 思维树（tree-of-thought，ToT）

思维树方法将问题的解决过程看作是在一棵“树”中进行探索。在推理的每一步，模型不仅仅是沿着单一路径向下思考，而是主动地生成多个可能的中间思考步骤或备选方案（构成树的分支）。然后，模型会对这些不同的分支进行评估（例如，判断某个中间想法是否可行、是否有前景、是否与目标一致），并基于评估结果选择最有希望的分支继续深入探索，或者在必要时进行回溯，放弃此路不通的分支，转而探索其他更有希望的路径。该方法模仿了人类在解决复杂问题时往往会考虑多种可能性、进行权衡比较，并在遇到困难时调整思路的探索性思考过程。它克服了基础CoT线性思维的局限性，允许模型更系统地探索解题空间，从而有潜力解决那些没有固定解题步骤或需要创造性方案的问题。

思维树方法的关键要素包括思考生成（产生多个下一步的可能性）、状态评估（判断当前思考进展的价值）和算法搜索（如广度优先搜索或深度优先搜索，来决定探索哪个分支）。

 思维树方法分析

（1）提出一个开放性设计问题（如“设计一个能帮助大学生缓解考试焦虑的手机App”）。

（2）模型生成多个初步的核心功能想法（分支1：冥想引导；分支2：学习计划管理；分支3：同伴互助社区）。

（3）模型评估每个想法的可行性和潜力。

（4）选择“学习计划管理”分支继续深入，生成具体的子功能（子分支2.1：番茄钟；子分支2.2：智能提醒；子分支2.3：进度可视化）。

（5）如果发现某个子分支（如智能提醒实现太复杂）难以继续，模型可能会回溯到上一层，转而探索“同伴互助社区”分支。

（6）整合探索出的最优路径形成方案。

3. 思维图（graph-of-thought，GoT）

思维图策略进一步扩展了ToT的思想，认识到人类的思考过程往往不是严格的树状结构，而更像是一个网络状的图（graph）。在思考过程中，不同的想法之间可能会相互融合、相互影响，形成更复杂的关系。GoT允许模型将多个不同的思考路径或中间想法进行聚合，生成一个融合了多个来源信息的新想法，从而产生更全面、更综合的解决方案。

思维图策略更接近人类实际的、非线性的、关联性的思考模式。其关键要素是在思维图机制的基础上，增加了思想聚合机制。通过聚合与整合来自不同推理分支或独立思考单元的信息，GoT有潜力催生出单一线性路径或简单树状分支难以获得的全新洞察，或是构建出更为全面且鲁棒的解决方案。

示例 思维图方法分析

在解决上述App设计问题时，模型可能同时探索了“冥想引导”和“学习计划管理”两个分支，然后通过GoT的聚合机制，产生一个新的融合想法：“在学习计划管理中，结合短时冥想引导来帮助学生在学习间隙放松”。

4. 自我修正/反思提示（self-correction / reflection prompts）

除了上述在生成过程中进行探索的方法外，也可以通过提示词在生成初步答案之后，明确要求模型对其自身的回答进行反思、检查错误、评估质量或从不同角度进行审视，并基于反思结果修正。这种方法通常采用多轮交互。第一轮先让模型生成初步答案。第二轮给出类似“请仔细检查你上面的回答，是否存在任何逻辑上的

不一致、事实性错误或可以改进的地方？请进行反思并给出修正后的版本。”的指令。对于模型自身能够识别的错误或不足，尤其是在有明确规则或内部一致性要求可供参照的情况下，此种自我校准方法往往能有效提升最终输出的质量。

5.应用建议

（1）复杂性与成本递增：这些高级推理策略（特别是ToT和GoT）通常比基础CoT需要更多的计算资源（因为需要探索和评估多个思考路径），也可能需要更复杂的提示词设计或专门的模型支持。

（2）并非万能药：它们主要提升的是模型在其已有知识和能力基础上的推理组织和探索能力，仍然无法解决模型本身固有的知识局限或计算错误问题。

（3）灵活选用：在实践中，可以根据任务的复杂性、对结果可靠性的要求以及可用资源，灵活选用或组合这些策略。例如，对于答案确定但易错的数学题，自洽性可能是个好选择；对于需要探索多种方案的设计或规划任务，ToT或GoT可能更有优势。

深入理解并恰当驾驭这些高级推理策略，其核心价值不仅在于更精确地向人工智能传达指令，更深远的意义在于能够通过精巧的提示设计，主动引导并塑造人工智能的“思考过程”，从而系统性地提升其应对和解决复杂问题的综合能力。

8.7 工具增强：扩展提示词的能力边界

如第4章所讨论，LLM虽然在语言理解和生成方面能力强大，但其“裸模能力”存在固有的局限性，例如知识停留在训练数据截止日期、不擅长精确计算、无法直接与外部世界交互等。仅仅依靠优化提示词本身，往往无法完全克服这些底层能力的缺失。因此，一个关键的思路体现为通过提示词工程来引导LLM有效地利用外部工具，将模型的语言智能与外部工具的专业能力或实时信息结合起来，从而极大地扩展提示词所能达成的任务边界。

1.工具调用的基本逻辑

（1）工具描述与提供：向LLM清晰地描述可供其使用的工具有哪些、每个工具的功能是什么、如何调用它（例如，需要提供哪些输入参数），以及工具可能返回什么样的结果。这些信息通常通过特定的提示词格式或API规范提供给模型。

（2）任务理解与工具选择：当用户给出任务提示时，LLM需要先理解任务意图，然后判断是否需要使用工具来完成该任务。如果需要，它还要从可用的工具列表中选择最合适的一个或多个工具。例如，看到数学计算题，它应该判断出需要调用计算器或代码解释器；看到询问最新天气的问题，它应该知道需要调用天气API。

（3）生成调用指令：选定工具后，LLM需要根据任务的具体需求，生成符合该工具调用规范的指令或参数。例如，为搜索引擎生成合适的查询关键词，或者为计算器生成需要执行的数学表达式。

（4）执行工具调用：根据LLM生成的指令，实际调用外部工具或API，并获取返回结果（通常由外部系统或框架完成）。

（5）结果解析与整合：LLM接收到工具返回的结果（可能是数字、文本、表格、JSON数据等），需要理解这些结果的含义，并将其与原始任务和上下文信息相结合。

（6）生成最终响应：LLM基于其自身知识和从工具获取的信息，生成一个连贯、完整的最终答复给用户。

2.常见的增强LLM能力的工具类型

（1）搜索引擎：用于获取最新的实时信息、查找特定主题的资料、验证事实等。这是克服LLM知识时效性问题的最常用工具。

（2）计算器/代码解释器：用于执行精确的数学运算、运行代码片段（如Python脚本进行数据分析、绘图、模拟等）。这是弥补LLM在逻辑与推理（特别是计算）方面短板的关键工具。许多平台（如ChatGPT的Code Interpreter功能，国内一些平台的沙箱执行环境）提供了安全的沙箱环境来运行代码。

（3）知识库/数据库检索：通过检索增强生成（RAG）技术，使模型能够查询和利用特定的外部知识库（如企业内部文档、专业领域数据库、个人笔记系统），解决知识局限性问题（详见5.4节）。

（4）API调用：连接到各种第三方服务的应用程序编程接口，实现更广泛的功能，例如日历与邮件API、地图与导航API、翻译工具API、图像生成或语音合成等专门的多模态模型API等。

（5）Web浏览器交互：一些更高级的系统允许LLM模拟人类浏览网页的行为，例如打开链接、阅读页面内容、填写表单、点击按钮等，以完成更复杂的在线信息获取或操作任务。

3.提示词工程在工具调用中的作用

虽然工具调用的底层机制可能涉及复杂的模型微调或系统集成，但用户侧的提示词工程在有效利用这些工具方面仍然扮演着关键角色，包括以下五方面。

（1）清晰表达需要工具的任务：用户需要能够通过提示词清晰地表达那些可能需要外部工具辅助的任务需求（例如，“请帮我查一下明天北京的天气怎么样?”而非仅仅是“北京天气”）。

（2）引导模型选择合适的工具：在某些情况下，如果模型难以自动判断或选择工具，用户可以通过提示词进行引导（例如，“请使用搜索引擎查找最新的相关报道……”）。

（3）提供必要的输入参数：确保提示词中包含了调用工具所需的关键信息（例

如，查询天气需要提供城市和日期）。

（4）指导如何处理工具结果：可以指示模型如何解读和利用工具返回的结果（例如，“请根据搜索结果总结要点，并列出信息来源”）。

（5）多工具组合与工作流构建：对于需要按顺序或条件调用多个工具才能完成的复杂任务，可以通过精心设计的提示词（或者借助智能体工作流平台，见第7章）来编排工具的使用流程。例如，“首先，使用代码解释器分析附件中的销售数据，计算出月度增长率；其次，根据增长率数据，调用图表生成工具绘制一个折线图；最后，将分析结果和图表整合成一段简报文本。”

4. 工具增强的未来：与智能体的融合

通过提示词工程引导LLM有效地调用外部工具，是当前增强大模型能力、使其解决更广泛现实问题的核心途径之一。这实际上也正是智能体技术的核心思想：让LLM作为“大脑”，自主地规划并调用各种“工具（API、代码、知识库等）”来完成复杂目标。因此，掌握如何通过提示词与具备工具调用能力的LLM进行交互，不仅能提升我们当前使用这些工具的效率，而且是理解和未来构建更强大智能体应用的基础。

8.8 常见提示词陷阱规避与模型选择策略

在进行提示词工程实践时，即使掌握了基本原则和策略，也常常会遇到一些“陷阱”，导致模型输出不符合预期。同时，面对市面上琳琅满目的各种大语言模型，如何选择合适的模型也是影响效果的关键。本节将讨论一些常见的提示词编写陷阱及其规避方法，并提供一些选择模型的策略建议。

1. 常见的提示词编写陷阱及规避

1）陷阱一：模糊性与歧义

表现：指令过于笼统，关键信息缺失，或存在多种可能的解释。

后果：模型无法准确理解用户意图，可能给出无关、宽泛或错误的答案。

规避：遵循“清晰性”原则，使用具体、明确的语言；提供必要的上下文和约束条件；在提问前自己先思考是否存在歧义。

反例：“给我写个报告。”（未说明主题、读者对象、长度、格式等）

正例：“请为我撰写一份关于‘人工智能在远程医疗中应用的潜力’的初步研究报告草稿，面向对该领域不熟悉的普通读者，长度约1000字，包含引言、主要应用场景分析、挑战与机遇以及未来展望几个部分。”

2）陷阱二：隐含假设

表现：提示词中包含了用户自认为理所当然，但模型可能并不知道或不认同的背景信息或假设。

后果：模型可能基于错误的假设进行推理或生成内容。

规避：尽量将完成任务所需的关键背景信息和假设条件在提示词中明确说明。

反例："根据我们上次讨论的结果，继续完成那个项目计划。"（模型不知道"上次讨论的结果"是什么，也不知道"那个项目计划"具体指哪个）

正例："基于我们在5月6日会议上达成的关于'×项目'的以下三点共识（此处列出共识要点），请继续细化项目计划的第三部分'风险评估与应对策略'。"

3）陷阱三：任务过载

表现：在一个提示词中塞入了过多的、相互关联或甚至与任务无关的指令。

后果：模型可能会"顾此失彼"，遗漏部分任务，或者对每个任务的处理都浅尝辄止，难以保证质量。

规避：遵循"任务分解"原则，将复杂需求拆分成多个更小、目标更明确的子任务，通过多轮交互或分步指令完成。

反例："请总结附件这篇报告的核心观点，然后分析其论证的优势和不足，接着提出三条改进建议，并将所有内容翻译成英文，最后生成一个PPT大纲。"

正例：（分多步进行）

"请总结附件报告的核心观点。"

"基于你刚才的总结，请分析该报告论证的优势和不足之处。"

"针对报告的不足，请提出三条具体的改进建议。"

"请将以上的总结、分析和建议翻译成英文。"

"请根据上述英文内容，生成一个包含关键点的PPT大纲。"

4）陷阱四：引导性偏见

表现：提示词的措辞或结构带有强烈的倾向性，暗示或引导模型给出特定方向的答案，而非客观中立的回答。

后果：可能导致模型输出片面、不公正或迎合性的内容，而非基于其知识进行客观分析。

规避：尽量使用中性、客观的语言提问；如果需要探讨争议性话题，则可以明确要求模型同时呈现不同观点或利弊双方。

反例："人工智能取代人类工作是不可避免的灾难，对吧？请详细论述其危害。"

正例："关于人工智能对就业市场的长期影响，目前存在哪些主要的积极观点和消极观点？请分别进行阐述和评价。"

5）陷阱五：忽视模型局限性

表现：向模型提出超出其能力范围（如需要实时信息、精确计算、深度专业知识或具备真实情感）的任务，并期望得到完美答案。

后果：模型可能给出错误答案、产生幻觉，或者承认无法完成但用户可能仍不满意。

规避：充分了解所用模型的知识截止日期、核心能力和已知局限性（见第4章）；对于超出模型能力的任务调整期望，或考虑结合外部工具（如RAG、计算器）和寻求其他解决方案。

反例："请分析A公司股票今天的走势，并预测明天会上涨或下跌多少百分比，同时给出详细的投资策略。"

正例："请撰写一篇介绍太阳系八大行星特点的科普文章，并使用专业天文软件数据进行验证。"

2.模型选择策略建议

市面上有众多大型语言模型，包括国际知名的GPT系列、Gemini、Claude等，以及国内优秀的文心一言、通义千问、混元、GLM、Kimi、DeepSeek等。它们在能力特点、训练数据、技术架构、开放程度、使用成本、合规性等方面可能存在差异。如何选择合适的模型，对于提示词工程的效果也至关重要。

（1）明确任务需求与能力匹配：首先分析你的核心任务是什么？是需要强大的通用对话与写作能力，还是更侧重于代码生成、数学推理、多语言翻译、长文本处理，或特定领域知识？不同模型在这些方面可能有不同的强项和弱项。例如，一些模型可能在中文理解和生成上表现更优，另一些则在代码能力上领先。可以参考第三方的模型评测报告（需注意评测的客观性和时效性），但更重要的是亲自试用。

（2）亲自试用与比较：对于同一个或同一类任务，建议使用相同的提示词在几个候选模型上进行实际测试，直接比较它们的输出质量、响应速度、稳定性以及是否符合你的具体要求。模型的实际表现往往比宣传或评测得分更能说明问题。

（3）考虑上下文窗口大小：如果你需要处理非常长的文档（如总结报告、分析论文）或者进行需要维持很久上下文记忆的对话，那么模型的上下文窗口大小就是一个关键的考量因素。一些较新的模型（如Kimi Chat、Gemini 2.5 Pro等）提供了远超早期模型的长上下文处理能力。

（4）关注知识时效性与外部工具集成能力：如果任务需要最新的信息或精确计算，那么选择内置了可靠的联网搜索功能（并能提供来源引用）或代码解释器/计算器等工具调用能力的模型或平台会更有优势。

（5）考虑开放性与定制化需求：如果你有进一步微调模型以适应特定领域或私有数据的需求，那么选择那些提供便捷微调接口的开源模型或商业平台（如百度千帆、阿里云百炼等）可能更合适。

（6）成本与可访问性：不同的模型或服务平台的使用成本（如API调用费用）和可访问性（如是否需要特定账号、网络环境等）可能不同，需要根据你的预算和实际情况进行选择。

（7）安全与合规要求：对于企业级应用或处理敏感数据的场景，模型的安全性

（如内容过滤能力、抗攻击性）、数据隐私保护政策以及是否符合当地法律法规是必须优先考虑的因素。

总而言之，选择模型没有绝对的“最优解”，而是一个根据具体需求实际测试和综合权衡的过程。掌握好提示词工程技巧，并找到与你的任务最匹配的模型，才能最大限度地发挥AI的效能。

8.9　提示词工程的未来趋势与伦理思考

提示词工程作为连接人类意图与大模型能力的桥梁，其本身也在随着AI技术的发展而不断演进。理解其未来趋势并审慎思考相关的伦理问题，对于我们更好地适应和塑造人机交互的未来至关重要。

1.未来发展趋势

（1）从人工到自动/半自动：手动编写和优化提示词虽然灵活，但效率有限且依赖经验。未来一个重要的趋势是提示词优化的自动化或半自动化。例如，让AI模型自身来分析、评估和改进提示词，或者根据用户的高层目标和少量示例自动生成有效的提示。这有望降低提示词工程的门槛，提高效率。

（2）多模态提示工程：随着多模态大模型（能够处理图像、音频、视频等）的兴起，提示工程将不再局限于文本。如何设计有效的包含多种模态信息（例如，“根据这张图片（附图）和这段描述（附文字），生成一个配乐风格类似（附音频片段）的短视频”）的“多模态提示”，将成为新的研究和实践热点。

（3）从指令到意图理解：未来的提示工程可能更侧重于让模型理解用户的深层意图和上下文，而非仅仅依赖精确的指令措辞。模型可能通过更自然的对话、澄清性提问，甚至对用户行为的观察来推断目标，从而减少用户在提示词设计上所需投入的精力。

（4）标准化与可复用性：随着最佳实践的积累，可能会出现更多标准化的提示词框架、组件库和设计模式，提高高质量提示词的可复用性和跨模型迁移性。

（5）工具化与集成化：提示词工程将更多地被集成到各种应用开发平台、工作流工具和智能体框架中，成为构建复杂AI应用的底层能力，而非孤立的技巧。

（6）对非专业用户更友好：最终目标是让普通用户无须掌握复杂的提示技巧，也能与AI进行有效交互。但这需要底层模型能力和交互设计的共同进步。

2.提示词相关的伦理思考

在追求提示词工程技术进步的同时，也必须警惕并负责任地应对其中潜藏的伦理风险和挑战，包括以下六个方面。

（1）诱导不当内容与“提示词越狱”：正如前文所述，恶意设计的提示词可能被用作绕过模型的安全防护机制，诱导其生成有害、歧视性、虚假或非法的输出。

这要求模型开发者持续加强安全防护能力，同时也要求用户自觉遵守使用规范，不进行恶意诱导。

（2）放大偏见与刻板印象：如果提示词本身带有偏见（例如，在描述某个群体时使用了刻板印象），即使模型本身试图保持中立，其输出也可能在无意中强化这种偏见。设计公平、中立、包容的提示词是重要的伦理责任。

（3）操控与误导：精心设计的提示词可以用来引导模型生成看似客观中立，实则带有特定议程或误导性的内容，可能被用于虚假宣传、舆论操控等目的。用户需要保持批判性思维，警惕那些看似权威但可能被"提示"出来的观点。

（4）侵犯隐私与数据安全：在提示词中提供过多的个人敏感信息（即使是为了提供上下文）可能存在隐私泄露风险。用户应谨慎判断哪些信息是完成任务所必需的，并了解所用服务的数据隐私政策。

（5）公平性与可访问性：高级的提示词工程技巧可能会成为一种新的数字鸿沟。掌握这些技巧的人可能比其他人更能有效地利用AI获取优势。如何让更广泛的用户群体都能平等地、有效地与AI交互，是一个需要关注的公平性问题。

（6）责任归属：当基于一个复杂提示词生成的AI内容造成了负面影响时，责任应如何界定？是提示词设计者的责任，还是模型开发者的责任，抑或是最终使用者的责任？这是一个复杂的伦理和法律问题。

3. 总结

提示词工程作为一个连接人与AI的关键接口，其发展既带来了巨大的机遇，也伴随着深刻的伦理考量。未来的发展方向是使其更强大、更易用、更自动化，但同时用户、开发者和平台方都必须承担起相应的伦理责任，确保这项技术被负责任地、向善地应用，共同塑造一个健康、可信、公平的人机交互未来。

8.10 本章小结

1. 核心回顾

（1）提示词工程定义与重要性：介绍了提示词是与AI交互的指令，提示词工程是系统化设计、优化提示以引导AI产生期望输出的方法学，对于有效利用大模型至关重要。

（2）核心原则与思维链（CoT）：讲解了构建有效提示的四大核心原则（清晰性、目标导向、任务分解、上下文提供），以及通过引导模型展示思考步骤来提升复杂任务处理能力的思维链提示法。

（3）常用策略：介绍了多种优化提示效果的常用策略，包括角色扮演、提供示例（少样本学习）、使用分隔符、要求模型检查反思以及指令放置策略。

（4）结构化提示：探讨了APE、RTF、CRISPE、CO-STAR等常见的提示词框架，它们为构建规范、全面、可复用的提示词提供了结构化模板。

（5）融入思维模型：探讨了如何将SWOT、六顶思考帽、第一性原理等人类思维模型融入提示词，引导AI进行更深入、更结构化的分析。

（6）高级推理策略：阐述了自洽性、思维树（ToT）、思维图（GoT）以及自我修正/反思提示等旨在提升模型处理复杂推理问题能力的高级技术和策略。

（7）工具增强：讲解了如何通过提示词工程引导LLM调用外部工具（如搜索引擎、计算器、API）来克服其知识时效性、计算能力等局限，扩展应用边界。

（8）陷阱规避与模型选择：介绍了常见的提示词编写陷阱（如模糊性、隐含假设、任务过载、引导性偏见、忽视模型局限）及其规避方法，并讨论了选择合适大模型的策略。

（9）未来趋势与伦理：展望提示词工程自动化、多模态化、意图理解深化等发展趋势，并强调应对诱导不当内容、放大偏见、操控误导、隐私侵犯等伦理挑战的重要性。

2.关键洞察

提示词是人机交互的"杠杆"：精心设计的提示词能够以较低成本极大地"撬动"大模型的强大能力，并精准调控其输出方向，是实现高效人机协作的关键技能。

（1）从"对话"到"设计"：有效的提示词工程要求用户从简单的自然语言对话者，转变为能够理解模型特性、运用策略和框架、进行迭代优化的"交互设计师"。

（2）结构化与策略化提升可控性：运用框架、思维模型和各种策略，可以将原本不确定性较高的提示过程变得更加系统化、结构化，从而提高输出结果的稳定性和可控性。

（3）能力边界需清晰认知：提示词工程主要在于"引导"而非"创造"。必须清醒认识模型本身的局限性，并通过工具增强等方式进行弥补，而非寄望于"万能提示词"。

（4）实践与迭代是精通之道：提示词工程更像一门实践性很强的"手艺"，理论学习是基础，但真正的精通来自大量的实际操作、观察反馈、反思总结和持续迭代优化。

（5）技术与伦理相伴相生：提示词工程技术的进步伴随着对伦理风险的警惕和负责任使用的规范。设计和使用提示词的过程，本身就蕴含着伦理选择和价值导向。

8.11 课后练习

（1）核心原则应用：选择一个你最近使用AI助手但感觉效果不太理想的交互案例。回顾本章介绍的构建有效提示词的四大核心原则（清晰性、目标导向、任务分解、上下文提供），分析你当时的提示词可能在哪些原则上有所欠缺。请尝试根据这些原则重新设计你的提示词，并再次与AI交互，观察效果是否有改善。

（2）思维链实践（CoT）：找到一个需要多步推理才能解决的数学应用题或逻辑谜题。首先，直接向AI提问，记录其答案。其次，使用思维链提示法（例如，在问题后加上“请一步一步地思考并解释你的推理过程”）。再次向AI提问，记录其包含推理步骤的答案。最后，比较两次结果，分析CoT是否提高了答案的准确性或过程的清晰度。

（3）策略组合应用：假设你需要让AI为你正在学习的一门专业课（例如，“微积分”或“市场营销学”）生成一份期末复习重点内容的思维导图（或大纲）。请设计一个提示词，至少组合运用本章介绍的三种常用策略（例如，角色扮演＋提供示例＋明确格式要求）尝试完成这个任务。

（4）框架选择与实践：考虑以下任务，“为一次关于‘大学生如何有效利用AI工具进行学习’的主题班会，策划一个活动流程方案。”请从本章介绍的提示词框架（APE,RTF,CRISPE,CO-STAR）中选择一个你认为最适合此任务的框架，并基于该框架构建你的提示词。

（5）融入思维模型实践（AI互动）：选择一个你感兴趣的社会热点话题（例如，“人工智能对未来就业的影响”）。尝试运用本章介绍的至少一种思维模型（如SWOT分析或六顶思考帽的部分帽子），设计提示词，引导AI从该模型的角度对这个话题进行分析。记录AI的回答，并评价这种方式是否比简单的提问（如“谈谈AI对就业的影响”）更能获得结构化和有深度的见解。

（6）工具调用场景思考：假设一个AI助手具备调用搜索引擎、计算器和日历API的能力。请设想两个不同的用户请求场景，其中一个场景只需要调用一种工具就能完成，而另一个场景则需要按顺序调用至少两种工具才能完成。简要描述这两个场景以及对应的理想交互流程。

（7）陷阱识别与规避（AI互动）。

①引导性偏见：首先，尝试编写一个带有明显偏见或倾向性的提示词（例如，“请论证为什么在线学习永远无法取代线下课堂教学的优势”），观察AI的回答是否会受到引导。其次，尝试将提示词修改得更中立、更平衡（例如，“请比较在线学习和线下课堂教学各自的主要优势和局限性”），再次观察AI的回答。最后，比较两次结果的差异。

②任务过载：设计一个包含过多指令的“任务过载”提示词，交给AI执行。观察AI是否能完整、高质量地完成所有任务？这如何印证了“任务分解”原则的重要性？

（8）模型比较体验：如果条件允许，尝试使用相同的、一个稍微复杂些的提示词（例如，要求生成一段特定风格的创意文本，或者解释一个有一定难度的专业概念），分别在至少两个不同的国内外主流大语言模型（如文心一言、Kimi、通义千问、ChatGPT、Claude等）上进行测试。比较它们的输出在理解指令的准确性、内容的质量、风格的符合度、响应速度等方面是否存在差异。这个体验对你未来选择模型有何启发？

（9）伦理反思：本章提到了提示词工程相关的伦理问题（如诱导不当内容、放大偏见、操控误导等）。请选择其中一个你认为最值得关注的问题，结合一个可能的现实场景（例如，利用AI生成看似真实但包含虚假信息的“新闻报道”），讨论其潜在危害以及可以采取的应对措施（从用户、开发者、平台治理等角度）。

（10）（开放性思考）提示词工程的未来：随着AI模型能力的不断提升和交互方式的演进，你认为未来几年“提示词工程”会如何发展？它是否会逐渐变得不那么重要（因为模型能更好地理解自然语言），还是会演变成更高级、更专业化的形式？请阐述你的看法和理由。

第9章 信息辨别：批判性思维与事实核查

9.1 导学

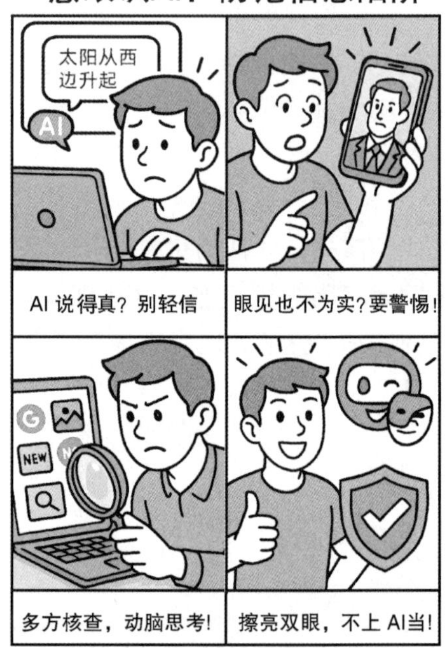

随着人工智能技术的广泛应用，特别是AI大模型在内容生成方面能力的提升，一个信息爆炸且真伪难辨的新时代已经到来。大型语言模型能够“对答如流”，文生图、文生视频模型能够“妙笔生花”，其生成的内容在很多情况下已达到令人难以分辨的程度。这种技术进步在带来便利和创新的同时，也伴随着虚假信息、深度伪造、内容泛滥的风险，对公众辨别信息真实性的能力提出了空前挑战。

面对AI驱动的复杂信息浪潮，如何才能不被裹挟、不被迷惑，保持清醒的认知？本章将聚焦于AI大模型带来的信息安全风险，并着力于培养读者应对这些风险的“数字智慧”。本章将首先分析AI生成信息（特别是“幻觉”和虚假信息）的主要风险及其潜在危害，进而系统介绍提升媒介素养、运用批判性思维和掌握事实核查基本技能的重要性与具体方法。本章的预期学习目标如表9.1所示。

表9.1 第9章的预期学习目标

编号	学习目标	能力层级	可考核表现
LO9.1	识别AI大模型生成内容（如幻觉、虚假信息）的主要风险及其潜在危害	理解	能够结合案例，描述大型生成模型制造虚假信息的风险
LO9.2	理解大型语言模型产生“幻觉”的原因及其对信息可靠性的影响	理解	能解释LLM为何会生成不实信息，并知道不能完全信任其输出

续表

编号	学习目标	能力层级	可考核表现
LO9.3	培养批判性思维，认识到其在评估AI生成信息时的核心作用	理解/培养	能主动对AI信息提出质疑，并寻求多方验证
LO9.4	掌握事实核查的基本方法（如反向图片搜索、信源评估、交叉验证）与技巧，并能辨别AI生成痕迹的局限性	应用	知道如何运用基础的事实核查方法来评估信息可信度，并理解单纯依赖识别AI痕迹的不可靠性
LO9.5	了解并知道如何利用专业事实核查资源辅助信息辨别	了解/应用	能列举国内外代表性事实核查平台，并能在需要时查询

9.2 AI生成信息的风险：幻觉与虚假信息

大语言模型虽然在模仿人类语言、生成文本、回答问题等方面表现出色，但其生成的内容并不总是准确可靠的。一个核心挑战在于模型可能产生幻觉（已在4.8节详细讨论），即生成看似合理但与事实不符或完全捏造的信息。这种现象源于LLM基于统计模式生成文本的本质，它更倾向于语言的流畅性和连贯性，而非绝对的事实准确性。

除了无意识的“幻觉”，更值得警惕的是利用AI技术有意制造和传播虚假信息。借助AIGC工具，恶意行为者能够以极低的成本、极快的速度，大规模地生产看似真实、具有迷惑性的虚假新闻。伪造图片以及音视频。这些虚假信息一旦在社交媒体、新闻平台等渠道广泛传播，就可能造成严重的负面影响。这些负面影响包括以下四方面。

（1）误导公众认知：虚假新闻可能扭曲公众对特定事件、人物或政策的看法，影响舆论导向。例如，在一些社会热点事件中，利用AI快速生成并传播看似现场的图片或视频，可能在短时间内激发社会情绪，阻碍理性讨论。

（2）损害个人与机构声誉：伪造的图片或视频可能被用于诽谤个人、抹黑企业或机构。例如，通过AI技术合成某公众人物发表不当言论的视频，可能对其声誉造成难以挽回的损害。

（3）加剧社会信任危机：虚假信息泛滥会侵蚀人与人之间、公众与机构之间的信任基础，使得人们更难辨别信息的真伪。

（4）影响社会稳定与安全：在特定情况下，例如选举期间或社会敏感时期，大规模的虚假信息传播可能被用于煽动对立、制造恐慌，甚至威胁社会稳定和国家安全。近年来，一些利用AI生成虚假信息干扰选举的案例已在国际上出现，值得高度警惕。

深度伪造Deepfake技术尤其值得关注。它利用深度学习模型［特别是生成对抗网络（GAN）或扩散模型］将一个人的面部特征或声音迁移至另一个人身上，或者让图片中的人物按照预设的脚本“开口说话”或做出特定动作。随着技术的进步，Deepfake的制作门槛不断降低，逼真度持续提升，使得普通人也可能在不知情的情况下成为被伪造的对象或虚假信息的受害者。例如，通过Deepfake技术合成虚假新闻（见图9.1）、名人代言虚假产品的广告，或模拟亲友的声音、面容进行网络诈骗，对公民财产安全和人身权利构成威胁。

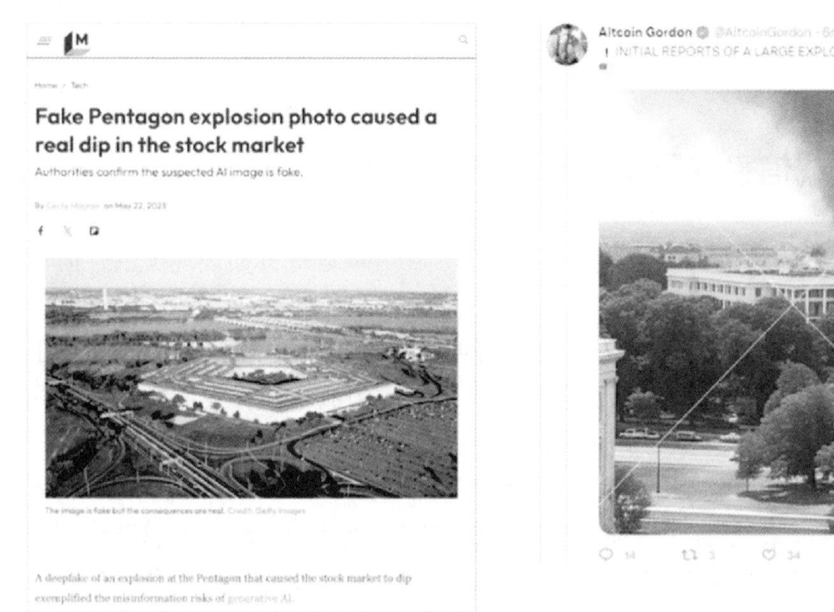

图9.1 五角大楼爆炸的AI合成图片

面对这些由AI技术带来的新型信息风险，仅仅依靠平台的内容审核或寄望于AI自身能够完美地识别和过滤所有虚假内容是不现实的。提升个体的媒介素养、培养批判性思维能力，并掌握必要的事实核查技能，成为AI时代每一位学习者的必修课。

9.3 批判性思维：“事实侦探”的心态养成

在信息真伪难辨、AI生成内容日益逼真的时代，批判性思维是个体驾驭复杂信息环境、做出明智判断的“指南针”和“过滤器”。其核心在于，要摒弃被动接收的习惯，主动地对信息（无论其来源是人类还是AI）进行深入分析、质疑、评估与反思。这意味着培养批判性思维，本质上就是学习如何像一位“事实侦探”一样，始终对周遭的信息保持审慎、探究的态度。

1.主动提问

这个信息的来源是什么？可靠吗？作者或发布者是谁？他们有什么立场或动

机？例如，一个来源不明的社交媒体帖子与一个官方媒体发布的消息，其可信度显然不同。信息的核心观点是什么？论证过程是否清晰、合乎逻辑？支撑观点的证据是什么，是事实、数据、专家意见，还是个人观点或推测？证据是否充分、相关，具有代表性？是否存在不同的观点或解释？信息是否只呈现了单方面的内容而忽略了其他重要方面？在讨论一项政策时，是否只强调了其优点而回避了潜在的负面影响？信息中是否使用了带有情感色彩或引导性的语言？

对于AI生成的内容，尤其要问：这个回答是基于模型的内部知识（可能过时或有偏见），还是整合了外部的、可验证的信息源？它是否可能在“一本正经地胡说八道”（即产生幻觉）？

2. 审慎评估

（1）评估信源可靠性：辨别信息来源的权威性、专业性、客观性和声誉。信息是来自官方机构（如政府网站、权威科研单位）、知名媒体（如新华网、人民网等主流媒体）、学术期刊，还是来路不明的自媒体账号或个人博客？

（2）评估论证逻辑：检查论证过程中是否存在逻辑谬误（如稻草人谬误、人身攻击、滑坡谬误、循环论证等）。

（3）评估证据质量：判断证据是否真实、准确、与论点相关。对于数据，要关注其来源、收集方法、样本大小和潜在偏差。对于专家意见，要考虑其专业领域和利益相关性。

3. 多方求证

不要满足于单一信息来源。主动查找来自不同渠道、不同立场的相关信息并进行对比和验证。例如，对于一条社会新闻，可以同时查看不同媒体的报道，对比其细节和侧重点。此外，还要关注是否存在相互矛盾的说法，并尝试理解产生这些差异的原因。

4. 区分事实与观点

事实是可以被客观验证的陈述（例如“地球是圆的”），而观点则是个人的看法、判断或信念（例如“蓝色是最好看的颜色”）。虽然两者都有其价值，但在评估信息时必须加以区分。AI生成的文本可能巧妙地将观点包装成事实。

5. 识别偏见

认识到无论是人类作者还是AI模型（因其训练数据可能包含偏见），都可能在呈现信息时带有某种有意或无意的偏见（如立场偏见、确认偏误、文化偏见、地域偏见等）。应尝试识别这些偏见，并思考它们如何影响信息的呈现方式和结论。

6. 保持开放心态与适度怀疑

既要对新信息、新观点保持开放和接纳的态度，不轻易固守己见；同时也要保持一种健康的怀疑精神，不盲从、不轻信，特别是在面对那些与自己既有认知高度一致或极具煽动性的信息时，更要警惕。

批判性思维并非一蹴而就，而是一种需要在日常学习与信息接触中，有意识地培养的能力。在与AI交互时，运用这种思维尤为重要，因为AI强大的语言能力和自信的表达风格，极易让用户放松警惕，从而将其输出等同于经过严格验证的知识。归根结底，AI虽是强大的辅助工具，但独立思考和最终判断的责任，始终在于人类用户自身。

9.4 核心技能：事实核查方法

若说批判性思维是辨别信息真伪的“内功”，那么具体、可行的事实核查技能，便是身处AI时代的必备“利器”。事实核查是一个主动验证信息准确性的过程，旨在将“声称（claim)”与“证据（evidence)”进行对比，以确定信息真实程度。以下介绍几种常用的基础事实核查方法和技巧。

1.反向图片/视频搜索

当遇到一张可疑的图片或视频截图时，可以使用反向搜索工具来查找其原始来源、首次出现的时间和地点，以及是否在其他上下文中被使用过。这有助于判断图片/视频是否被篡改、盗用或与虚假信息错误关联。常用的工具有百度识图、搜狗识图、TinEye等。此外，一些浏览器插件或专门的在线工具也提供类似功能，甚至对视频关键帧进行提取和反向搜索。核查要点主要包括以下几方面。

（1）原始出处：图片/视频最早出现在哪个网站或社交媒体账号？原始发布的上下文是什么？

（2）时间线索：是否与当前声称的事件时间相符？例如，一张声称是某突发新闻现场的图片，如果通过反向搜索发现它在几年前就已出现，则很可能是旧图被挪用。

（3）修改痕迹：对比不同来源的相似图片，观察是否有明显的裁剪、拼接、涂抹或AI生成痕迹（尽管越到后者识别难度越大）。

2.信源评估与横向阅读

在深入分析信息内容之前，对其来源的可靠性进行审慎评估，是必不可少的前提。通常可以从以下几个关键维度入手。

（1）权威性与专业性：该信源（如网站、机构、个人）在相关领域是否具有公认的专业知识和良好声誉？例如，涉及国家政策的信息应优先参考国务院、国家部委等官方网站；学术问题应参考权威学术期刊或知名大学发布的信息；健康科普知识则应关注国家卫健委或中华医学会等权威机构的指导。

（2）透明度：信源是否清晰地标明其所有者、运营方、作者信息、联系方式以及编辑流程？例如，正规新闻媒体网站通常会有明确的“关于我们”页面，介绍其背景和采编规范。匿名或信息不透明的信源通常可信度较低。

（3）域名与网址：注意观察网址的拼写是否准确，是否为官方域名（例如，中国政府网站通常以.gov.cn结尾，教育机构以.edu.cn结尾）。警惕那些试图模仿知名机构但域名有细微差别的"高仿"网站。

（4）横向阅读：不要仅仅停留在信息本身所在的页面，而要跳出当前页面，在搜索引擎中输入该信源的名称（例如，网站名、机构名、作者名），查看其他独立信源是如何评价它的。专业的媒体机构、事实核查组织或学术界对其是否有相关报道或评估？这种"横向"的、从外部视角进行的核查，往往比仅仅依赖信源自身的"纵向"声明更可靠。

3. 交叉验证

对于一个重要的或可疑的信息点，不要轻易相信单一来源的说法。尝试从至少两到三个独立的、可靠的信源那里查找相同或相似的信息进行交叉验证。如果多个互不相关的权威信源都报道了同样的事实，那么其可信度就相对较高。反之，如果只有孤证，或者不同信源的说法相互矛盾，就需要更加谨慎。例如，对于一条网络流传的"健康养生秘诀信息"，可以尝试在国家卫健委官方平台等专业科普平台以及权威医学期刊数据库中查找是否有类似的说法或科学依据。

4. 关注元数据与数字痕迹

（1）元数据：对于图片、视频、文档等数字文件，有时可以通过查看其元数据（例如，用特定工具或右键查看文件属性）获取一些有用的线索，如创建时间、修改时间、拍摄设备型号、地理位置信息（如果开启了GPS定位且未被移除）等。但需注意，元数据也可能被修改或伪造。

（2）社交媒体用户行为分析：对于来自社交媒体的信息，可以关注发布者的账号历史（如注册时间、过往发帖内容与风格）、认证情况、粉丝数量与互动情况等，初步判断其可信度。例如，一个刚刚注册、无认证、粉丝极少、只发布单一类型煽动性内容的账号，其可信度通常较低。

5. 辨别AI生成痕迹的局限性

随着AIGC技术的进步，单纯依靠肉眼或简单的技术手段准确判断一段文本、一张图片或一段音视频是否由AI生成，正变得越来越困难，其可靠性也十分有限。虽然AI生成的内容有时可能在细节上（如人物的手指、背景的逻辑一致性、文本中不自然的重复或风格突变）暴露出一些"马脚"，但这些特征并非绝对，且随着模型的迭代会不断减少。

目前有一些AI内容检测工具声称可以识别AI生成的内容，但它们的准确率并非很高，存在较高的误报（将人类创作的内容误判为AI生成）和漏报（未能识别出AI生成的内容）风险，尤其是在内容经过了人类的编辑和润色之后。因此，不能仅仅依赖AI内容检测工具的结果来断定内容的真伪。更重要的方法仍然是上述基于信源评估、交叉验证和批判性思维的事实核查原则。

9.5 识别AI生成痕迹的局限性

随着AIGC技术的飞速发展，一个自然而然产生的问题是：能否通过技术手段准确识别出AI生成内容？这对于打击虚假信息、保护知识产权、维护学术诚信等都具有重要意义。然而，现实情况是可靠地识别AI生成痕迹正变得越来越困难，准确性也十分有限。

1. 早期尝试与挑战

在AIGC发展的早期阶段，一些AI生成的内容（特别是文本）可能在语言流畅性、逻辑连贯性、风格一致性或常识性方面存在较为明显的瑕疵，有时甚至可以通过一些统计特征（如特定词汇的使用频率、句子结构的某种模式）来进行初步判别。一些研究机构和公司也曾尝试开发AI内容检测工具，试图通过训练另一个AI模型来识别第一个AI模型生成的内容。然而，这种“AI检测AI”的探索很快就遭遇了严峻的挑战，包括以下四方面。

（1）“猫鼠游戏”的加速：AIGC模型的迭代速度极快。一旦某种检测方法或工具被公开，模型开发者很快就能针对性地改进其模型，使其生成的内容更难以被该方法检测出来。这形成了一种持续的、检测方往往处于追赶地位的“猫鼠游戏”。

（2）高质量AI生成内容的逼真性：当前顶尖的AIGC模型（文本、图像、音视频）生成的内容在很多情况下已经能够达到与人类创作高度相似甚至难以区分的水平，尤其是在经过轻微的人工编辑和润色之后。

（3）检测工具的准确性瓶颈：即使是专门的AI内容检测工具，其准确率也并非很高，普遍存在两类错误。

①假阴性/漏报，指未能识别出由AI生成的内容，将其误判为人类创作。

②假阳性/误报，指将人类创作的内容错误地标记为AI生成。这种情况尤其令人担忧，因为它可能导致无辜的创作者受到不公正的指责或其作品被错误地贬低。例如，已有报道指出，一些AI写作检测工具曾将人类学生撰写的正常论文甚至《独立宣言》这样的经典文本误判为由AI生成。

（4）“水印”技术的局限：一些研究者提出通过在AI生成的内容中嵌入不可见的“数字水印”来帮助溯源和识别。虽然这在理论上是一种可行的方法，但在实际推广中面临诸多挑战。例如，水印的鲁棒性（是否容易被去除或破坏）、标准化的缺失（不同模型开发者是否愿意采用统一的水印标准），以及对已有海量无水印AI生成内容无法追溯等问题。

2. 无法依赖单一技术手段

基于以上挑战，一个重要的认知是：不能期望单纯依靠某一种技术工具或方法来一劳永逸地解决AI生成内容的识别问题。过度依赖尚不成熟的AI内容检测工具，可能带来新的误判和不公。这意味着，在面对可疑信息时我们应注意以下三点。

（1）技术检测仅作参考：AI内容检测工具的输出结果可以作为辅助判断的线索之一，但绝不能作为唯一的或最终的定论依据。

（2）人工核查与批判性思维仍是核心：正如本章前面强调的，评估信源可靠性、进行交叉验证、运用批判性思维分析内容逻辑和证据链条等人工核查方法，仍然是辨别信息真伪（无论其是否由AI生成）的最根本和最可靠的途径。

（3）关注内容本身的事实性与逻辑性：与其纠结于内容“是不是AI写的/画的”，不如更关注内容本身“是不是真实的”“是不是合乎逻辑的”“证据是不是充分的”。即使一段内容是人类创作的，它也可能是虚假的或带有偏见的；反之，即使一段内容是AI辅助生成的，只要其信息准确、来源可靠，经过了恰当的人工编辑和审核，它也可能具有很高的价值。

3.应对策略的多元化

应对AI生成内容带来的挑战，需要一个多方面、多层次的策略组合，包括以下五点。

（1）提升公众媒介素养：培养公众（特别是青少年）识别虚假信息、运用批判性思维的能力。

（2）加强平台责任：社交媒体平台、内容发布平台应加强对虚假信息和有害内容的审核与管理，提高信息来源的透明度。

（3）完善法律法规：针对利用AI技术制造和传播虚假信息、诽谤、诈骗等违法行为，应制定和完善相应的法律法规进行约束和惩处。

（4）鼓励负责任的AI开发与应用：推动AI开发者在模型设计和训练阶段就融入安全与伦理考量，例如通过技术手段降低模型产生有害“幻觉”的概率，或探索更可靠的内容溯源和标注方法。

（5）持续的技术研究：继续探索更有效、更具鲁棒性的AI内容检测与溯源技术，但同时也要清醒认识到技术本身的局限性。

总而言之，在AI生成内容日益普及的当下，不应将辨别真伪的希望完全寄托于尚不完美的技术检测手段。提升自身的批判性思维能力和事实核查技能，结合对信源和内容本身的综合判断，才是可靠的应对之道。

9.6 利用专业事实核查资源

当个人在面对复杂或高度专业化的可疑信息，难以依靠自身能力进行有效判断时，求助专业的事实核查机构和平台是一个明智的选择。这些机构通常由受过专业训练的记者、研究人员或领域专家组成，他们遵循系统化的事实核查流程和严格的伦理规范，致力于对社会上流传的各类可疑信息进行深入调查、分析证据并发布澄清报告。

1.为何需要专业事实核查？

（1）专业知识与技能：许多虚假信息的辨别需要特定的领域知识（如医学、法律、科学）或专业的调查技能（如数据分析、数字取证、采访技巧），这通常是普通公众不具备的。

（2）时间和精力投入：对一些复杂的传言进行彻底核查，可能需要投入大量的时间和精力去搜集证据、联系信源、交叉验证，专业机构能更有效地完成这些工作。

（3）独立性与客观性：可信的事实核查机构通常强调其独立性，致力于基于证据进行客观判断，不受特定利益集团或政治立场的影响（尽管在实践中，完全客观是一个理想目标，用户仍需对其结论保持一定的批判性审视）。

（4）公开透明的流程：许多事实核查机构会公开其核查方法、证据来源和判断依据，允许公众对其核查报告进行监督和评估。

2.代表性事实核查平台与资源

以下列举一些较知名的事实核查平台和相关资源，它们可以为辨别信息真伪提供有力的支持（见表9.2）。

表9.2 代表性事实核查平台与资源

平台/资源名称	类型/特点	主要关注领域	备注
中国互联网联合辟谣平台	国家级权威辟谣平台	社会热点、民生科技、突发事件、健康科普等各类网络谣言	中央网信办举报中心主办，整合各方辟谣资源（中文）
“学习强国”学习平台“科学辟谣”栏目	科普辟谣	科学常识、健康养生、食品安全、灾害防护等	中国科协、国家卫健委等权威机构支持内容（中文）
地方性官方辟谣平台（如上海辟谣平台、北京地区网站联合辟谣平台）	地方政府主导	针对本地区流传的谣言、不实信息进行澄清	通常由地方网信办或相关部门运营（中文）
主流媒体设立的事实核查栏目/产品（如新华社“全民较真”）	媒体机构运营	新闻事件、社会传闻、网络热点等	依托媒体的采编和调查能力（中文）
特定领域专业科普平台（如国家卫健委官网的部分辟谣内容）	垂直领域科普	健康、医疗、养生等	通常由政府机构和权威专家负责发布
联合国关于AI伦理的建议	强调AI使用过程中的基础原则，包括透明性、公平性，以及人类对AI系统进行监管的重要性等	公共政策、环境生态系统、性别与教育、健康与社会福利等	联合国教科文组织负责制定

3.如何有效利用事实核查资源？

（1）主动查询：当遇到可疑信息或希望了解某一热点事件的真实性时，可以主动访问事实核查平台的网站或使用平台的App进行关键词搜索，查看是否已有相关的核查报告。

（2）关注官方发布：关注权威官方辟谣平台（如中国互联网联合辟谣平台）的发布，及时了解最新的辟谣信息。

（3）学习核查方法：阅读事实核查报告不仅是为了了解结论，更重要的是学习其核查的过程、使用的证据和分析逻辑，从而提升自己的辨别能力。例如，《事实核查手册》就提供了非常宝贵的实践指导。

（4）保持批判性：即使是对于专业的事实核查报告，也应以批判性的眼光看待。关注其证据是否充分、论证是否严谨、是否存在潜在的立场偏向（尽管专业机构会力求客观）。

在信息日益复杂的AI时代，善于利用专业的事实核查资源，是抵御虚假信息侵蚀、维护清朗网络空间、做出明智判断的重要助力。

9.7 本章小结

1.核心回顾

（1）AI生成信息的风险：探讨了大型语言模型（LLM）可能产生的“幻觉”现象，以及利用AIGC技术（特别是Deepfake）有意制造和传播虚假信息的风险及其对个人、社会乃至国家安全的潜在危害。

（2）批判性思维的核心地位：强调在AI时代，培养批判性思维是辨别信息真伪、做出明智判断的根本。详细阐述了批判性思维的核心要素，包含主动提问、审慎评估信源与论证、多方求证、区分事实与观点、识别偏见以及保持开放心态与适度怀疑等。

（3）核心事实核查技能：介绍了多种实用的事实核查方法，包括反向图片/视频搜索、信源评估与横向阅读、交叉验证、关注元数据与数字痕迹等。

（4）AI内容识别的局限性：分析了当前通过技术手段准确识别AI生成内容面临的挑战（如“猫鼠游戏”、高质量AI内容的逼真性、检测工具的准确性瓶颈、水印技术的局限等），强调不能单纯依赖技术检测结果。

（5）利用专业事实核查资源：列举了国内外代表性的专业事实核查平台和资源（包括中国互联网联合辟谣平台等国内权威机构），并说明了如何有效利用这些资源辅助信息辨别。

2.关键洞察

（1）信息真实性受到根本性挑战：AI大模型的技术特性使得信息的生产和伪造

成本大大降低，逼真度显著提高，传统“眼见为实”的经验法则在数字世界中日益失效。

（2）个体数字素养成为生存必需：在信息真伪难辨的环境中，培养个人的批判性思维能力和掌握基本的事实核查技能，不再是锦上添花，而是有效学习、工作和生活的基础。

（3）核查方法与思维并重：掌握具体的事实核查工具和方法是重要的，但根本的是建立起一种审慎、探究、多方求证的批判性思维习惯和心态。

（4）对AI能力的理性认知：需要清醒认识到AI在提供信息方面的强大能力与固有局限（如幻觉），不盲信、不神化，将其视为需要仔细甄别和验证的信息来源之一，而非最终答案的提供者。

（5）协同治理与终身学习：应对AI带来的信息风险，需要技术开发者、平台运营者、教育机构、政府部门以及每一位社会成员的共同努力。同时，由于技术和信息环境的快速变化，信息辨别能力的培养是一个需要终身学习和持续适应的过程。

9.8 课后练习

（1）风险识别与案例分析：请结合本章或你在其他渠道了解到的关于AI生成虚假信息的案例（例如，某个Deepfake视频、一篇AI生成的虚假新闻报道），分析该案例可能造成的具体危害有哪些，它主要利用了AI的哪些能力达到以假乱真的效果？

（2）“幻觉”与“虚假信息”辨析：解释AI大模型产生幻觉的主要原因。它与恶意行为者利用AI技术有意制造和传播虚假信息之间，在动机和性质上有何根本区别？

（3）批判性思维应用：选择一篇近期在社交媒体上广泛传播且有一定争议性的文章或帖子（不限主题）。尝试运用本章介绍的批判性思维方法（如主动提问、评估信源、区分事实与观点、识别偏见等）对其进行分析。写下你的分析过程和主要发现。

（4）事实核查技能演练（图片/视频）：在网络上寻找一张你认为可疑的图片或一段短视频（例如，某个突发事件的现场图片，或某位名人发表惊人言论的视频截图）。尝试使用本章介绍的反向图片/视频搜索工具和信源评估方法，对其真实性进行初步核查。记录你的核查步骤和初步结论。

（5）信源可靠性评估（AI互动）。

尝试向一个AI助手（如文心一言、Kimi Chat等）询问关于某个你不太了解的专业领域（例如，“请介绍一下‘量子纠缠’的基本原理及其主要应用前景”）的知识。

当AI给出回答后，请进一步追问："你刚才回答中提到的信息，主要参考了哪些来源？这些来源的权威性和可靠性如何？"

观察AI的回答。它是否能提供具体的信源？它对信源可靠性的评估是否合理？如果它无法提供信源，你认为这对其回答的可信度有何影响？

（6）AI内容识别局限性讨论：为什么说"单纯依靠技术手段准确识别AI生成痕迹正变得越来越困难"？如果一个AI内容检测工具告诉你某段文字90%可能是AI生成的，你会如何解读和使用这个结果？

（7）专业事实核查平台利用：访问本章表9.2中提到的至少一个中国的事实核查平台（如中国互联网联合辟谣平台）。浏览其近期发布的辟谣信息，选择一则你感兴趣的案例，阅读其核查报告。总结该报告是如何进行事实核查的（例如，它使用了哪些证据？如何进行论证的？）。

（8）（综合思辨题）AI时代的信息责任。在AI技术使得每个人都能轻易生成和传播看起来真实的内容的时代：

①作为信息的普通消费者，我们应承担哪些责任以避免被虚假信息误导？

②作为潜在的AI内容创作者或传播者（即使只是转发），我们又应承担哪些责任以确保自己不成为虚假信息的"帮凶"？

③你认为教育系统应该如何加强对学生信息辨别能力的培养？

第10章 伦理规范：AI的负责任使用之道

10.1 导学

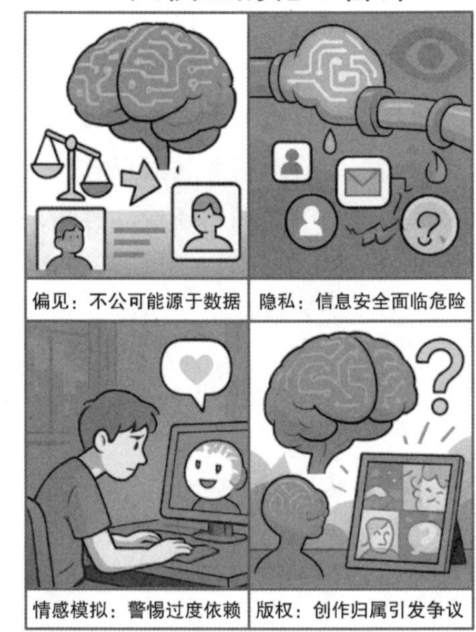
AI 大模型的伦理警钟
偏见：不公可能源于数据
隐私：信息安全面临危险
情感模拟：警惕过度依赖
版权：创作归属引发争议

伴随着人工智能大模型能力的飞速跃升和应用的日益普及，一系列与之相关的伦理挑战日益凸显，成为个人、学术界、产业界乃至全社会都必须严肃面对的课题。从训练数据中可能继承的偏见到用户隐私安全的潜在风险，从AI生成内容的版权归属到模型决策的责任界定，再到与AI交互中可能产生的情感依赖，这些问题不仅触及技术的边界，更考验着对公平、安全、责任和人类福祉的根本考量。

本章旨在系统梳理AI大模型所带来的主要伦理议题，深入探讨其表现形式、产生根源及潜在影响。在此基础上，本章将进一步阐述在学术活动和日常生活中安全、合规地使用AI工具的基本准则与行动指南，并介绍当前AI治理的主要框架、核心原则与中国在此领域的实践探索。负责任地使用AI的意识与能力，是确保这一强大技术向善而行的基石。本章的预期学习目标如表10.1所示。

表10.1　第10章预期学习目标

编号	学习目标	能力层级	可考核表现
LO10.1	理解AI伦理与安全是AI大模型发展中不可或缺的重要议题，并能概述大模型主要的伦理挑战（偏见、隐私、责任、情感依赖、版权）	理解	能够简述为何需要关注大模型的伦理与安全问题，并能解释各项伦理挑战的核心表现
LO10.2	识别并解释在AI使用中（尤其涉及提示词）应遵循的基本伦理规范，如避免生成有害内容、警惕和减轻模型偏见	理解/应用	能说明在使用AI及提示词时不应生成有害内容，并能有意识地设计中性提示以减少偏见

续表

编号	学习目标	能力层级	可考核表现
LO10.3	识别大模型应用中潜在的隐私风险（训练数据、用户输入），并了解个人信息保护的重要性与基本方法	应用	能够分析一个熟悉的LLM应用可能涉及的隐私问题，并能列举保护个人隐私的措施
LO10.4	理解在学术活动中使用AI大模型需要遵守的学术诚信规范，区分合理辅助与学术不端	理解/应用	能够区分合理使用AI辅助学习与学术不端行为，并了解潜在后果
LO10.5	了解AI治理的基本概念、中国的主要法规（《生成式人工智能服务管理暂行办法》）和倡议（《AIGC可信倡议书》）以及主要国际治理模式的特点	了解	能够说出中国AI治理的一些核心原则和特点，并能对不同治理策略进行简单比较
LO10.6	认识到负责任地使用AI大模型是个体应尽的责任，并能在实践中展现安全使用意识	理解/评价	能够理解AI治理的动态性，并能在日常使用中警惕AI的潜在滥用现象，保护个人安全

10.2　大模型的五大伦理挑战

视频 10.1：安全和伦理

LLM的广泛应用在带来便利的同时，也引发了一系列需要高度关注的伦理挑战。理解这些挑战的表现、成因和潜在影响，是探讨负责任AI实践的前提。

1）挑战一：偏见

AI大模型在生成内容或做出判断时，可能系统性地、不公平地偏向或歧视特定的群体、观点或属性。例如，在描述不同性别、种族、职业或文化背景的人群时，可能无意中强化社会上已存在的刻板印象（如将特定职业与特定性别强行关联）；在处理涉及不同价值观或意识形态的议题时，可能不自觉地倾向于训练数据中占主导地位的观点。该挑战的主要成因有以下三方面。

（1）训练数据是主要来源：LLM的知识体系和行为模式主要源于对训练数据的学习。如果训练数据本身就包含了人类社会中存在的各种偏见（如性别歧视、种族偏见、文化中心主义等），模型就可能在学习过程中将这些偏见内化并无意识地复制和放大。互联网上的海量文本充斥着各种显性或隐性的偏见，这使得完全清除训练数据中的偏见变得极其困难。

（2）算法与模型设计：模型架构、目标优化和算法训练本身也可能在某些情况下引入或加剧偏见。例如，如果模型过于追求在特定任务上的平均性能，则可能会牺牲对少数群体的公平性。

（3）标注与反馈过程：在有监督微调（SFT）和基于人类反馈的强化学习

(RLHF) 阶段，如果人工标注员自身的价值观或对“好”与“坏”的判断标准存在偏见，也可能将这些偏见传递给模型。

AI的偏见可能导致不公平的决策（例如，在招聘、信贷审批等场景中歧视特定人群）、强化社会刻板印象、加剧社会不平等，甚至引发歧视性或冒犯性的输出，损害用户体验和信任。

2）挑战二：隐私

AI大模型的训练和使用过程都可能涉及对大量个人数据的处理，从而引发隐私泄露或滥用的风险。该挑战的主要成因有以下四个方面。

（1）训练数据中的隐私信息：LLM的训练数据（特别是来自互联网的文本）可能包含未经充分脱敏或匿名化处理的个人可识别信息，如姓名、地址、电话号码、电子邮件、医疗记录片段、私人对话等。模型在训练过程中可能“记住”这些信息，并在后续生成内容时意外泄露。

（2）用户输入数据的处理：用户在与LLM交互时输入的提示词和对话内容，如果包含个人敏感信息，这些信息可能会被服务提供商记录、存储和分析，用于模型改进、产品优化或其他商业目的（在用户未充分知情或同意的情况下）。数据在传输、存储和处理过程中的安全性也是一个关键因素。

（3）推理攻击：即使模型输出的内容本身不直接包含个人身份信息，恶意用户也可能通过精心设计的提示词或多次查询，尝试从模型的行为模式或生成特征中推断出其训练数据中可能存在的敏感信息或用户群体的某些隐私属性。

（4）第三方集成与数据共享：当LLM应用集成了外部工具或服务时，用户数据可能会在不同系统之间流转，增加了数据泄露的节点和风险。

隐私泄露可能导致个人身份被盗用、名誉受损、遭受歧视或骚扰、经济损失，严重侵犯个人权利。

3）挑战三：责任

当AI大模型生成了错误信息、造成了不良影响（如诽谤、侵权、误导决策）或被用于恶意目的（如制造虚假信息、进行网络攻击）时，如何确定和追究责任是一个复杂的问题。该挑战的成因较为复杂，主要包括以下三个方面。

（1）“黑箱”特性：LLM（尤其是深度神经网络模型）的内部决策过程往往非常复杂且缺乏完全可解释性，这使得我们难以准确判断一个具体错误输出的产生原因，也难以清晰界定是模型的哪个部分或哪个阶段出了问题。

（2）多方参与：一个AI应用的生命周期涉及多个主体，包括模型的研究者和开发者、训练数据的提供者、部署和运营模型的服务商，以及最终使用模型生成内容的用户。当出现问题时，责任可能分散在这些不同的环节和主体之间，难以简单归咎于某一方。

（3）自主性与意图的缺失：当前的AI系统并不具备人类意义上的自主意识、

意图或道德判断能力。它们是按照程序和学习到的模式运行的工具。因此，直接将责任归于AI本身在法律和伦理上通常是不可行的。

责任归属的模糊不清可能导致受害者难以获得有效救济，也可能使得开发者或运营者逃避应有的监管和约束，不利于构建可信赖的AI生态。

4）挑战四：情感模拟与依赖

有些LLM（尤其是一些聊天机器人应用）能够模仿人类的情感表达（如展现同情、理解、快乐），进行富有情感色彩的对话，甚至与用户建立某种形式的虚拟陪伴关系。虽然这在一定程度上提升了用户体验，但也可能引发用户对AI产生过度情感依赖或混淆虚拟与现实的风险。该挑战的主要风险包括以下三个方面。

（1）虚假的情感连接：用户（特别是情感脆弱或社交孤立的个体）可能将AI模拟的情感误认为真实的情感，投入过多的时间和精力与AI进行情感交流，从而影响其在现实世界中的人际关系和心理健康。

（2）被操纵的风险：具备强大情感模拟能力的AI可能被恶意利用，通过情感操纵影响用户的判断、诱导其行为或进行诈骗。

（3）对人类情感价值的冲击：过度沉浸于与AI的情感互动，是否会削弱人们对真实人际情感的需求和感知能力，是一个值得深思的问题。

该挑战的关键在于用户需要清醒地认识到，AI所展现的“情感”是基于算法和数据的模拟，而非人类意义上的真实情感。

5）挑战五：版权与知识产权

AIGC的兴起对传统的版权和知识产权制度带来了严峻挑战，主要体现在以下两个方面。

（1）训练数据的版权问题：LLM的训练通常需要使用海量的文本、图像、代码等数据，其中很多可能受到版权保护。模型开发者在获取和使用这些数据时，是否获得了合法的授权、是否构成了对原作者权利的侵犯，是一个在全球范围内都存在争议的焦点。

（2）AI生成内容的版权归属与原创性：由AI独立或主要生成的内容（如AI绘画、AI音乐、AI撰写的文章）是否享有版权保护？如果享有，版权应该归属于AI模型本身（目前法律不承认非人类主体拥有版权）、模型开发者，还是操作AI并给出提示词的用户？AI生成的内容在多大程度上可以被认为是具有独创性的作品？这些问题目前在各国法律框架下尚无统一明确的答案。

版权问题的不确定性可能阻碍AIGC技术的健康发展和商业应用，也可能对原创作者的权益造成损害。例如，一些艺术家担心其作品风格被AI模型模仿，导致其市场价值受损。

理解这些伦理挑战的复杂性和深远影响，是后续探讨如何在个人使用、技术研发和宏观治理层面负责任地应对AI发展的前提。

10.3 安全使用：警惕滥用与保护个人安全

在享受大型语言模型带来便利的同时，每一位用户都应树立起强烈的安全意识，警惕技术的潜在滥用风险，并采取有效措施保护自身的个人信息和网络安全。

1. 防范技术滥用，抵制不良信息

（1）不生成或传播有害内容：自觉遵守法律法规和社区规范，不利用AI工具生成或传播涉及暴力、色情、仇恨言论、恐怖主义、谣言、诽谤等违法违规或违背社会公德的内容。

（2）警惕AI用于恶意目的：认识到AI技术可能被用于网络钓鱼邮件的撰写、恶意软件代码的生成、虚假身份的伪造、网络水军的自动化操作，以及深度伪造等非法或不道德活动。不参与此类活动，并提高对相关风险的识别能力。

（3）对AI输出保持批判性：即使AI的回答看起来非常专业和自信，也要对其真实性、准确性和潜在偏见保持警惕，不轻信、不盲从，特别是涉及重要决策或敏感信息时。

2. 保护个人信息与隐私安全

（1）谨慎输入敏感信息：在与AI交互时，尽量避免在提示词或对话中直接输入或泄露个人敏感信息，如身份证号码、家庭住址、银行账户信息、详细的健康状况、未公开的个人经历等。虽然许多服务商声称会保护用户数据，但任何在线系统都无法保证绝对安全。

（2）了解并管理隐私设置：仔细阅读并理解所使用AI服务的隐私政策和用户协议，了解其如何收集、使用、存储和共享你的数据。如果平台提供隐私设置选项（例如，是否允许使用你的对话数据来改进模型），应根据自己的意愿进行合理配置。

（3）定期清理对话历史：对于一些支持对话历史记录功能的AI应用，可以考虑定期清理不再需要的对话记录，以减小个人信息长期留存的风险（当然，这可能以牺牲部分个性化体验为代价）。

（4）警惕第三方集成风险：当AI应用集成了第三方插件或服务时，需要关注这些第三方服务的数据隐私政策，了解你的数据可能会如何在它们之间流转。

（5）使用安全的网络环境：确保在安全的网络环境下与AI进行交互，避免使用不安全的公共Wi-Fi等，以防数据在传输过程中被窃取。

（6）关注账户安全：为你的AI服务账户设置强密码，并开启双因素认证（如果平台支持），防止账户被盗用。

3. 防范AI相关的网络诈骗与攻击

（1）警惕AI生成的钓鱼邮件/信息：AI可以生成高度逼真、语法流畅，甚至带有一定个性化特征的钓鱼邮件或社交媒体信息，诱骗用户点击恶意链接或泄露账户密码。对此类信息要格外警惕，仔细核查发件人地址、链接指向等。

（2）防范Deepfake诈骗：随着Deepfake技术的成熟，利用AI合成的语音或视频进行诈骗（例如，冒充亲友、领导要求转账）的风险在增加。接到可疑的音视频通话请求时，务必通过多种途径（如回拨对方常用号码、询问只有双方才知道的私密问题）进行身份核实。

（3）保护个人生物特征信息：谨慎在不信任的平台上传或分享自己的高清照片、声音样本等生物特征信息，以防被用于训练Deepfake模型或进行身份伪造。

成为一名负责任的AI使用者，意味着既要善于发掘AI的强大潜能，也要始终秉持清醒的安全意识以主动规避风险，从而为构建一个更安全、可信的AI应用环境贡献力量。

10.4　学术诚信：AI辅助的合理边界

大型语言模型在文本生成、信息整合、研究辅助等方面的能力，为学术研究和学习带来了前所未有的便利，但也对传统的学术规范和诚信原则提出了新的挑战。如何在享受AI带来便利的同时，坚守学术诚信的底线，明确AI辅助的合理边界，是每一位学生和研究者必须严肃思考的问题。

1.学术诚信的核心要求

学术诚信是学术活动的基石，其核心要求包括以下四点。

（1）原创性：学术成果（如论文、报告、设计、代码等）必须主要源于作者本人的独立思考、研究和创造。

（2）诚实性：在研究过程、数据呈现、成果署名、文献引用等方面必须真实、准确、不作伪。

（3）尊重他人劳动成果：严格遵守版权法规，正确引用他人观点和成果，不抄袭、不剽窃。

（4）责任感：作者应对其学术成果的真实性、准确性和合规性负最终责任。

2.AI辅助的合理边界与潜在风险

AI大模型可以在学术活动的多个环节提供有价值的辅助，但必须明确其使用边界，警惕潜在的学术不端风险（见表10.2）。

表10.2　AI在学术活动中的辅助与风险边界

学术环节	合理的AI辅助 （通常需要明确声明和恰当引用）	潜在的学术不端风险 （需极力避免）
文献检索与阅读	辅助查找相关文献、快速理解文献摘要、生成初步的文献综述草稿（作为起点）、多语言文献翻译（辅助理解）	完全依赖AI总结而未阅读原文、将AI生成的综述不加修改地直接用于论文、AI翻译的错误导致曲解原文

续表

学术环节	合理的AI辅助（通常需要明确声明和恰当引用）	潜在的学术不端风险（需极力避免）
研究设计与思路启发	提供研究思路建议、辅助进行头脑风暴、梳理研究逻辑、生成初步的实验方案或调查问卷框架（供参考）	完全照搬AI提供的研究设计、在缺乏独立思考的情况下让AI主导研究方向
数据分析与编程	辅助编写数据处理或分析的代码（需理解并验证）、解释代码逻辑、生成数据可视化图表建议、对分析结果提供初步解读（供参考）	直接使用无法理解或验证其正确性的AI生成代码、让AI进行核心的数据分析与结果解释而缺乏人工核查与专业判断、伪造或篡改AI辅助分析的数据
论文写作与润色	辅助生成论文大纲、提供段落写作的初步思路、对已有草稿进行语法校对和语言润色、辅助调整表达风格、生成参考文献格式（需核对）	完全或主要由AI代写论文的核心内容（如论点、论证、结论）、将AI生成的文本不加甄别地直接拼凑成文、利用AI规避查重（如进行同义词替换的“洗稿”）、不当引用或伪造引用AI生成的内容
学术交流与演示	辅助生成演示文稿的大纲或初步内容、辅助撰写学术邮件或会议摘要的草稿、提供演讲练习的反馈建议（如模拟听众提问）	主要由AI代写演讲稿或演示文稿的核心思想、在学术报告中呈现未经核实的AI生成数据或结论

3.负责任使用的基本原则

视频10.2：AI编程技巧与伦理规范

在学术活动中使用AI辅助时，应遵循以下基本原则。

（1）人类作者的主体责任：无论AI提供了多大帮助，论文或学术成果的最终作者都必须是人类研究者。作者应对成果的全部内容（包括AI辅助生成的部分）负有最终的学术责任和诚信责任。

（2）透明声明：如果在学术成果的形成过程中（尤其是在核心的构思、分析、写作环节）显著地使用了AI工具，应在致谢、方法部分或以其他适当方式进行清晰明确的声明，说明使用了何种AI工具以及在哪些环节提供了何种帮助。具体声明要求可能因期刊、学术机构或会议的不同而有所差异，应遵循相应的规范。

（3）原创性贡献的保障：AI可以作为辅助工具，但不能替代作者本人的独立思考、批判性分析和原创性贡献。学术成果的核心思想、关键论证、创新性见解必须源于作者。

（4）严格的内容核查与验证：对于AI生成的任何文本、数据、代码或结论，都必须经过作者本人严格的批判性审查、事实核查和专业判断，确保其准确性、真实性和逻辑严谨性，绝不能不加甄别地直接采用。

（5）遵守学术规范与版权法规：正确引用所有参考的文献（包括AI在RAG模式下可能提供的文献线索，但需找到原文核实），尊重他人的知识产权。注意AI生成内容可能存在的版权问题（见10.2节）。

4.高校与学术机构的指引

面对AI给学术诚信带来的新挑战，国内外许多高校和学术机构纷纷开始制定或更新相关的政策和指引，旨在引导师生负责任地、合乎规范地使用AI工具。例如，一些大学明确规定了在课程作业和学位论文中使用AI的界限和声明要求；一些学术期刊也更新了对作者使用AI辅助写作的披露政策。学习者应主动了解并严格遵守所在学校或目标期刊的相关规定。

总而言之，AI大模型为学术研究与学习提供了强大的助力，但其使用必须以坚守学术诚信为前提。将AI视为提升效率、拓展思路、辅助验证的“智能助手”，而非替代独立思考、原创贡献的“学术枪手”，是每一位学术共同体成员应有的清醒认知和行为准则。

10.5　AI治理：全球视野下的规则、倡议与中国实践

随着人工智能技术的飞速发展及其对社会各层面日益深远的影响，如何对其进行有效治理，以最大化其积极效应并最小化其潜在风险，已成为全球各国政府、国际组织、学术界和产业界共同面临的核心议题。AI治理（AI governance）是一个涉及法律、伦理、技术、政策和社会多维度的复杂系统工程。

视频10.3：新一代人工智能的社会影响

1.AI治理的核心目标与挑战

（1）促进创新发展：为AI技术的研发和应用创造一个健康、有序、可持续的环境，鼓励技术创新和产业发展。

（2）防范化解风险：识别、评估和管控AI技术可能带来的各种风险，如安全风险、伦理风险、社会风险（如加剧不平等和影响就业）、国家安全风险等。

（3）保障公平正义：确保AI系统的设计和应用符合公平、公正、无歧视的原则，保护弱势群体的权益。

（4）提升透明度与可解释性：推动AI系统（尤其是决策过程）的透明化和可解释性，增强公众信任。

（5）明确责任归属：为AI系统可能造成的损害建立清晰的责任认定和追究机制。

（6）推动全球合作与协调：鉴于AI技术的全球性影响，加强国际在AI治理标准、规范和最佳实践方面的对话与合作。

实现这些目标面临诸多挑战，例如，技术发展速度远超法律法规的制定速度，AI“黑箱”特性给监管带来困难，不同国家和地区在文化价值观、发展阶段和治理理念上存在差异，如何在激励创新与控制风险之间取得平衡等。

2. 全球AI治理的主要模式与代表性举措

在全球范围内，针对AI（特别是生成式AI）的治理，已初步形成几种不同的思路和模式，并出现了一系列重要的法规、倡议和框架。

1）欧盟模式：基于风险的全面立法

强调保护基本权利、安全和伦理，通过立法手段为AI发展设定“硬性护栏”。欧盟的《人工智能法案》（EU AI Act）是全球首个针对AI的全面性且具有约束力的法律框架。

主要特点：采取基于风险等级的分类规制方法。将AI应用划分为不可接受风险（如用于社会评分、操纵人类行为的AI系统，将被禁止）、高风险（如用于关键基础设施、医疗、教育、招聘、执法、司法等领域的AI系统，将受到严格的合规要求，包括数据质量、透明度、人工监督、风险管理等）、有限风险（如聊天机器人，需履行透明度义务，告知用户正在与AI交互）和低风险（如垃圾邮件过滤器，基本不受额外规制）四个等级，并施加不同的监管要求。

2）美国模式：鼓励创新与行业自律并行，逐步探索监管

随着AI风险的日益显现，美国政府也开始加强对AI（特别是对国家安全和公民权利构成潜在威胁的强大基础模型）的监管力度，例如通过行政命令要求进行安全测试和信息披露。其总体思路是在不扼杀创新的前提下，有针对性地应对关键风险。

主要特点：早期更侧重于通过发布行政令、指导原则、自愿性框架等方式，鼓励技术创新和行业自律，对AI的监管相对宽松和灵活。例如，白宫发布的《人工智能权利法案蓝图》（Blueprint for an AI Bill of Rights）、美国国家标准与技术研究院（NIST）发布的《人工智能风险管理框架》（AI Risk Management Framework）等。

3）中国模式：强调发展与安全并重，快速迭代立法与监管实践

中国积极参与全球AI治理，并提出了自己的理念和方案。例如，2023年10月，中国提出了《全球人工智能治理倡议》，倡导在AI治理中坚持以人为本、智能向善，尊重各国主权，推动技术共享，弥合智能鸿沟，确保AI安全可控、公平包容，并通过对话与合作形成具有广泛共识的国际治理框架和标准规范。核心代表包括：

（1）《互联网信息服务算法推荐管理规定》（2022年3月1日起施行）：对算法推荐服务提供者的信息服务规范、用户权益保护、监督管理等方面作出了规定。

（2）《互联网信息服务深度合成管理规定》（2023年1月10日起施行）：针对利用深度学习、虚拟现实等技术制作、发布、传播虚假不实信息等问题，对深度合成服务提供者和使用者提出了明确要求，例如对深度合成内容进行显著标识、建立健全辟谣机制、加强技术管理和内容审核等。

（3）《生成式人工智能服务管理暂行办法》（2023年8月15日起施行）：这是中

国针对生成式AI服务出台的首部专门性行政法规，也是全球范围内较早的对生成式AI进行系统性规范的立法尝试。它确立了“促进发展和依法规范并重”的原则，对生成式AI服务提供者的数据来源合法性、算法设计、内容安全、用户权益保护、安全评估、备案管理等方面提出了具体要求。

主要特点：中国的AI治理模式体现了政府在推动技术发展和产业应用的同时，高度重视防范风险和维护国家安全、社会稳定及公民合法权益。其立法和监管实践具有快速响应技术发展、注重落地实施的特点。

4）其他国家/地区与国际组织

许多其他国家（如英国、加拿大、新加坡、日本等）也在积极探索符合本国国情的AI治理路径，通常采取“敏捷治理”、沙盒监管、伦理准则制定等方式。联合国、OECD（经济合作与发展组织）、G7（七国集团）等国际组织也在积极推动AI治理的国际对话、标准制定和最佳实践分享。

3.AI治理的未来趋势

（1）从原则到实践的深化：早期AI治理更多停留在宏观原则和伦理倡议层面，未来将更侧重于将这些原则转化为可操作的法律法规、技术标准、评估工具和行业规范，并加强落地执行和监管。

（2）特定领域治理的细化：针对AI在金融、医疗、交通、教育等不同领域的具体应用，可能会出台更具针对性的行业监管规则。

（3）技术与治理的协同：越来越多地利用技术手段（如可解释AI、隐私增强技术、AI内容检测与溯源技术、联邦学习等）来辅助AI治理目标的实现。

（4）动态适应与持续学习：AI技术发展日新月异，AI治理也必须是一个动态适应、持续学习和不断完善的过程，不可能一蹴而就或一劳永逸。

（5）全球合作的必要性日益凸显：AI的研发、应用和影响都是全球性的，任何单一国家都难以独立应对所有挑战。加强国际合作，在数据流动、标准制定、风险共担、利益共享等方面寻求共识，是未来AI治理不可或缺的一环。

理解AI治理的复杂性、多元性与动态性，是全面认识AI 技术发展宏观环境的前提，也有助于更清晰地界定个人、企业及政府在推动负责任AI 发展中各自应有的角色与责任。

10.6　负责任AI的行动指南

在了解了AI的伦理挑战和宏观治理框架之后，面临一个更实际的问题：作为AI的使用者、学习者，甚至未来可能的开发者或参与者，个体可以做些什么来践行“负责任AI（responsible AI）”的理念？以下是一些行动层面的建议。

1.作为AI使用者

（1）保持批判性思维与信息核查习惯：这是最基本也是最重要的。不轻信AI的输出，主动对其进行事实核查、逻辑辨析，识别潜在偏见（见第9章）。

（2）明确使用目的与合理预期：理解AI是辅助工具，其能力有边界。将其用于合适的场景，不抱有不切实际的幻想，不依赖其进行超出其能力范围的决策。

（3）保护个人隐私与数据安全：谨慎提供个人敏感信息，了解并管理所用服务的隐私设置，警惕AI相关的网络诈骗（见10.3节）。

（4）遵守学术诚信与知识产权规范：在学习和研究中合理使用AI辅助，明确声明，不抄袭、不代写，尊重原创（见10.4节）。

（5）避免生成和传播有害内容：自觉抵制利用AI生成或传播谣言、歧视性言论、虚假信息、侵权内容等。

（6）关注AI的潜在偏见：在与AI交互时，有意识地观察其输出是否存在对特定群体的偏见，如果发现，则可以尝试通过调整提示词来减轻或向服务提供方反馈。

（7）提供负责任的反馈：如果使用的AI应用提供了反馈机制，当发现模型输出存在错误、偏见或不当内容时，积极提供具体、建设性的反馈，帮助开发者改进模型。

2.作为AI学习者与未来参与者

（1）系统学习AI伦理与治理知识：将AI伦理、安全与治理作为学习AI技术本身同等重要的组成部分。

（2）关注技术发展的社会影响：在学习和研究AI技术时，不仅要关注其技术实现，更要思考其可能带来的社会、伦理、法律和环境影响。

（3）倡导并践行“以人为本”的设计理念：如果未来参与AI产品或系统的设计开发，则应将人类的福祉、公平、安全和基本权利置于核心地位。

（4）推动透明度与可解释性的研究与应用：探索和支持能够提升AI系统透明度和可解释性的技术方法。

（5）参与负责任AI的讨论与实践：积极参与关于AI伦理与治理的学术研讨、社区讨论和标准制定（如果可能），贡献自己的见解。

（6）终身学习与适应：AI技术和相关伦理规范都在快速发展，应保持持续学习的态度，不断更新知识，适应变化。

个体负责任AI行动清单如表10.3所示。

表10.3 个体负责任AI行动清单建议

行动层面	具体建议
信息消费	始终保持批判性思维；主动进行事实核查；多方交叉验证信息；评估信源可靠性；警惕AI幻觉和深度伪造

续表

行动层面	具体建议
个人安全	谨慎输入个人敏感信息；了解并管理隐私设置；不点击可疑链接；警惕AI诈骗；保护个人生物特征信息
学术/工作	严格遵守学术诚信；明确AI辅助的合理边界；透明声明AI的使用；人工审核并对AI辅助成果负责；不利用AI进行不当竞争或侵犯他人权益
内容创作/传播	不利用AI生成或传播虚假、有害、歧视性或侵权内容；有意识地避免和纠正AI输出中的偏见；在分享AI生成内容时（尤其可能引起误解时）进行适当标注
学习与发展	系统学习AI伦理与治理知识；关注AI的社会影响；培养“以人为本”的价值观；积极参与相关讨论与实践；保持终身学习
反馈与监督	发现AI模型或应用存在问题（如持续输出偏见、安全漏洞）时，向服务提供方或相关机构提供建设性反馈；支持和参与对AI应用的合理监督

负责任地使用和发展人工智能，不仅是技术开发者和政策制定者的责任，更是每一位身处智能时代的社会成员的共同使命。正是个体每一次审慎、理性和负责任的行动，最终汇聚成一股塑造更安全、更公平、更向善AI未来的集体力量。

10.7　本章小结

1.核心回顾

（1）AI伦理挑战概述：本章系统梳理了AI大模型带来的主要伦理挑战，包括算法偏见（源于训练数据、算法设计、人工标注等）、用户隐私风险（涉及训练数据、用户输入、推理攻击等）、责任归属的复杂性（AI“黑箱”特性与多方参与）、情感模拟与潜在的情感依赖，以及训练数据和AI生成内容的版权与知识产权争议。

（2）安全使用AI：强调了用户在与AI交互时应保持安全意识，包括防范技术滥用（不生成或传播有害内容，警惕AI用于恶意目的）、保护个人信息与隐私安全（谨慎输入敏感信息，管理隐私设置，防范AI相关诈骗），并对AI输出保持批判性。

（3）学术诚信与AI辅助：探讨了在学术活动中使用AI辅助的合理边界，强调了人类作者的主体责任、透明声明、保障原创性贡献、严格内容核查以及遵守学术规范的重要性，并列举了不同学术环节中AI辅助的合理方式与潜在风险。

（4）AI治理的全球图景：概述了AI治理的核心目标与挑战，介绍了全球范围内主要的AI治理模式（如欧盟基于风险的全面立法、美国鼓励创新与行业自律并行、中国强调发展与安全并重），并提及了代表性的法规（如欧盟的《人工智能法案》、中国的《生成式人工智能服务管理暂行办法》）和倡议（如中国的《全球人工智能治理倡议》）。

（5）负责任AI的个体行动指南：从AI使用者和学习者/未来参与者两个层面，

提供了践行负责任AI理念的具体行动建议，涵盖信息消费、个人安全、学术/工作、内容创作/传播、学习与发展以及反馈与监督等多个方面。

2.关键洞察

（1）伦理考量是AI可持续发展的基石：忽视AI的伦理风险可能导致技术滥用、社会不公、信任危机等严重后果，将伦理考量融入AI技术研发、产品设计和应用推广的全生命周期，是确保AI技术健康、可持续发展的根本保障。

（2）“技术中立”的局限性：任何技术的设计和应用都嵌入了特定的价值取向。AI系统（特别是大模型）并非完全客观中立，其训练数据、算法目标、部署方式都可能携带或放大偏见，影响其行为的公平性和结果的公正性。

（3）隐私保护面临新挑战：大模型对海量数据的依赖以及与用户深度交互的特性，使得个人隐私保护面临新的、更复杂的挑战，需要在技术、法律和用户教育层面协同应对。

（4）责任的清晰化是信任的前提：建立清晰、合理、可操作的AI责任归属机制，对于增强公众对AI系统的信任、保障受害者权益,以及激励开发者和运营者负责任地行事至关重要。

（5）治理需在发展与规范间求平衡：AI治理是一门在鼓励技术创新、释放经济社会潜能与有效防范风险、维护公共利益之间寻求动态平衡的艺术，需要政府、产业界、学术界和公众的多元参与和持续对话。

（6）个体责任的凸显：在AI日益普及的时代，仅仅依靠外部监管是不够的。每一位AI的使用者和参与者都应提升自身的数字素养、伦理意识和批判性思维能力，主动承担起负责任使用AI的个体责任。

10.8 课后练习

（1）伦理挑战识别与分析：选择本章讨论的五大伦理挑战（偏见、隐私、责任、情感依赖、版权）中的任意两个，分别举一个具体的例子来说明其在现实生活或AI应用中可能如何表现，并简要分析其可能带来的负面影响。

（2）数据偏见与公平性（AI互动）：尝试向一个AI助手提出一个可能涉及社会群体的问题，例如“请描述一下程序员的典型形象”或“请写一段关于家庭主妇的日常生活的文字”。仔细观察AI的回答，判断其中是否存在基于性别、职业、年龄或其他特征的刻板印象或偏见。如果存在，请思考这种偏见可能源于什么（例如，训练数据中的普遍认知）？并尝试修改你的提示词（例如，加入“请避免使用刻板印象”“请从多元化的角度描述”）看是否能引导AI给出更中立、更全面的回答。

（3）隐私风险评估：选择一个你常用的、集成了AI功能的App或在线服务(例如，智能输入法、AI修图软件、在线购物平台的智能推荐、某个聊天机器人)。

分析在使用过程中，你的哪些个人数据可能会被收集？这些数据可能被用于什么目的？你认为存在哪些潜在的隐私风险？你会采取哪些措施来保护自己的隐私？

(4) 学术诚信边界讨论：假设你正在撰写一篇课程论文，以下几种使用AI辅助的方式，哪些你认为是合理的，哪些可能触及学术不端的边界？请说明理由。

①使用AI进行文献初步检索和摘要阅读，以快速了解研究背景。

②将自己论文的草稿输入AI，要求其进行语法校对和语言润色。

③让AI根据你提供的几个关键词和核心观点，直接生成论文的主要段落。

④自己独立完成实验和数据分析后，让AI辅助将分析结果和图表转换为符合学术规范的文字描述。

⑤在论文中直接引用AI生成的、未经你核实的"事实性"信息。

(5) AI治理模式比较：简述欧盟、美国和中国在AI治理方面的主要思路和特点有何不同。你认为哪种模式（或模式中的哪些方面）更值得借鉴？为什么？

(6) 负责任AI的个人行动：作为一名大学生，你认为在日常学习和生活中，可以通过哪些具体的行动来践行"负责任AI"的理念？请至少列举三条。

(7)（情景分析）AI面试官的伦理困境：某公司开发了一款AI面试官系统，用于对大量求职者进行初步筛选。该系统通过分析应聘者的语音语调、微表情、语言表达流利度和关键词匹配度等来进行评分。

①你认为这款AI面试官系统可能存在哪些潜在的偏见或不公平的风险？

②如果你是该公司负责任AI的伦理审查员，你建议采取哪些措施来降低这些风险？

③从应聘者的角度看，他们应该如何理性看待并准备这类AI面试？

(8)（开放性讨论）AI生成内容的版权未来：关于AI生成内容的版权归属和原创性认定，目前法律尚无定论。你认为未来应该如何界定？是应该完全不给予版权保护，还是应该承认某种形式的权利（例如，归属于提示词设计者、模型开发者或投入大量编辑工作的人类共同创作者）？请阐述你的观点和理由。

第5篇
协同：人机共进的认知增强

通过对人工智能基础原理、前沿应用以及必备素养的系统学习，可以认识到AI不仅是强大的工具，更可能成为认知过程中的重要伙伴。然而，如何才能真正实现从“使用AI”到“与AI协同进化”的跨越？这需要一套系统性的人机协同方法论，有意识地将AI的能力融入学习与研究的各个环节，以增强自身的认知能力。

本篇将聚焦于人机增强型认知协同框架，深入探讨AI如何在不同认知层面——从宏观的策略规划到具体的方法实践，再到微观的技能执行——为学习者和研究者提供支持。本篇的目标是，不仅学会“用”AI，更能学会如何“与AI共同思考、共同学习、共同创造”。

第11章“人机协同（一）：认知策略层——学会学习与思考”，将首先从元认知层面入手，探讨如何运用AI优化学习方法和思考模式，例如辅助内容梳理、深化概念理解、进行有效的自我评估、激发创新思维以及制订合理的学习与研究规划。

第12章“人机协同（二）：方法实践层——优化研究与工作流程”，将聚焦于学习与研究过程中的关键实践环节，将通过具体案例，展示AI如何在研究选题、文献管理、研究方案设计、结构化笔记、数据分析与解释以及写作流程优化等方面，提供结构化的支持和流程引导。

第13章“人机协同（三）：技能执行层——增强具体操作效能”，将着眼于AI在提升具体操作技能方面的应用，探讨AI如何在编程与调试、数据可视化制作、各类文本撰写与润色、外语处理乃至快速信息检索等任务中，帮助学习者更高效、更高质量地完成具体操作。

第11章 人机协同（一）：认知策略层——学会学习与思考

11.1 导学：人机增强型认知协同框架概览

在系统学习了人工智能的基础原理、主要应用以及与AI有效、负责任交互所需的核心素养之后，本章将探讨如何将AI真正融入学习与研究流程，使其成为增强自身认知能力的“伙伴”，而非仅仅是便捷的“工具”。这需要掌握一套系统的人机协同方法论。

“人机增强型认知协同框架”（见图11.1）提供了一个清晰的指引。该框架将人机协同增强认知能力的过程划分为不同的层次，从宏观的认知策略，到具体的方法实践，再到微观的技能执行。本章作为深入探讨该框架的第一部分，将聚焦于其顶层——认知策略层。这一层面关乎“学习如何学习”以及“如何更有效地思考”，是提升学习与研究效能的根本。本章将探讨如何运用AI辅助有效地梳理内容、深化概念理解、开展自我评估、激发创新思维以及制订合理的学习与研究规划。本章的学习目标如表11.1所示。

视频11.1：人机协作

图11.1 人机增强型认知协同框架

表11.1 第11章预期学习目标

编号	学习目标	能力层级	可考核表现
LO11.1	理解人机增强型认知协同框架及其认知策略层的定位与价值	理解	能简述框架核心思想及认知策略层在优化学习与思考方法论方面的重要性
LO11.2	应用AI辅助进行有效的内容梳理，包括提取要点、生成摘要、构建大纲或思维导图、识别关键主题与论点	应用	能利用AI工具对给定文本进行结构化梳理，并评估AI辅助梳理的准确性与局限性
LO11.3	应用AI辅助进行概念澄清，包括用通俗语言解释复杂术语或理论、提供类比实例、进行跨领域概念转译	应用	能运用AI从多角度获取对复杂概念的解释，并通过追问深化理解，同时注意核查AI解释的可靠性
LO11.4	应用AI辅助进行自我评估，包括基于学习材料生成练习题或测验、对草稿答案获取初步反馈、模拟讨论伙伴	应用	能借助AI生成针对性的自测题检验学习效果，并能批判性地利用AI的反馈进行反思
LO11.5	应用AI辅助进行创意启发，包括根据提示生成多样化想法、提供不同视角或解决方案、创造隐喻或类比、组合现有概念产生新思路	应用	能利用AI进行头脑风暴，并将AI生成的初步创意作为起点进行迭代和深化
LO11.6	应用AI辅助进行目标规划，包括将大型任务分解为可管理步骤、建议时间表或里程碑，识别所需资源，构建学习或项目计划	应用	能运用AI进行学习或项目规划，并能根据个人实际情况调整AI的建议，保持计划的灵活性

续表

编号	学习目标	能力层级	可考核表现
LO11.7	结合具体案例，综合运用多种认知策略层面的AI辅助方法，解决一个相对复杂的学习或思考任务，并对协同过程进行反思	综合/评价	能针对一个给定任务，设计并执行一个包含多种AI辅助认知策略的流程，并能评估该流程的有效性、AI在各环节的作用以及个人的收获与不足

11.2 认知策略层：AI辅助优化元认知

视频11.2：智能演变

“人机增强型认知协同框架”的认知策略层，关注的是如何运用AI来优化元认知（metacognition）能力。元认知，简单来说，就是“对思考的思考”或“对学习的学习”。它涉及如何计划学习、监控理解、评估进展、调整策略，以及如何更有效地组织和运用知识。AI大模型以其强大的信息处理、模式识别和内容生成能力，为优化这些元认知过程提供了前所未有的机遇。

在认知策略层面，AI主要扮演以下几种辅助角色。

(1) 信息处理的“加速器”与“组织者”：帮助用户快速消化和梳理海量信息，提炼核心观点，构建知识框架。

(2) 概念理解的“催化剂”与“多棱镜”：通过提供多角度解释、生动类比、跨学科关联等，帮助用户更深入、更全面地理解复杂概念。

(3) 学习过程的“反馈器”与“陪练员”：辅助用户进行自我检测，提供即时反馈，模拟讨论，从而巩固学习效果，发现知识盲点。

(4) 创新思维的“点火器”与“发散器”：通过生成多样化的想法、提供非常规的视角、组合看似不相关的元素，帮助用户打破思维定势，激发创造性灵感。

(5) 任务规划的“导航仪”与“分解器”：辅助用户将宏大模糊的目标分解为具体、可执行的步骤，并制订合理的计划。

接下来的小节将结合具体的认知策略和实践案例，详细阐述AI如何在这些方面赋能（见表11.2）。需要强调的是，AI在认知策略层面的辅助并非要取代人类的思考，而是通过提供更高效的工具、更多元的视角和更便捷的反馈，来增强自身的元认知能力，从而更聪明地学习、更深刻地思考、更有创意地解决问题。人的主导性、批判性思维和最终的判断与决策，始终是认知策略层面人机协同的核心。

表11.2 认知策略层的主要策略与AI辅助示例

认知策略层面	核心目标	AI辅助的主要功能示例
内容梳理	快速把握核心、构建框架、凝炼关键信息	生成文本摘要、提取关键词/主题、创建大纲/思维导图、识别论点与论据

续表

认知策略层面	核心目标	AI辅助的主要功能示例
概念澄清	深入理解复杂概念、消除模糊认知、建立知识联系	多角度解释术语/理论、提供类比/隐喻、进行跨学科概念转译、可视化概念关系
自我评估	检验学习效果、发现知识盲点、巩固记忆、获取反馈	基于学习材料生成练习题/测验、对答案进行初步评估、提供解题思路提示、模拟讨论与辩论、扮演不同水平的学习伙伴
创意启发	打破思维定势、拓展思路、产生新颖想法、组合现有元素	根据关键词进行头脑风暴、提供不同视角/解决方案、生成多样化的设计草案/故事开头/音乐片段、创造隐喻/类比、辅助进行概念组合与创新
目标规划	将复杂目标分解、制订行动计划、管理时间与资源、预估风险与对策	辅助将宏大任务分解为具体步骤、建议任务优先级与时间表、识别所需资源或前置知识、构建学习/研究/项目计划草案、对不同规划方案进行利弊分析

11.3 策略实践之内容梳理：AI辅助信息概括与结构化

在信息爆炸的时代，快速、准确地从大量文本中把握核心内容、梳理逻辑脉络、构建知识框架，是一项至关重要的学习与研究能力。AI大模型具有强大的文本理解和生成能力，可以成为辅助内容梳理的得力助手。

1.AI在内容梳理中的主要作用

（1）生成摘要：能够针对较长的文章、报告或文献，快速生成核心内容的摘要，帮助用户迅速了解文本大意。

（2）提取关键词/主题：自动识别并提取文本中的核心关键词和反复出现的主题，有助于用户快速定位文本焦点。

（3）创建大纲/思维导图：根据文本内容，辅助用户生成层级清晰的大纲结构或思维导图的关键节点，帮助理解文本的组织方式和论证逻辑。

（4）识别论点与论据：（在更高级应用中）尝试识别文本中的主要论点以及支撑这些论点的论据和证据链。

实践案例：AI辅助梳理“社会分层”文献综述

任务场景：一位社会学专业的本科生小李，需要为“社会分层”这门课程撰写一篇文献综述。他收集了大量相关的学术论文和著作，但面对纷繁复杂的理论流派，感到难以快速把握核心脉络并构建清晰的综述框架。

人机协同策略：

步骤一 初步筛选与重点阅读（人）。

小李首先根据文献的标题、摘要、关键词以及被引频次等，初步筛选出十几篇核心的、具有代表性的文献进行相对仔细的阅读，形成对该领域的基本认知。

步骤二　利用AI生成单篇文献摘要与关键词（AI辅助）。

提示词示例（针对单篇文献）："请为以下这篇关于'社会分层理论'的学术论文[此处可粘贴论文摘要或部分核心段落，或在AI具备文档阅读能力时直接上传文档]生成一份不超过300字的核心内容摘要，并提取5～8个最能反映其主旨的关键词。"

AI输出：AI针对每篇核心文献生成摘要和关键词列表。

人工核查与优化（人）：小李仔细阅读AI生成的摘要和关键词，对照原文进行核查，修正不准确或遗漏之处，确保对每篇文献的核心观点有准确把握。

步骤三　利用AI进行主题聚类与框架建议（AI辅助）。

提示词示例（整合多篇文献信息）："我现在有以下几篇关于社会分层研究的核心文献的摘要和关键词[此处可粘贴多篇文献的摘要和关键词，或描述其核心主题]。请基于这些信息，帮我分析它们主要探讨了哪些共同的主题或理论流派。并尝试为一篇关于'社会分层理论发展与主要视角'的文献综述，构建一个初步的章节大纲或主要议题框架。"

AI输出：AI可能会识别出如"马克思主义阶级理论""韦伯的多元分层理论""功能主义分层观""冲突理论视角""社会流动性研究""全球化与不平等"等主要议题，并给出初步的大纲建议［例如：1.引言；2.经典分层理论回顾（马克思、韦伯）；3.当代主要理论流派（功能论、冲突论）；4.社会分层的主要维度（财富、权力、声望）；5.社会流动性与阶层固化；6.全球化背景下的新挑战；7.结论与展望］。

步骤四　人机协作构建最终综述框架并撰写（人主导，AI辅助润色）。

小李结合AI提供的大纲建议和自己对文献的理解，进行批判性取舍和优化，构建出最终的文献综述框架。在撰写过程中，可以针对特定段落或论点，再次利用AI进行思路启发、文献线索查找或语言润色。

2.注意事项与人的角色

（1）AI不是替代品：AI生成的内容梳理结果（摘要、大纲等）是重要的参考和起点，但绝不能替代学习者本人对原文的深入阅读、独立思考和批判性理解。

（2）人工核查与判断至关重要：AI的概括可能存在偏差、遗漏关键细节或误解复杂论证的问题。学习者必须对AI的输出进行严格的核查和修正，确保其准确性和深度。

（3）明确AI的辅助定位：在这个过程中，AI扮演的是“信息处理助手”和“初步框架建议者”的角色，而最终的知识内化、框架构建和学术判断，仍然由学习者主导完成。

（4）关注“过程”而非仅“结果”：利用AI进行内容梳理，不仅是为了得到一个摘要或大纲，更重要的是通过与AI的互动（例如，思考如何向AI提问才能获得更准确的梳理、如何评价AI的梳理结果、如何将AI的初步成果与自己的理解相结合），来提升自身的信息加工、结构化思维和批判性评估能力。

通过有意识地将AI融入内容梳理的过程，可以更高效地应对信息过载，更快地把握知识脉络，从而将更多精力投入更深层次的思考和创新中。

11.4 策略实践之概念澄清：AI辅助深度理解与多维表征

在学习和研究过程中，经常会遇到一些抽象、复杂或多义的概念。能否准确、深入地理解这些核心概念，直接关系到学习者对整个知识体系的掌握程度。AI大模型具有海量的知识储备和强大的语言解释能力，可以成为学习者进行概念澄清、消除认知模糊、构建多维度理解的有力辅助。

1.AI在概念澄清中的主要作用

（1）多角度解释：针对同一个概念，AI可以从不同的理论视角、应用场景或学科背景出发，提供多样化的解释，帮助用户理解其丰富的内涵和外延。

（2）通俗化与类比：能够将复杂、专业的术语或理论，用更通俗易懂的语言进行转述，或者通过生动、贴切的类比和隐喻，将其与已有的知识经验联系起来，降低理解门槛。

（3）提供正反示例：通过提供符合概念定义的典型示例（正例）和不符合概念定义但易混淆的示例（反例），帮助用户更精确地把握概念的边界。

（4）概念关系可视化（辅助思路）：虽然当前多数LLM不直接生成复杂图形，但它可以提供构建概念图、语义网络或知识图谱的思路和关键节点，帮助用户将孤立的概念联系起来，形成结构化的知识网络。

（5）跨学科概念转译：对于一些在不同学科中都可能出现但含义或侧重点有所不同的概念，AI可以辅助用户理解其在特定学科语境下的精确含义和应用方式。

实践案例：AI辅助澄清“数字鸿沟”概念

任务场景：一位新闻传播专业的学生小张，在学习“数字鸿沟（digital divide）”这一概念时，感觉理解不够深入，希望借助AI获得更全面的认识。

人机协同策略：

步骤一　初步定义与核心要素（AI辅助）。

提示词示例："请用简明扼要的语言解释什么是'数字鸿沟'。它主要包含哪些核心维度或表现形式？"

AI输出可能包含： 定义（不同社会群体在信息技术接入、使用和影响方面存在的差距）；核心维度（接入沟——物理设施、使用沟——技能素养、知识沟/效益沟——信息利用能力和带来的实际效益差异）。

步骤二　追问不同视角的解读（AI辅助，人引导）。

提示词示例："除了技术接入层面，从社会经济发展、教育公平和文化参与的角度，'数字鸿沟'分别可能带来哪些更深远的影响？请分别阐述。"

AI输出可能包含： 经济上（加剧贫富差距、影响就业机会）、教育上（优质教育资源分配不均、影响终身学习能力）、文化上（信息获取与表达权的不平等、数字文化参与的隔阂）。

步骤三　请求具体案例或类比（AI辅助，人引导）。

提示词示例："你能否提供一些国内外（特别是中国）关于'数字鸿沟'的具体案例，用以说明其在不同群体（例如，城乡之间、代际之间、不同受教育程度人群之间）的表现？或者用一个生动的类比来帮助我理解'数字鸿沟'的本质。"

AI输出可能包含： 中国西部农村地区互联网普及率与东部城市的对比案例；老年人群体在智能手机应用操作上的困难案例；或者将"数字鸿沟"比作"信息高速公路上的不同车道和不同车辆"。

步骤四　探讨概念的演变与前沿（AI辅助，人引导）。

提示词示例："随着人工智能技术（如AI大模型）的普及，'数字鸿沟'的内涵和表现形式是否正在发生新的变化？例如，是否出现了所谓的'智能鸿沟'或'AI鸿沟'？请谈谈你的理解。"

AI输出可能包含： 讨论从最初的"接入鸿沟"到"使用鸿沟""能力鸿沟"，再到当前可能出现的对AI工具的掌握和应用能力差异所形成的新的"智能鸿沟"，以及这种新鸿沟对未来社会公平的潜在影响。

步骤五　构建个人理解与知识关联（人主导，AI辅助整理）。

小张结合AI提供的多方面信息，以及自己查阅的其他资料，进行批判性思考和整合，构建自己对"数字鸿沟"概念的深度理解，并可以尝试用AI辅助将其整理成结构化的笔记或概念图初稿。

2.注意事项与人的角色

（1）AI解释的局限性：AI对概念的解释基于其训练数据中的模式，可能存在片面性、过时性或对细微差别把握不足。其提供的类比也可能不完全恰当。

（2）批判性辨析与多方求证：对于AI提供的解释和案例，学习者不能全盘接受，必须结合教材、专业文献以及教师的指导进行批判性辨析和多方求证。

（3）主动追问与深度互动：概念澄清往往不是一次性的提问就能完成的，而需要通过多轮的、有针对性的追问（例如，“你刚才提到的××方面，能再详细解释一下吗?”“这个观点和××理论有什么联系和区别?”）来逐步完成。

（4）最终的理解内化于“人”：AI是辅助理解的工具，真正的概念掌握和知识内化，最终依赖于学习者自身的积极思考、主动建构和批判性吸收。

通过将AI作为概念澄清的“智能伙伴”，可以更有效地克服理解障碍，构建对核心概念更全面、更深入、更多维的认识，从而为后续的学习和研究打下坚实的基础。

11.5 策略实践之自我评估：AI辅助学习检测与反馈获取

学习不仅仅是知识的输入，更关键的环节在于检验理解程度、发现知识盲点、巩固记忆并获得及时的反馈。传统的自我评估方式（如做习题、复习笔记）有时效率不高或缺乏即时反馈。AI大模型，特别是那些具备一定教学辅助能力的模型，可以成为学习者进行高效、个性化自我评估的有力工具。

1.AI在自我评估中的主要作用

（1）生成练习题/测验：基于用户提供的学习材料（如课本章节、讲义、笔记），AI可以自动生成相关的练习题，包括选择题、填空题、简答题，甚至案例分析题等多种形式，帮助用户检验对知识点的掌握程度。

（2）答案初步评估与反馈：对于用户给出的答案（特别是简答题或论述题），AI可以提供初步的评估，指出其中的亮点、不足或可能的错误，并给出改进建议或相关的知识点提示（注意：AI的评估能力有限，不能替代教师的专业评判）。

（3）模拟讨论与辩论：AI可以扮演提问者、质疑者或不同观点的持有者，与用户就某一主题进行模拟讨论或辩论，帮助用户在互动中深化理解、发现思维漏洞、锻炼表达能力。

（4）扮演不同水平的学习伙伴：AI可以模拟不同知识水平的学习伙伴，用户可以通过向其解释概念（费曼学习法）来检验自己的理解深度，或者从其提问中获得启发。

实践案例：AI辅助进行计量经济学自我评估

任务场景：一位经济学专业的学生小张，在学习“内生性”这一概念时，感觉理解不够深入，希望借助AI获得更全面的认识。

人机协同策略：

步骤一　要求AI生成概念检验题（AI辅助）。

提示词示例："我正在学习计量经济学中的'内生性问题'。请基于这个概念，为我生成5道不同类型的练习题，用于检验我对该概念的理解。题型可以包括选择题、判断题和简答题。请确保题目能覆盖内生性的主要来源（如遗漏变量、测量误差、双向因果）及其后果。"

AI输出可能包含：相关的选择题（例如，判断哪种情况会导致内生性）、判断题（例如，关于工具变量法是否能解决所有内生性问题）、简答题（例如，解释遗漏变量偏差是如何产生的）。

步骤二　独立作答并请求AI初步评估（人主导，AI辅助）。

小王首先独立完成AI生成的练习题。

提示词示例（针对简答题）："对于上一轮你出的关于'解释遗漏变量偏差如何产生'的简答题，我的回答是：[此处粘贴小王的回答]。请评估我的回答是否准确、全面？有哪些可以改进的地方？是否遗漏了关键点？"

AI输出可能包含：对小王的回答的优点（如核心概念把握准确）和缺点（如对数学推导过程解释不清、未提及对系数估计的影响方向等）作初步评价，并可能给出改进建议或补充知识点。

步骤三　模拟讨论深化理解（AI辅助，人引导）。

提示词示例："让我们深入讨论一下。假设在一个研究工资决定因素的模型中，遗漏了'个人能力'这个变量，为什么这会导致对'教育回报率'（教育对工资的影响）的估计产生偏误？请扮演一位严格的计量经济学老师，引导我一步步分析这个过程。"

AI输出可能扮演角色进行引导："好，小王同学。首先，你认为'个人能力'和我们模型中的解释变量'教育水平'之间可能存在什么关系？它们是正相关、负相关还是无关？"→小王回答→AI继续追问："那么，'个人能力'和我们的被解释变量'工资'之间又可能是什么关系？"→小王回答→AI引导："很好。现在，结合计量经济学中遗漏变量偏差的公式（或者其直观含义），当遗漏的变量（能力）同时与解释变量（教育）和被解释变量（工资）都正相关时，我们对教育回报率的估计会产生向上偏误还是向下偏误？为什么？"→……（通过多轮问答帮助小王理清逻辑链条）

步骤四　反思与总结（人）。

小王结合AI的反馈和模拟讨论，反思自己在理解上的不足，查阅教材或请教老师，最终形成对"内生性问题"更深刻、更扎实的理解。

2.注意事项与人的角色

（1）AI评估的局限性：AI对答案的评估能力（尤其是开放性问题）是有限的，它主要基于模式匹配和文本相似度，可能无法完全理解答案的深层逻辑或创新性。其反馈应作为参考，不能替代教师或助教的专业评判。

（2）题库质量依赖输入：AI生成练习题的质量高度依赖于用户提供的学习材料或对概念的描述。如果输入信息不准确或不全面，生成的题目也可能质量不高。

（3）避免“应试”陷阱：使用AI进行自我评估的目的是真正检验和深化理解，而不仅仅是“刷题”或获得看似正确的分数。关键在于利用反馈进行反思和改进。

（4）主动性与深度：学习者只有主动设计评估任务、独立完成作答、批判性地分析AI反馈，并结合其他学习资源进行深度学习，才能最大化AI辅助自我评估的效果。

通过将AI作为个性化的“出题者”“反馈者”“陪练伙伴”，可以更灵活、更高效地进行自我评估，及时发现和弥补知识漏洞，从而提升学习的主动性和有效性。

11.6 策略实践之创意启发：AI辅助拓展思路与创新构思

创新思维和产生新颖想法是学习与研究中的核心能力。然而，学习者有时会陷入思维定势，难以跳出固有框架。AI大模型以其广博的知识储备、强大的联想能力和快速生成多样化内容的能力，可以成为激发创意、拓展思路、进行创新构思的有效“催化剂”。

1.AI在创意启发中的主要作用

（1）头脑风暴伙伴：根据用户输入的关键词、主题或初步想法，快速生成大量的相关概念、不同角度的观点、可能的解决方案或创意方向。

（2）提供新奇视角：通过结合看似不相关的领域的知识或采用非常规的类比，为思考问题提供全新的视角。

（3）生成多样化示例：针对一个设计理念、故事主题或研究假设，生成多种不同的具体表现形式或实现方案，供用户参考和启发。

（4）概念组合与重构：辅助用户将已有的概念、元素或想法进行新颖的组合或重构，探索创新的可能性。

（5）克服“空白页恐惧”：对于需要从零开始的创作任务（如写文章、做设计），AI可以快速生成一些初步的草稿或想法片段，帮助用户打破僵局，启动创作过程。

实践案例：AI辅助进行可持续校园设计创意构思

任务场景： 环境设计专业的学生小林，需要为一个关于“可持续校园设计”的课程项目构思创新性的方案。她有一些初步的想法，但感觉不够新颖和系统。

人机协同策略：

步骤一 明确主题与初步想法（人）。

小林确定项目核心是“可持续校园”，初步想法集中在节能建筑和垃圾分类回收。

步骤二 利用AI进行发散性头脑风暴（AI辅助）。

提示词示例：“我正在构思一个‘可持续校园设计’方案。请围绕这个主题，帮我进行头脑风暴，尽可能多地列出与校园可持续性相关的不同方面或创新点子。可以从能源、水资源、废弃物、交通、建筑、绿化、生物多样性、教育宣传、社区参与等多个角度思考。”

AI输出可能包含： 除了小林想到的节能建筑和垃圾分类，还可能提出如雨水收集与中水回用系统、可再生能源（太阳能屋顶、地源热泵）、校园共享单车/电动车系统、绿色屋顶与垂直绿化、提高本地生物多样性的景观设计、设立可持续生活体验中心、举办环保主题竞赛与活动、建立校园能源消耗实时监测与反馈系统、引入循环经济理念的物品交换平台等大量想法。

步骤三 针对特定方向进行深入挖掘（AI辅助，人引导）。

小林对AI生成的“促进本地生物多样性的景观设计”这个点子很感兴趣。

提示词示例：“你刚才提到的‘促进本地生物多样性的景观设计’启发了我。请就这一点再详细阐述一下，在大学校园环境中，具体可以通过哪些景观设计策略来实现这个目标？例如，在植物选择、水体设计、栖息地营造等方面有哪些做法？”

AI输出可能包含： 种植本地乡土植物、减少大面积单一草坪、构建多层次植被结构、设计小型湿地或生态水景、设置昆虫旅馆或鸟类喂食点、减少夜间光污染、开展生态科普教育标识等具体建议。

步骤四 整合筛选与方案细化（人主导，AI辅助检查）。

小林结合AI提供的众多想法和深入阐述，根据项目的具体要求、可行性、创新性等标准，进行筛选、组合和优化，最终形成自己独特的设计方案。在方案撰写过程中，还可以让AI辅助检查方案的逻辑性、完整性或提供一些细节补充建议。

2.注意事项与人的角色

（1）AI提供的是“原材料”而非“成品”：AI生成的创意点子是丰富的“原材料”，需要人类进行筛选、评估、提炼和深度加工，才能转化为真正有价值、可行的创新方案。

（2）人类的判断力与领域知识是关键：评估AI生成创意的可行性、新颖性、伦理影响以及与实际需求的契合度，最终依赖于人类的专业知识、经验判断和价值观。

（3）警惕“看似新颖”的陷阱：AI有时会组合出一些表面新奇但实际不可行或缺乏深度的想法。用户需要具备辨别能力。

（4）迭代与追问激发深度：与AI进行创意协作通常需要多轮迭代和有针对性的追问，这样才能从宽泛的想法深入到具体的、有价值的创新点。

通过将AI作为永不疲倦、知识广博的“创意副驾”，可以有效地拓展思维边界，克服认知惰性，为解决问题和推动创新注入新的活力。

11.7 策略实践之目标规划：AI辅助任务分解与学习计划

无论是面对一个学期的学习任务、一项复杂的研究课题，还是一个需要多步骤完成的项目，有效的目标规划都是成功的关键。这通常涉及将宏大的目标分解为更小、更易于管理的子任务，明确每个任务的优先级和依赖关系，预估所需时间和资源，并制订一个可行的行动计划。AI大模型，特别是其在理解指令、组织信息和生成结构化内容方面的能力，可以为目标规划提供有力的辅助。

1.AI在目标规划中的主要作用

（1）任务分解：帮助用户将一个复杂、模糊的长期目标（如“完成毕业论文”“掌握一门新技能”）分解为一系列更具体、更可操作的阶段性目标和子任务。

（2）步骤建议与排序：基于任务的性质和逻辑关系，建议完成任务可能需要经历的主要步骤，并对其进行合理的排序。

（3）时间预估与里程碑设定：（需要用户提供更多信息或AI基于常识判断）辅助用户预估每个子任务大致所需的时间，并设定关键的检查点或里程碑。

（4）资源识别：提示用户完成任务可能需要哪些前置知识、技能、工具或外部资源（如特定的图书、软件、数据集、专家咨询等）。

（5）计划生成与调整：辅助用户生成初步的学习计划、研究计划或项目计划草案（如甘特图的关键节点、周/月计划表），并能根据用户的反馈或新的信息进行调整。

（6）风险识别与预案建议：（在更高级应用中）提示用户在执行计划过程中可能会遇到的常见困难或风险，并提供一些应对策略。

实践案例：AI辅助规划毕业论文写作进程

任务场景： 计算机专业的本科生小华，即将开始撰写毕业论文，题目方向已初步确定为“基于深度学习的图像识别技术在智能安防中的应用研究”。面对这项周期长、任务重的挑战，他希望借助AI来规划整个写作过程。

人机协同策略：

步骤一　明确总体目标与时间框架（人）。

小华确定最终目标是按时高质量完成毕业论文，可用总时长约为4个月。

步骤二　请求AI进行任务分解与阶段划分（AI辅助）。

提示词示例：“我需要完成一篇关于‘基于深度学习的图像识别技术在智能安防中的应用研究’的计算机专业本科毕业论文，总时长大约4个月。请帮我将整个论文写作过程分解为几个主要的关键阶段，并为每个阶段设定大致的目标和主要任务。”

AI输出可能包含：

阶段一，文献回顾与选题细化（目标：明确具体研究问题和方法；任务：大量阅读相关论文、确定技术路线、撰写开题报告）。

阶段二，模型设计与实验（目标：实现核心算法并完成实验验证；任务：数据准备、模型搭建与训练、参数调优、实验结果分析）。

阶段三，论文撰写（目标：完成初稿；任务：撰写各章节、整理图表、规范格式）。

阶段四，修改与定稿（目标：根据导师和评审意见修改完善；任务：反复修改、查重、提交终稿）。

步骤三　针对某一阶段进行详细步骤建议（AI辅助，人引导）。

小华想先聚焦第一阶段“文献回顾与选题细化”。

提示词示例：“针对第一阶段‘文献回顾与选题细化’，请提供一个更详细的任务步骤清单，并提供一个大致的时间安排（假设总时长为4周）。”

AI输出可能包含：

第1周，利用关键词（如“深度学习、图像识别、安防”“目标检测、监控”）在学术数据库（如知网、IEEE Xplore）广泛检索文献，快速阅读摘要筛选核心论文。

第2周，精读10～15篇核心论文，重点理解其方法、创新点与局限性，开始撰写文献综述初稿。

第3周，基于文献综述，识别现有研究的不足或可改进之处，初步构思自己的研究切入点和技术方案，与导师讨论确认。

第4周，完成开题报告的撰写，包括研究背景、意义、内容、方法、预期成果和时间计划。

步骤四 生成初步计划表并持续调整（AI辅助，人主导）。

提示词示例：“请根据刚才的详细步骤，帮我生成一个为期4周的甘特图关键节点列表或周计划表。”

AI输出可能是一个表格或列表形式的初步计划。

人工调整与执行（人）：小华根据自己的实际情况（如其他课程安排、可用资源）、导师的具体要求以及执行过程中的进展，对AI生成的计划进行调整细化，并将其作为自己执行的参考。在后续阶段遇到困难或需要调整计划时，可以再次与AI交互以寻求建议。

2.注意事项与人的角色

（1）计划的个性化与可行性：AI生成的计划是基于通用模式和用户提供的信息，可能无法完全契合个人的学习习惯、知识背景和外部环境。用户必须对其进行个性化的调整，确保计划的可行性。

（2）时间预估的准确性：AI对任务所需时间的预估通常比较粗略，实际执行中需要根据进展进行动态调整。

（3）计划的执行力是关键：AI可以辅助制订计划，但最终的执行和自我管理仍然依赖于学习者本人的自律和行动力。

（4）灵活性与应变：计划并非一成不变。在执行过程中遇到预期外的困难或机遇时，需要灵活调整计划，这时也可以再次利用AI辅助进行重新规划或寻找解决方案。

（5）将AI规划作为起点而非终点：AI辅助规划的价值在于提供一个结构化的起点和思路，帮助用户克服“无从下手”的困难。用户应在此基础上进行深入思考和自主决策，形成真正属于自己的、切实可行的行动方案。

通过运用AI进行目标规划，可以更清晰地认识到复杂任务的构成，更系统地安排时间和资源，从而提高达成目标的可能性和效率。

11.8 认知策略的综合运用

前面几节分别介绍了AI如何在内容梳理、概念澄清、自我评估、创意启发和目标规划这五个关键的认知策略层面提供辅助。然而，在现实的学习与研究中，这些策略往往不是孤立使用的，而是需要根据任务的复杂性和进展阶段，将它们综合、灵活地运用起来，形成一个动态的人机协同流程。

想象一下，当你需要完成一项较为复杂的学期项目报告时，可能需要运用到多种认知策略。

1）启动阶段——目标规划与内容梳理

首先，你可能需要借助AI（目标规划）将笼统的项目要求分解为具体的阶段和任务，并制订一个初步的时间计划。

其次，为了理解项目背景和相关知识，你可能会让AI辅助（内容梳理）查找并总结相关的文献、报告或资料，快速把握核心信息和现有研究脉络。

2）探索阶段——概念澄清与创意启发

在阅读文献或思考方案时，遇到难以理解的核心概念或术语，你可以随时向AI提问（概念澄清），寻求多角度的解释或类比。

当需要提出创新的研究方法、设计思路或解决方案时，可以利用AI进行头脑风暴（创意启发），拓展思路，获取不同视角的建议。

3）执行与反思阶段——自我评估与迭代优化

在完成项目报告的初稿后，你可以让AI辅助（自我评估）检查其中的逻辑漏洞、语言表达或提供初步的反馈意见。

基于AI的反馈和自己的判断，你可能需要回到之前的步骤，例如，重新梳理某部分内容的逻辑（内容梳理），或者针对某个薄弱环节寻求新的解决方案（创意启发），并调整后续的计划（目标规划）。

在这个过程中，人始终是主导者，负责设定最终目标、提出关键问题、批判性地评估AI的输出、整合不同来源的信息、做出最终决策，并将AI的辅助融入自己独特的思考和创造流程中。AI则扮演着多功能的“认知外挂”角色，根据人的指令在不同环节提供策略性的支持。

学会根据任务需求，动态组合运用这些AI辅助的认知策略，将是未来学习者和研究者提升认知效率和创新能力的关键。这需要学习者不仅掌握单一策略的应用方法，更要理解它们之间的联系，并能够在实践中灵活切换和整合。

11.9　本章小结

1.核心回顾

（1）认知协同框架与策略层：介绍了“人机增强型认知协同框架”，并重点阐述了其顶层——认知策略层的核心理念，即运用AI辅助优化个体的元认知能力（学会学习与思考）。

（2）五大核心认知策略与AI应用：详细探讨了AI在五个关键认知策略层面的具体应用，并结合案例进行了说明。

①内容梳理：AI辅助生成摘要、提取关键词、创建大纲等，以使用户快速把握信息核心与结构。

②概念澄清：AI辅助提供多角度解释、类比、示例，以深化用户对复杂概念

的理解。

③自我评估：AI辅助生成练习题、提供初步反馈、模拟讨论，以检验学习效果、发现盲点。

④创意启发：AI辅助进行头脑风暴、提供新视角、生成多样化想法，以激发用户创新思维。

⑤目标规划：AI辅助分解复杂任务、建议步骤与时间、构建计划草案，以提高用户执行力。

（3）人机协同的本质与人的主导性：强调了在认知策略层面，AI是辅助增强人类认知能力的工具和伙伴，而非替代者。人的主导性、批判性思维、最终判断与决策始终是核心。

（4）策略的综合运用：在实际应用中，通常需要根据任务需求，灵活、综合地运用多种认知策略，形成动态的人机协同流程。

2.关键洞察

（1）AI赋能元认知是学习力跃迁的关键：将AI应用于优化个体的学习策略和思考方法（元认知），比仅仅将其用作信息查找或文本生成的工具，更具有深远、根本的价值，是实现个人认知能力跃迁的关键途径。

（2）从“使用工具”到“设计流程”：有效的认知策略协同，要求使用者不仅会操作AI工具，更要学会设计融合了AI辅助功能、针对特定认知目标的工作流程或学习流程。

（3）批判性互动是核心：与AI在认知策略层面进行协同，本质上是一场需要高度批判性参与的互动过程。如何提出好问题、如何评估AI的建议、如何将AI的输出与自身思考结合，决定了协同的最终效果。

（4）关注过程价值：利用AI辅助认知策略的价值不仅在于最终获得的结果（如一份摘要、一个计划），更在于通过这个互动过程，锻炼和提升了学习者自身的信息处理、结构化思维、批判性评估和创新能力。

（5）个性化与适应性：AI辅助认知策略的应用应是高度个性化的。学习者需要根据自身的学习风格、知识背景和具体任务情境，选择合适的策略和工具，并对AI的建议进行调整和适配。

11.10 课后练习

（1）框架理解：请简述“人机增强型认知协同框架”的核心思想，并说明认知策略层在该框架中的定位和主要关注点。

（2）内容梳理实践：选择一篇你近期阅读过的、篇幅较长（例如超过3000字）的学术文章或深度报道。尝试使用AI助手完成以下任务：①生成一段不超过200字的核心内容摘要；②提取5～10个关键主题词；③生成一个层级清晰的文章结构大纲。请记录你的提示词和AI的输出，并对照原文，简要评价AI在内容梳理方面的准确性和有效性。

（3）概念澄清实践（AI互动）：选择一个你所在专业领域中比较抽象或难以理解的核心概念。尝试通过与AI进行多轮对话来澄清这个概念。你可以依次尝试要求AI：①用通俗的语言解释它；②提供一个生动的类比；③给出1～2个典型的应用实例；④对比它与另一个易混淆概念，指出两者的区别。记录下你认为最有帮助的AI回答，并反思这个过程对你理解该概念有何帮助。

（4）自我评估实践（AI互动）：选择你正在学习的某一门课程的某个章节。尝试让AI基于该章节内容为你生成一套包含3～5道题（至少包含一道简答题或论述题）的自测题。独立完成这些题目后，将你的答案（特别是简答题答案）提供给AI，并要求它进行初步评估和反馈。你认为AI生成的题目质量如何？它对你答案的评估和反馈是否有参考价值？

（5）创意启发实践（AI互动）：设定一个需要创意思考的主题（例如，“如何利用AI技术改进大学图书馆的服务体验？”或者“设计一个有趣的、鼓励大学生参与体育锻炼的校园活动方案”）。首先，自己进行5分钟的头脑风暴，记录下你的想法。其次，使用AI助手，围绕同一主题进行头脑风暴（可以要求它从不同角度思考，或者提供尽可能多的点子）。最后，比较AI生成的想法和你自己的想法，AI是否提供了你没想到的新颖视角或具体思路？这个过程对你的创意构思有何启发？

（6）目标规划实践（AI互动）：选择一个你未来一个月内需要完成的学习或工作任务（例如，准备一次重要的课程报告、学习一项新软件的基本操作、完成一个小型项目等）。尝试让AI辅助你将这个任务分解为更小的步骤，并提供一个大致的时间安排或关键里程碑。记录AI生成的初步计划，并思考你会如何根据自己的实际情况对其进行调整和细化。

（7）综合策略应用思考：假设你需要为一门课程撰写一篇学期论文。请设想在从选题、文献回顾、研究设计、数据分析（如果需要）、论文撰写到最终修改的整个过程中，你可以如何在认知策略层面（内容梳理、概念澄清、自我评估、创意启发、目标规划）综合运用AI辅助来提升效率和质量？请简要描述一个可能的人机协同流程。

（8）（反思题）人的角色与价值：在认知策略层面与AI进行协同的过程中，你认为人类学习者最重要的角色和不可替代的价值体现在哪些方面？为什么说“人的主导性、批判性思维和最终的判断与决策始终是核心”？

第12章 人机协同（二）：方法实践层——优化研究与工作流程

12.1 导学

上一章探讨了如何在认知策略层面运用AI提升学习与思考的宏观方法论。本章将承接“人机增强型认知协同框架”，深入到更为具体的方法实践层。这一层面关注的是在学习与研究的各个标准化流程或关键环节中，如何系统性地引入AI辅助，以优化过程、提升效率并促进更高质量的成果产出。

本章将通过一系列实践案例，具体展示AI如何在研究选题、文献管理、研究方案设计、结构化笔记、初步的数据分析与解释，以及学术与专业写作等关键方法实践环节提供有力的支持。本章旨在帮助读者掌握将AI能力融入日常学习与研究工作流的具体方法，从而更有效地管理和推进各项学术任务。本章的预期学习目标如表12.1所示。

表12.1　第12章预期学习目标

编号	学习目标	能力层级	可考核表现
LO12.1	理解人机增强型认知协同框架中方法实践层的定位及其对结构化执行学习与研究任务的作用	理解	能说明方法实践层在提供结构化方案、引导具体步骤方面的重要性
LO12.2	应用AI辅助进行研究选题，包括基于文献综述识别研究空白、根据兴趣或关键词推荐潜在议题、初步分析选题的新颖性与可行性	应用	能利用AI探索不同研究角度，并能批判性审视AI建议，结合导师意见和个人兴趣进行选题
LO12.3	应用AI辅助进行文献管理，包括辅助检索相关文献、总结摘要或全文、对文献进行分类打标签、提取关键发现与方法论	应用	能结合专业文献管理软件使用AI辅助处理文献，并能验证AI总结和分类的准确性，批判性评估文献质量

续表

编号	学习目标	能力层级	可考核表现
LO12.4	应用AI辅助进行研究方案设计，包括根据研究问题提供研究方法、勾勒实验步骤或流程、识别潜在变量与控制条件、起草调查问卷或访谈提纲初稿	应用	能运用AI辅助构建研究方案框架，并能在AI建议基础上，结合专业知识和伦理规范进行深化设计，同时主动寻求领域专家指导
LO12.5	应用AI辅助进行结构化笔记，包括辅助整理笔记（如自动标签、链接）、从原始笔记生成摘要、转换笔记格式、基于概念关联笔记	应用	能结合个人知识管理系统，利用AI辅助功能进行笔记的结构化组织与关联，并能主动消化和关联信息
LO12.6	应用AI辅助进行初步的数据分析与解释，包括辅助生成数据分析代码、执行简单统计检验（概念性）、制作数据可视化图表建议、识别数据模式或趋势、对结果提供初步解释	应用	能在理解分析方法和代码逻辑的前提下，利用AI辅助进行数据处理和可视化，并能结合研究背景批判性解读AI提供的初步解释
LO12.7	应用AI辅助优化写作流程，包括基于笔记或大纲生成初稿、根据要求扩展段落、改写句子或段落、检查全文逻辑一致性、提供过渡句建议	应用	能将AI草稿作为写作起点，运用AI辅助工具优化文章结构和语言表达，同时保持作者的独特声音和控制力，确保学术诚信
LO12.8	结合具体案例，综合运用多种方法实践层面的AI辅助方法，完成一个包含多个环节的学习或研究任务，并对协同效率与效果进行评估	综合/评价	能针对一个研究或项目任务，设计并实施一个包含多种AI辅助方法实践的流程，并能分析AI在各环节的贡献、局限以及整个流程的优化空间

12.2 方法实践层：AI赋能结构化流程执行

人机增强型认知协同框架的方法实践层，聚焦于将AI能力嵌入学习和研究过程中那些具有相对标准化流程或关键实践环节的任务中。与认知策略层侧重于优化“如何思考”不同，方法实践层更关注于优化“如何具体地做”，尤其是在处理结构化信息、执行规范性流程以及完成复杂任务的特定阶段。

在这一层面，AI不再仅仅是提供零散的辅助或建议，而是能够更深入地融入工作流程，成为执行特定方法论步骤的助手。例如，在进行文献综述时，不仅能辅助理解单篇文献（认知策略层），更能辅助整个文献检索、筛选、管理和初步整合的流程（方法实践层）。在进行研究设计时，不仅能启发思路（认知策略层），更能辅助提出具体的研究问题、假设和操作化方案（方法实践层）。

AI在方法实践层的主要价值体现在以下四方面。

（1）流程引导与结构化支持：对于一些有既定范式或步骤的任务（如文献综

述、研究设计、数据分析流程），AI可以提供结构化的引导和建议，帮助用户遵循规范、避免遗漏关键环节。

（2）信息处理效率提升：在需要处理大量信息（如文献管理、笔记整理、数据预处理）的环节，AI可以显著提升处理速度和效率。

（3）标准化与规范性增强：AI可以辅助用户遵循特定的格式要求（如参考文献格式、报告结构、专业术语规范或方法论标准）。

（4）认知负荷减轻：通过承担部分流程性或重复性的工作，AI可以减轻用户的认知负荷，使其能够更专注于核心的分析、判断和创新工作。

接下来的小节将通过一系列具体的实践案例，展示AI如何在研究选题、文献管理、研究方案设计、结构化笔记、数据分析与解释以及写作流程优化等关键方法实践环节提供支持。与认知策略层一样，人的主导地位、批判性思维和专业判断在方法实践层的人机协同中同样至关重要。AI是流程优化的赋能者，而非决策的替代者。

12.3 实践探索之研究选题：AI辅助发现研究方向与评估可行性

研究选题是学术探索的起点，也是决定研究价值和可行性的关键一步。一个好的研究选题通常需要具备创新性、可行性、理论意义或实践价值。然而，对于初涉研究领域的学生而言，如何从浩瀚的知识领域中找到一个既有意义又适合自己能力和资源的研究切入点，往往是一个充满挑战的过程。AI大模型具有广博的知识覆盖和信息整合能力，可以成为辅助进行研究选题、拓展思路、评估可行性的有效工具。

视频12.1：AI工具支持的学术研究

1.AI在研究选题中的主要作用

（1）识别研究空白与热点：基于对大量文献的“学习”，AI可以辅助研究者分析某一领域当前的研究热点、主要流派、已解决的问题以及尚存的研究空白或争议点，为寻找创新性选题提供线索。

视频12.2：使用AI工具检索文献

（2）根据兴趣或关键词推荐议题：用户可以输入自己感兴趣的领域、关键词或初步想法，让AI推荐相关的、可能值得探索的研究议题或具体的研究问题。

（3）拓展选题思路与视角：AI可以从跨学科的角度、不同的理论视角或应用场景出发，为同一个研究领域提供更多元化的选题可能性。

视频12.3：使用AI工具阅读文献

（4）初步评估选题可行性：（需要用户提供更多背景信息）AI

可以辅助分析一个初步选定的研究问题所需的数据、方法、理论基础等方面的可行性，并提示潜在的难点或挑战。

（5）细化与聚焦研究问题：对于一个较为宽泛的研究方向，AI可以辅助将其细化为更具体、更明确、更具操作性的研究问题或假设。

实践案例：AI辅助社会学专业学生进行研究选题

任务场景： 社会学专业本科生小刘对“社会支持网络对老年人心理健康的影响”这一宏观议题感兴趣，但觉得过于宽泛，难以作为毕业论文的选题，希望借助AI进行细化和聚焦。

人机协同策略：

步骤一 明确兴趣领域与初步问题（人）。

小刘确定大方向为“社会支持网络与老年人心理健康”。

步骤二 利用AI识别子领域与热点（AI辅助）。

提示词示例：“我正在研究‘社会支持网络对老年人心理健康的影响’。请帮我分析一下，在这个大的研究领域中，目前有哪些比较活跃或值得关注的具体研究方向、子议题或理论视角？请至少列出5个。”

AI输出可能包含： 不同类型的社会支持对心理健康的影响机制；城乡老年人社会支持差异；特定老年人群体问题；新型社会支持方式的作用；社会支持与具体心理指标（如孤独感、抑郁）的关系等。

步骤三 聚焦某一子方向并寻求具体研究问题建议（AI辅助，人引导）。

小刘对“新型社会支持方式（如互联网）”这个方向比较感兴趣。

提示词示例：“我对‘互联网使用对老年人社会支持网络和心理健康的影响’这个方向比较感兴趣。请基于这个方向，帮我提出3~5个更具体、更具操作性的研究问题，适合作为本科毕业论文的选题。”

AI输出可能包含：“互联网使用频率/类型如何影响老年人的主观社会支持感知和孤独感水平?”等具体研究问题。

步骤四 评估问题可行性并最终定题（人主导，AI辅助信息查询）。

小刘选择其中一个AI提出的问题进行思考。

提示词示例（辅助评估）：“我想研究‘老年人参与线上社交活动对其心理健康的影响’。请帮我初步分析一下，研究这个问题可能需要哪些类型的数据？获取这些数据可能有哪些途径或困难?”

AI输出可能是： 需要问卷数据，包含线上活动频率/类型、心理健康量表、个人基本信息等。数据获取途径和潜在困难分析。

最终决策（人）： 小刘结合AI的分析、自身能力、可用资源以及与导师的沟通，最终确定研究题目，并进一步完善研究设计。

2.注意事项与人的角色

（1）AI建议的启发性与局限性：AI提供丰富的选题思路，但创新性、深度和可行性需人判断。

（2）研究价值的最终判断：选题的理论或实践意义最终由研究者本人判断。

（3）可行性评估需结合实际：AI分析是初步的，实际研究需细致规划。

（4）导师指导不可或缺：AI辅助不能替代导师的专业指导。

通过将AI作为研究选题阶段的“信息整合器”和“思路拓展器”，可以更有效地发现潜在的研究方向，生成具体的研究问题，并对选题的可行性进行初步评估。

12.4 实践探索之文献管理：AI辅助高效处理与组织学术资源

文献管理是学术研究中一项基础且耗时的工作，它涉及查找、筛选、阅读、理解、组织和引用大量相关的学术文献。传统的文献管理方式往往效率不高，尤其是面对海量文献时。AI大模型以及一些集成了AI功能的专业工具，可以为优化文献管理流程、提升信息处理效率提供强大的支持。

1.AI在文献管理中的主要作用

（1）智能文献检索与推荐：基于自然语言理解用户研究兴趣，提供更精准的文献检索结果，并能根据已读文献或研究主题主动推荐相关的、可能被忽略的高价值文献。

（2）文献摘要与核心观点提取：快速生成单篇或多篇文献的核心内容摘要、研究方法概述、主要发现和结论，帮助研究者快速筛选和把握文献要点。

（3）文献主题聚类与分类：自动识别一批文献的主要研究主题、理论流派或方法论类别，并进行聚类或打标签，方便研究者组织和管理。

（4）文献信息提取与结构化：从文献中自动提取关键信息（如研究对象、样本量、使用的统计方法、关键结果数值等）并整理成结构化表格，便于研究者比较和分析。

（5）辅助生成文献关系网络（思路）：提示构建引文网络、作者合作网络或概念关联网络的思路，帮助研究者理解领域内的知识结构和演化脉络。

参考文献格式生成与检查：根据指定的引文格式自动生成参考文献列表，并辅助检查格式的规范性（但仍需人工核对）。

实践案例：AI辅助管理心理学文献

任务场景：心理学研究生小芳正在为一项关于“正念训练对大学生焦虑

情绪的干预效果”的元分析做准备，需要系统地检索、筛选和管理大量相关实证研究文献。

人机协同策略：

步骤一　关键词策略与初步检索（人+AI辅助）。

人工定义核心概念与关键词（人）。

利用AI扩展关键词（AI辅助）。

提示词示例：“我正在研究‘正念训练对大学生焦虑情绪的干预效果’。请帮我生成一些与这个主题相关的、可以在学术数据库中使用的中英文检索关键词或主题词。”

AI输出可能包含：Mindfulness-based stress reduction （MBSR），Mindfulness-based cognitive therapy （MBCT），Meditation，Intervention，Anxiety，College students等。

进行人工筛选，组合关键词，执行数据库检索（人）。

步骤二　利用AI辅助筛选文献（AI辅助，人决策）。

导出文献题录信息（人）。

使用具备AI功能的文献管理软件或专门工具进行筛选（AI辅助）：例如Zotero、EndNote、Connected Papers、Elicit.org、SciSpace Copilot等。

提示词/操作示例（概念性）：上传题录，设定筛选标准（如研究对象、设计类型），AI辅助初步筛选。

进行人工审核与最终筛选（人）。

步骤三　利用AI辅助阅读与提取信息（AI辅助，人核查）。

对于最终纳入的文献，使用文档问答或摘要工具（如ChatPDF，Humata AI）。

提示词示例（针对单篇文献）：“请阅读这篇关于正念干预大学生焦虑的RCT研究论文。帮我提取以下关键信息并整理成表格：研究设计、样本量、干预方案、焦虑测量工具、主要结果、作者报告的局限性。”

人工核查与整理（人）：对照原文仔细核查AI提取的信息，整理到数据提取表中。

步骤四　文献组织与引用（AI辅助，人管理）。

使用文献管理软件进行分类、打标签、做笔记。

撰写报告时，利用文献管理软件插件插入引文并生成参考文献列表。

2.注意事项与人的角色

（1）AI是助手而非替代：AI是效率工具，不能替代人工进行深度阅读、批判性评估和专业判断。

（2）工具选择与整合：根据需求选择并整合合适的工具链。

（3）输出结果必须核查：AI生成的摘要、提取的信息、参考文献格式都可能存在错误，必须人工核对。

（4）关注数据隐私与版权：使用在线AI工具处理文献时，应注意数据隐私和版权。

（5）培养整合能力：将AI辅助信息与专业知识结合，形成系统性、批判性理解。

通过策略性地将AI融入文献管理的各个环节，研究者可以将更多时间投入文献的深度理解、批判性思考和知识创新。

12.5 实践探索之研究方案设计：AI辅助规划与草拟研究框架

在确定了研究选题和完成初步的文献回顾之后，研究过程的关键下一步是设计一个清晰、严谨、可行的研究方案。研究方案是整个研究工作的“蓝图”，它详细规划了研究的目标、问题、理论基础、研究方法、数据收集与分析策略、预期成果以及时间安排等核心要素。AI大模型可以在研究方案设计的多个环节提供有价值的辅助，帮助研究者（特别是初学者）理清思路、完善设计、预估挑战。

1.AI在研究方案设计中的主要作用

（1）研究问题与假设的精炼：基于初步的研究方向和文献回顾，辅助将宽泛的研究问题进一步聚焦、操作化，并提出可检验的研究假设。

（2）理论框架的构建辅助：提示可能相关的理论视角，或帮助梳理不同理论之间的联系与区别，为构建研究的理论基础提供参考。

（3）研究方法的建议：根据研究问题的性质（例如，是探索性的、描述性的，还是因果推断性的），提出可能适用的研究方法（如问卷调查法、实验法、访谈法、案例研究法、内容分析法等）并指出它们的优缺点。

（4）操作化定义的思考：对于研究中的核心概念，辅助研究者思考如何将其转化为可观察、可测量的具体指标或操作步骤。

（5）样本选择与数据收集策略的建议：针对不同的研究方法，提示在样本选择（如抽样框、样本量、代表性）、数据收集工具（如问卷设计、访谈提纲要点）、数据收集流程等方面需要考虑的因素。

（6）数据分析计划的初步构思：根据研究问题、假设和数据类型，提出可能的数据分析方法（如描述统计、差异检验、相关分析、回归分析等）。

（7）研究伦理考量的提示：提醒研究者在方案设计中需要关注的伦理问题，如知情同意、匿名性与保密性、数据安全、潜在风险与受益等。

（8）研究计划与时间安排的草拟：辅助生成研究方案的章节结构、主要内容提纲以及初步的时间进度安排。

实践案例：AI辅助设计“大学生AI使用焦虑”研究方案

任务场景：教育技术学研究生小李，初步确定其学位论文研究方向为“大学生使用AI（特别是大语言模型）时的焦虑情绪及其影响因素”，希望借助AI辅助设计一个更具体的研究方案。

人机协同策略：

步骤一　关键词策略与初步检索（人+AI辅助）。

小李的初步想法是探索大学生AI使用焦虑的现状和原因。

提示词示例：“我正在研究‘大学生使用AI大模型时的焦虑情绪及其影响因素’。请帮我将这个研究方向进一步细化，提出3个更具体、更具可操作性的核心研究问题（research questions,RQs）。”

AI输出可能包含：

RQ1：当前大学生群体中使用AI大模型时的焦虑情绪（AI使用焦虑）的总体水平和主要表现形式是什么？

RQ2：哪些个体层面因素（如AI素养、先前技术经验、人格特质、学业压力）和环境层面因素（如朋辈影响、课程要求、社会舆论）与大学生的AI使用焦虑显著相关？

RQ3：AI使用焦虑对大学生的学习行为（如AI工具的使用频率与深度）、学习效果和心理健康（如学业倦怠、生活满意度）有何影响？

步骤二　构建理论框架与提出研究假设（AI辅助提供思路，人主导）。

提示词示例：“针对上述研究问题，有哪些经典的心理学或教育技术学理论（例如，技术接受模型TAM、焦虑理论、社会认知理论等）可能为本研究提供理论支撑？请简要说明其与本研究的关联，并尝试基于这些理论，针对RQ2提出几个可检验的研究假设。”

AI输出可能是：列举相关理论，并提出假设如“H1：大学生的AI素养水平与其AI使用焦虑水平呈负相关。”“H2：感知到的AI工具的易用性越低，大学生的AI使用焦虑水平越高。”

人工筛选与深化（人）：小李结合文献和专业知识，选择最相关的理论构建框架，并完善研究假设。

步骤三　设计研究方法与工具（AI辅助建议，人决策）。

提示词示例：“为了回答上述研究问题并检验假设，我计划采用问卷调查法。请为我建议：1.衡量‘AI使用焦虑’可以参考或改编哪些成熟的心理学量表？2.衡量‘AI素养’‘感知易用性’等影响因素可以考虑哪些维度和代表性题目？3.样本应如何选择以保证一定的代表性（例如，考虑学校类型、年级、专业等)?”

AI输出可能包含：推荐一些焦虑量表（如状态-特质焦虑问卷STAI的部分题目改编思路)、计算机焦虑量表（CAS)，提供其他变量测量维度和题目设计建议，并提示分层抽样等方法。

人工设计与验证（人)：小李参考AI建议，查找原始量表，设计完整的调查问卷，并考虑进行预测试以检验问卷的信效度。

步骤四 规划数据分析步骤（AI辅助建议，人确认)。

提示词示例：“如果我通过问卷收集到了上述变量的数据（大部分为利克特量表数据)，我应该采用哪些主要的统计分析方法来回答我的研究问题和检验假设？请列出分析步骤。”

AI输出可能包含：描述性统计、信效度检验、相关分析、差异检验（如t检验或方差分析)、多元回归分析（或结构方程模型）等。

步骤五 撰写研究方案初稿（人主导，AI辅助润色与检查)。

小李基于以上思考和AI的辅助，撰写详细的研究方案，包括引言、文献综述、研究问题与假设、研究方法（研究对象、研究工具、数据收集流程)、数据分析计划、预期成果、研究伦理和时间安排等部分。完成后，可以利用AI辅助进行语言润色、格式检查或逻辑一致性检查。

2.注意事项与人的角色

（1）AI建议的通用性与专业性平衡：AI通常能提供通用的研究方法建议，但在具体专业领域的适用性和深度上可能不足，需要研究者结合自身专业知识进行判断和调整。

（2）研究设计的创新性与严谨性由人把握：AI可以辅助生成方案框架，但研究设计的创新性、理论贡献以及方法论的严谨性，最终依赖于研究者本人的学术素养和创造力。

（3）伦理考量的主体是人：AI可以提示伦理要点，但确保研究符合伦理规范（如保护被试隐私、避免利益冲突、获得知情同意等）是研究者不可推卸的责任。

（4）方案的可行性需反复论证：AI对研究方案可行性的评估是初步的，研究者需要结合实际资源、时间和能力进行更细致的论证，并与导师和同行充分讨论。

通过在研究方案设计的关键环节引入AI辅助，可以帮助研究者（特别是初学者）更系统地思考问题、更全面地考虑要素、更规范地遵循学术范式，从而提高研究方案的质量和可行性。

12.6　实践探索之结构化笔记：AI辅助构建个人知识网络

视频12.4：使用大模型分析文本资料

有效的笔记是学习和研究过程中消化信息、沉淀思考、构建个人知识体系的关键环节。传统的线性笔记方式（如在笔记本上按顺序记录）往往不利于知识的关联、检索和复用。结构化笔记强调通过标准化的格式、多维度的标签，以及概念间的链接，将零散的笔记单元组织成一个相互关联的知识网络。AI大模型和一些现代笔记工具的结合，可以为实践结构化笔记、提升知识管理效率提供强大支持。

1.AI在结构化笔记中的主要作用

（1）笔记内容的初步整理与格式化：辅助研究者将随手记录的、非结构化的笔记内容（如会议录音转写的文字、快速输入的想法片段、网页剪藏）进行初步的格式化处理，如自动分段、提取要点、转换为项目列表等。

（2）关键词与标签的自动建议：根据笔记内容，自动识别并提供相关的关键词或标签，方便后续的分类和检索。

（3）笔记摘要的快速生成：针对较长的笔记内容，快速生成核心摘要，便于回顾和快速定位信息。

（4）概念关联与链接提示：（在一些集成了AI的知识库或笔记工具中）分析当前笔记内容，并提示可能与之相关的其他已有笔记或知识点，辅助用户建立笔记间的双向链接，构建知识网络。

（5）笔记内容的转换与重组：例如，将多条关于同一主题的零散笔记整合为一篇结构化的概述；或者将一段叙述性的笔记内容转换为更易于理解的问答格式或表格形式。

（6）基于自然语言的笔记检索：通过自然语言提问的方式，在个人笔记库中查找相关内容，而不仅仅依赖于精确的关键词匹配。

实践案例：AI辅助构建历史学课程的结构化笔记

任务场景：历史学专业的学生小明，在学习“世界近代史”课程时，希望采用更有效的笔记方法来管理和消化大量的课程内容（包括教师讲授的内容、教材阅读资料、文献资料等）。

人机协同策略：

步骤一　选择合适的笔记工具与方法论（人）。

小明选择了一款支持Markdown格式、标签系统和双向链接的笔记软件

（如Obsidian、Roam Research、Logseq等，或者国内类似的如思源笔记、FlowUs等）。

他计划采用类似“卡片笔记法（Zettelkasten）”或“PARA（projects, areas, resources, archives)方法”的思路来组织笔记，强调笔记的原子化、关联性和可复用性。

步骤二 课堂/阅读笔记的初步记录与AI辅助整理（人记录，AI辅助）。

人工记录核心信息（人）：在听课或阅读时，小明仍然需要自己动手记录关键概念、史实、论点、问题和个人思考，可以采用速记、记录关键词和简短句子的方式。

利用AI进行初步格式化与摘要（AI辅助）：课后，小明可以将手写笔记拍照识别为文字，或将凌乱的电子笔记复制给AI。

提示词示例：“这是我关于‘法国大革命的背景’的课堂笔记草稿：[粘贴笔记内容]。请帮我：1.将其整理成结构清晰的项目符号列表；2.提取3～5个核心关键词；3.生成一段不超过100字的摘要。”

AI输出可能是一个整理好的列表、关键词和摘要。

步骤三 利用AI辅助打标签与建立初步链接（AI辅助，人确认）。

提示词示例：“基于我上面关于‘法国大革命的背景’的笔记内容，请提供一些合适的标签（例如，涉及的历史时期、国家、核心概念、重要人物等）建议。”

AI输出可能建议标签：#法国大革命 #18世纪 #欧洲史 #启蒙运动 #社会矛盾 #路易十六

人工确认与补充（人）：小明审核AI建议的标签，进行添加或修改，并思考这条笔记可能与自己笔记库中哪些已有笔记相关联（例如，关于“启蒙思想家卢梭”的笔记，或关于“英国光荣革命”的笔记），手动或利用工具提示建立双向链接。

步骤四 利用AI辅助深化理解与内容重组（AI辅助，人引导）。

小明在复习笔记时，可以针对某条笔记内容向AI提问，以深化理解或进行内容重组。

提示词示例：“关于这条笔记[引用某条关于“雅各宾专政”的笔记链接或内容]，请帮我：1.用更通俗的语言解释其主要政策及其影响；2.将其核心内容转换成一个包含背景、措施、结果、评价四个部分的表格；3.提出一个与此相关的、值得进一步思考的开放性问题。”

步骤五 定期回顾与构建知识网络（人主导，AI辅助检索）。

小明定期回顾自己的笔记库，通过标签、链接和关键词进行漫游，主动发现不同知识点之间的联系，形成更宏观的知识图景。

当需要查找特定信息时，可以利用笔记软件的搜索功能，或如果工具支持，可以用自然语言向集成的AI提问（例如，“查找我所有关于‘革命与社会转型’的笔记，并按时间排序”）。

2.注意事项与人的角色

（1）笔记的核心在于个人思考与加工：AI可以辅助整理和组织，但笔记的真正价值在于研究者本人对信息的筛选、理解、反思和个性化加工。不能让AI完全代劳思考过程。

（2）结构化方法的选择应适合个人：不同的结构化笔记方法论（如卡片笔记、PARA）有其适用场景和学习曲线，应选择适合自己学习习惯和需求的。

（3）工具是辅助，理念是核心：笔记软件和AI功能是实现结构化笔记的工具，更重要的是理解结构化、关联化管理知识的理念。

（4）持续的维护与迭代：结构化笔记系统不是一蹴而就的，需要持续地记录、整理、链接和回顾，才能真正发挥其构建个人知识网络的作用。

（5）警惕“数字囤积”：避免仅仅大量地复制粘贴信息到笔记中而不进行消化和整理。AI辅助整理的目的是更好地理解和应用知识，而非简单地拥有更多笔记。

通过将AI融入结构化笔记的实践，可以更高效地捕捉、组织、关联和复用学习过程中遇到的各种信息和想法，逐步构建起一个动态的、个性化的、真正服务于深度学习和知识创新的个人知识网络。

12.7　实践探索之数据分析与解释：AI辅助代码生成与结果解读初步

在许多学科的研究和实际工作中，数据分析都是一个不可或缺的环节。它涉及数据的清洗、处理、统计建模、可视化以及对结果的解释。传统上，这需要具备一定的编程技能（如使用Python、R语言）和统计学知识。AI大模型，特别是那些具备代码生成和解释能力的模型，可以为研究者（尤其是初学者或跨学科研究者）在数据分析的某些环节提供有价值的辅助，降低技术门槛，提升工作效率。

1.AI在数据分析与解释中的主要作用

（1）数据预处理思路建议：根据数据特点和分析目标，提示可能需要进行的数据清洗步骤（如处理缺失值、异常值）、数据转换（如归一化、标准化）或特征工程（如构建新的派生变量）的思路。

（2）分析代码生成与解释。

①根据自然语言指令生成代码：用户可以用自然语言描述想要进行的数据分析任务（例如，“请用Python的pandas库读取名为'data.csv'的文件，计算'sales'列的总

和与平均值，并按'region'分组计算各区域的平均销售额”），AI可以辅助生成相应的Python或R代码。

②解释已有代码：对于用户提供的一段数据分析代码，AI可以辅助解释其功能、每个步骤的作用以及使用的库函数。

（3）统计方法选择建议：根据研究问题、数据类型和研究假设，提示可能适用的统计分析方法（如t检验、方差分析、相关分析、回归分析、时间序列分析等），并简要说明其适用条件和目的。

（4）数据可视化图表建议与代码生成：建议适合展示数据特征或分析结果的图表类型（如柱状图、折线图、散点图、箱线图等），并能辅助生成绘制这些图表的代码（如使用Python的Matplotlib、Seaborn库）。

（5）分析结果的初步解读与报告草拟：（能力有限，需高度警惕）基于AI对统计输出（如回归系数、p值、置信区间）的模式识别，尝试提供对分析结果的初步文字解读，或辅助生成数据分析报告的初步框架和描述性文字。

实践案例：AI辅助社会调查数据初步分析

任务场景：社会学专业的学生小张完成了一项关于“大学生社交媒体使用与其主观幸福感关系”的问卷调查，收集到了包含社交媒体使用时长、常用平台、主观幸福感量表得分以及性别、年级等基本信息的原始数据（存储为CSV文件）。她希望借助AI辅助进行初步的数据分析。

人机协同策略：

步骤一 明确分析目标与准备数据（人）。

小张的目标是描述样本特征，初步探索社交媒体使用与幸福感的关系。她已将数据整理好并命名为survey_data.csv。

步骤二 利用AI生成数据导入与描述统计代码（AI辅助）。

提示词示例：“我有一个名为survey_data.csv的CSV文件，其中包含‘gender’（性别）、‘grade’（年级）、‘social_media_hours_daily’（每日社交媒体使用时长）、‘happiness_score’（幸福感得分）等列。请帮我用Python的pandas库生成代码，完成以下任务：1.读取CSV文件到DataFrame。2.显示DataFrame的前5行。3.计算‘social_media_hours_daily’和‘happiness_score’两列的描述性统计量（均值、标准差、中位数、最小值、最大值）。4.统计‘gender’和‘grade’两列的频数分布。”

AI输出可能是：包含import pandas as pd、pd.read_csv（）、df.head（）、df.describe（）、df ['gender'].value_counts（）等命令的Python代码块。

步骤三 执行代码并解读初步结果（人主导，AI辅助解释）。

小张在一个合适的Python环境（如Jupyter Notebook，或一些AI助手集成的代码解释器中）运行AI生成的代码，查看输出结果。

如果对某个统计量或代码功能的理解有疑问，可以向AI追问。

提示词示例：“你生成的代码中df.describe（）输出了很多统计量，其中‘std’代表什么意思？它在描述数据时有什么作用？”

步骤四 利用AI辅助进行探索性数据分析与可视化（AI辅助）。

提示词示例：“基于survey_data.csv中的数据，请帮我：1.生成Python代码，使用matplotlib或seaborn库绘制‘happiness_score’的直方图，以了解其分布。2.生成代码，绘制‘social_media_hours_daily’与‘happiness_score’之间的散点图，并计算它们之间的皮尔逊相关系数，以初步探索两者关系。”

AI输出可能是：包含绘图和相关性计算的Python代码。

人工观察图表与解读相关性（人）：小张运行代码，观察生成的图表，并理解相关系数的含义。

步骤五 AI辅助生成初步分析报告的文字描述（AI辅助，人核查与改写）。

提示词示例：“根据以上描述性统计和相关性分析的结果（例如，假设幸福感均值为X，标准差为Y，与社交媒体使用时长的相关系数为Z，p值小于0.05），请帮我草拟一段关于样本特征和核心发现的初步文字描述，用于数据分析报告的初稿。”

AI输出可能是：一段描述性的文字。

人工严格核查与改写（人）：小张必须非常仔细地核对AI生成的文字描述是否准确反映了数据分析的结果，是否存在过度解读或错误归因，并用自己专业的语言进行大幅修改和完善。AI生成的结论性文字绝不能直接采用。

2.注意事项与人的角色

（1）AI是代码助手而非统计学家：AI可以高效生成标准的数据分析代码，但它本身不具备真正的统计学理解和判断能力。选择何种统计方法、如何解释统计结果的实际意义、如何判断模型的适用条件和局限性，最终依赖于研究者本人的专业素养。

（2）代码必须审查与理解：对于AI生成的代码，研究者必须具备一定的阅读和理解能力，至少要能大致看懂其逻辑和主要操作，并对其正确性进行验证，不能盲目运行。

（3）结果解读的批判性：AI对统计结果的初步文字解读可能非常表面化，甚至存在误导。研究者必须结合研究背景、理论框架和统计学原理，进行深入的、批判性的解读，并承担解释责任。

（4）数据隐私与安全：在使用在线AI工具分析数据时（尤其是上传数据文件），必须高度关注数据隐私和安全问题，确保符合相关的伦理和法规要求。对于敏感数据，应优先考虑在本地、可控的环境中使用AI辅助。

（5）避免“P-hacking”和过度拟合：不能为了追求某个显著的结果而反复要求AI尝试不同的分析方法或调整参数。数据分析应基于事先明确的研究假设和恰当的统计原则。

通过将AI作为数据分析过程中的代码助手和初步解读参考，研究者可以提高数据处理和可视化的效率，将更多精力投入分析方法选择的合理性、结果解释的深度以及研究结论的可靠性上。

12.8 实践探索之写作流程优化：AI辅助提升学术与专业写作效率

视频12.5：使用AI工具提升学术写作

学术写作（如论文、研究报告）和专业写作（如技术文档、商业计划书）通常是一个复杂且耗时的过程，涉及思路构建、资料组织、语言表达、逻辑论证、格式规范等多个环节。AI大模型以其强大的文本生成、信息整合和语言润色能力，可以为优化写作流程、提升写作效率和改善文本质量提供多方面的辅助。

1.AI在写作流程中的主要辅助环节

1）写作初期：思路构建与大纲草拟

（1）主题探索与头脑风暴：（已在11.6节认知策略层面讨论）AI可以辅助拓展写作思路，提供不同角度的切入点。

（2）生成大纲初稿：根据用户设定的主题、核心论点或关键词，AI可以快速生成一个结构化的大纲草案，包含主要的章节、段落标题和大致的逻辑顺序，为后续写作提供框架。

2）写作中期：内容填充与论证支持

（1）从笔记/大纲生成初稿段落：用户可以将自己整理的笔记要点、文献摘要或已有的大纲输入给AI，要求其围绕这些核心内容扩展成初步的段落或章节草稿。这有助于用户克服写作障碍，快速形成文本基础。

（2）论据查找与信息补充（需结合RAG或联网搜索）：（需AI具备联网或知识库检索能力）当需要为某个论点寻找支撑证据或补充背景信息时，AI可以辅助查找相关的文献、数据、案例或事实性资料。

（3）不同视角/反方观点生成：为了使论证更全面、更有深度，可以要求AI扮演反方辩友的角色，针对你的核心论点提出疑问或不同的看法，帮助你预见并回应潜在的批评。

（4）段落重组与逻辑梳理：对于已有的文字片段，AI可以辅助调整其内部逻辑顺序，或在不同段落之间提供更自然的过渡性表达。

3）写作后期：语言润色与格式规范

（1）语法与拼写检查：提供比传统工具更智能、更准确的语法、拼写、标点错误检查和修正建议。

（2）语言表达优化与风格调整。

①同义词替换与措辞改进：提供更精确、更生动或更符合学术/专业语境的词语和表达方式。

②句子改写与简化：将冗长、复杂的句子改写得更简洁、更清晰。

③语气与风格转换：例如，将非正式的口语化表达调整为更书面、更客观的学术语言；或根据目标读者调整文本的专业深度和通俗性。

④文本摘要与关键词提取：辅助生成论文摘要或提取关键词。

⑤参考文献格式辅助：辅助生成符合特定规范的参考文献列表。

（3）跨语言写作支持。

①非母语写作辅助：对于非母语写作，AI可以进行语言润色和提供表达建议，帮助用户提升写作的自然度和准确性。

②内容翻译与校对：辅助用户将已有内容翻译成其他语言，或对翻译稿进行初步校对（但专业翻译仍需人工审校）。

实践案例：AI辅助撰写课程研究报告

任务场景：管理学专业的学生小芳，需要完成一篇关于“企业数字化转型策略”的课程研究报告。她已经收集了相关资料并有初步思路，希望借助AI优化写作过程。

人机协同策略：

步骤一　明确报告主题与核心论点，人工构建初步大纲（人主导）。

小芳确定报告核心是分析不同行业企业数字化转型的成功案例与共性策略，并自己先草拟了一个大致的章节结构。

步骤二　利用AI扩展和细化大纲（AI辅助）。

提示词示例：“我正在撰写一篇关于‘企业数字化转型策略’的研究报告，初步大纲如下：[粘贴小芳的草稿大纲]。请帮我审阅这个大纲，看看是否有遗漏的关键部分，或者在现有章节下是否可以进一步细化出更具体的小节标题和内容要点？请侧重分析成功案例的共性策略。”

AI输出可能是：在原有大纲基础上补充了如“数字化转型驱动因素”“面临的主要挑战”“不同规模企业的策略差异”“未来趋势展望”等章节，

并在每个章节下提出更具体的内容点。

步骤三 利用AI辅助撰写引言和文献综述部分初稿（AI辅助，人整合）。

小芳提供了几篇核心参考文献的摘要和自己对研究背景的理解。

提示词示例：“请基于以下背景信息和文献要点[粘贴信息]，帮我草拟一份关于‘企业数字化转型策略研究’的引言部分，约300字，需要引出研究的重要性和本文的主要结构。另外，请帮我将以下三篇文献的核心观点[粘贴摘要]整合成一段简要的文献综述，指出当前研究的主要方向。”

人工修改与整合（人）：小芳对AI生成的初稿进行大幅修改，确保逻辑清晰、表达准确，并融入自己的思考。

步骤四 针对核心章节进行内容填充与论证支持（人主导，AI辅助）。

对于报告的核心章节（如“成功案例分析”或“共性策略提炼”），小芳先根据自己的研究和思考撰写主要内容。

当需要更丰富的例证或从不同角度阐述时，可以向AI提问。

提示词示例：“我正在分析零售行业数字化转型的成功策略。除了我提到的A公司和B公司的案例，你还能提供一些其他行业（如制造业、金融业）在利用大数据或人工智能进行数字化转型方面的值得借鉴的案例吗？请简要说明其关键做法和成效。”（如果AI具备联网能力或RAG功能，效果更佳）

步骤五 利用AI进行全文语言润色与格式检查（AI辅助，人终审）。

在完成报告初稿后，小芳可以将文本输入给AI。

提示词示例：“请帮我通读以下这份关于‘企业数字化转型策略’的研究报告草稿[粘贴文本]。主要检查并改进以下方面：1.语法、拼写和标点错误。2.语言表达的流畅性和专业性，是否有更简洁或更准确的措辞？3.段落之间和章节之间的逻辑过渡是否自然？4.整体风格是否符合一篇课程研究报告的要求？请直接给出修改后的版本，并用高亮或其他方式标出主要修改之处。”

人工终审与定稿（人）：小芳仔细审阅AI的修改建议，选择性采纳，并对全文进行最终统稿和定稿，确保符合学术规范和个人表达意图。

2.注意事项与人的角色

（1）AI是“写作助手”而非“代笔枪手”：AI生成的文本（无论是大纲、段落还是润色建议）都应被视为写作过程中的“原材料”或“参考意见”，绝不能直接照搬或替代作者本人的思考、研究和原创性表达。学术诚信是底线。

（2）保持批判性审视与内容核查：对AI生成的所有内容（特别是事实性信息、

数据、案例、论点）都必须进行严格的核查和验证，警惕其可能产生的幻觉或偏见。

（3）维护个人学术声音与风格：在利用AI辅助写作时，要注意保持自己独特的学术见解、分析视角和写作风格，避免让AI的通用化语言模式淹没了个性。对AI生成的文本进行大量的个性化改写和深度加工是必要的。

（4）明确AI辅助的边界与声明：应了解并遵守所在学术机构或目标期刊关于使用AI辅助写作的规范和声明要求。

（5）关注写作过程中的能力提升：将AI辅助写作视为一个学习和提升自身写作能力（如逻辑构建、语言表达、论证技巧）的机会，通过观察AI如何组织信息、运用词语、构建论点，来反思和改进自己的写作。

通过将AI策略性地融入写作流程的各个环节，可以有效地克服写作障碍、拓展思路、优化表达、提升效率，从而更专注于研究内容的深度挖掘和思想的原创性贡献。

12.9　方法实践的综合运用

前述各节分别探讨了AI如何在研究选题、文献管理、研究方案设计、结构化笔记、数据分析与解释以及写作流程优化等关键的方法实践环节提供辅助。在实际的学习与研究中，这些环节并非孤立存在，而是相互关联、层层递进，共同构成一个完整的项目生命周期。因此，更高级的人机协同，在于能够根据一个复杂的、贯穿始终的任务（例如，完成一篇学期论文、一个研究项目或一项产品开发），有意识地、系统性地在不同阶段组合运用多种AI辅助的方法实践，形成一个高效、智能的整体工作流。

以完成一篇实证研究型学期论文为例，一个整合了多种AI辅助方法实践的理想工作流可能如下：

（1）初期探索与规划阶段。

研究选题：利用AI辅助分析领域热点与空白，根据个人兴趣生成多个潜在研究问题，并对选定问题的可行性进行初步评估。

文献管理：通过AI辅助扩展关键词、智能检索文献、快速筛选摘要，并将相关文献导入个人文献管理工具。

目标规划（认知策略层）：借助AI将整个论文任务分解为主要阶段（如开题、数据收集、数据分析、初稿、修改、定稿），并制订初步的时间计划。

（2）方案设计与准备阶段。

研究方案设计：针对确定的研究问题，利用AI辅助精炼研究假设、建议研究方法（如问卷调查、实验设计）、构思测量工具（如问卷初稿）和数据收集方案。

结构化笔记：在深入阅读核心文献和思考研究设计时，利用AI辅助对阅读笔记进行结构化整理、打标签、建立关联，逐步构建围绕研究主题的个人知识网络。

（3）数据执行与分析阶段（如果涉及数据收集，按计划执行）。

数据分析与解释：对于收集到的数据，利用AI辅助生成数据预处理和初步分析的代码（如描述统计、相关性分析、简单回归），辅助制作数据可视化图表，并对统计结果提供初步的文字解读参考。（核心的统计方法选择、代码验证和结果的专业解读仍由人主导）

（4）论文撰写与修改阶段。

写作流程优化：从结构化笔记和研究大纲出发，利用AI辅助生成各章节的初稿段落。在撰写过程中，针对特定论点，利用AI辅助查找补充论据或从不同视角进行阐述。完成初稿后，利用AI进行语言润色、语法校对、格式检查。

自我评估（认知策略层）：可以尝试让AI扮演审稿人的角色，对论文初稿的逻辑结构、论证强度、语言表达等方面提出初步的反馈意见。

（5）贯穿始终的认知策略辅助。

在整个过程中，根据需要在不同环节运用内容梳理、概念澄清、创意启发等认知策略层面的AI辅助，例如，用AI梳理复杂理论的脉络，澄清模糊的专业术语，或在遇到写作瓶颈时寻求AI提供新的表述思路。

在这个综合运用多种AI辅助方法实践的流程中，学习者/研究者始终扮演着规划者、决策者、批判性评估者和最终整合者的核心角色。 AI则作为强大的“认知放大器”和“效率提升器”，在各个环节提供有针对性的支持。

学会根据任务的整体流程和不同阶段的特定需求，动态地、策略性地组合和调用不同类型的AI辅助，是实现深度人机协同、显著提升学习与研究效能的关键。这需要学习者不仅掌握单一环节的AI应用技巧，更要具备一种“AI赋能的系统性工作方法论”的思维。

12.10 本章小结

1.核心回顾

（1）方法实践层定位：介绍了人机增强型认知协同框架中方法实践层的核心作用，即运用AI辅助优化学习与研究过程中具有相对标准化流程或关键实践环节的具体操作。

（2）六大核心方法实践与AI应用：系统探讨了AI在以下六个关键方法实践环节的具体应用，并结合案例进行了说明。

①研究选题：AI辅助识别研究空白、推荐议题、拓展思路、评估可行性、细化问题。

②文献管理：AI辅助智能检索、摘要提取、主题聚类、信息结构化、参考文献格式生成。

③研究方案设计：AI辅助精炼研究问题与假设、构建理论框架、提供研究方法、思考操作化定义、规划数据分析。

④结构化笔记：AI辅助整理笔记内容、建议关键词与标签、生成摘要、提示概念关联、转换笔记形式。

⑤数据分析与解释：AI辅助生成分析代码、提供统计方法、制作可视化图表、提供结果的初步解读。

⑥写作流程优化：AI辅助构建大纲、填充初稿、支持论证、润色语言、检查格式。

（3）人机协同的流程性与整合性：强调了在方法实践层面，AI的辅助作用体现在对具体流程环节的优化，并且在复杂的学习与研究任务中，通常需要综合运用多种AI辅助的方法实践，形成一个连贯的工作流。

（4）人的核心角色：再次重申，在方法实践层的人机协同中，人始终是主导者，负责规划、决策、批判性评估和最终成果的整合与负责。

2.关键洞察

（1）AI是方法论实践的“加速器”与“规范器”：AI在方法实践层的应用，能够显著提升执行标准化流程的效率，并辅助用户遵循既定的规范和方法论，从而降低门槛，提高产出质量。

（2）从“点状辅助”到“流程赋能”：相比于认知策略层对思维方式的宏观启发，方法实践层更侧重于将AI能力嵌入具体的、连续的工作环节，实现对整个流程的系统性赋能。

（3）结构化是高效协同的前提：无论是结构化的笔记、结构化的研究方案，还是结构化的写作流程，都更有利于AI理解任务和提供有效的辅助。培养结构化处理信息和任务的习惯，本身也是提升人机协同效能的关键。

（4）专业判断力不可或缺：在AI辅助的每一个方法实践环节（如选题的价值判断、文献的批判性阅读、研究设计的合理性评估、数据分析结果的专业解读、写作内容的原创性与深度把控），最终都依赖于人类的专业知识、经验和判断力。

（5）“AI赋能的工作流”是未来趋势：掌握如何设计和执行融合了AI辅助功能、针对特定学习或研究目标的高效工作流，将成为未来高阶人才的核心竞争力之一。

12.11　课后练习

（1）方法实践层理解：请用自己的话解释“人机增强型认知协同框架”中的

“方法实践层”与上一章讨论的“认知策略层”在关注点和主要作用上有何不同。

（2）研究选题实践（AI互动）：选择一个你当前感兴趣但尚未深入研究的学术领域或社会现象。尝试使用AI助手进行以下操作：①让AI分析该领域近两年的研究热点和主要争议问题。②基于这些信息，并结合你个人的兴趣点，让AI为你推荐2～3个具有研究潜力且适合本科生/研究生（根据你的身份选择）水平的具体研究问题。③选择其中一个研究问题，让AI初步分析研究该问题可能需要的数据类型和研究方法。记录你的提示词和AI的主要反馈，并简要评价AI在辅助你进行研究选题方面的价值与局限。

（3）文献管理工具探索：了解至少一款支持AI功能的文献管理软件（如Zotero配合特定插件、EndNote新版、SciSpace Copilot、Elicit.org等，或具备文献处理能力的通用AI助手）。如果条件允许，尝试使用它处理2～3篇你专业领域的英文文献，体验其在文献摘要、信息提取、主题打标等方面的功能。简要描述你的使用体验。

（4）研究方案设计辅助（AI互动）：假设你正在为一个关于“社交媒体使用对青少年睡眠质量影响”的调查研究设计方案。请尝试让AI助手为你提供以下几方面的建议：①至少两个明确的研究假设；②衡量“社交媒体使用强度”和“睡眠质量”可能需要考虑哪些具体维度或指标？③在设计调查问卷时，除了核心变量，还应考虑收集哪些可能的人口统计学控制变量？④提醒你在进行此类涉及青少年的研究时，需要注意哪些主要的伦理问题。

（5）结构化笔记与AI（个人实践与反思）：选择一个你近期学习的、内容较为密集的知识点或理论。首先，尝试用你传统的方式做笔记。其次，思考如何运用AI辅助（例如，对你的初步笔记进行整理、提取要点、生成摘要、提供标签，或将其转换为不同的结构化形式如思维导图节点/问答对）来优化你的笔记，使其更结构化、更易于理解和回顾。简要描述你的设想或初步实践。

（6）数据分析辅助的边界思考（AI互动）：尝试向AI助手提供一个非常简单的包含两列数字（例如，X列和Y列各5～10个数值）的小数据集（可以直接在提示词中输入）。

首先，要求AI“计算X列和Y列的皮尔逊相关系数”。

其次，要求AI“解释这个相关系数的统计学意义，并判断X和Y之间是否存在显著的线性关系”。

仔细观察并记录AI的回答（特别是它是否会尝试给出统计显著性的判断，以及其判断的依据）。结合本章所学，讨论在这个过程中，AI主要扮演了什么角色。哪些环节的判断最终必须由人类研究者来完成。

（7）AI辅助写作体验与批判：选择一篇你近期撰写的课程作业或报告的某个段落（200～300字）。尝试使用AI助手对其进行语言润色和表达优化（例如，要求AI

“改进这段文字的学术性和流畅性，使其更简洁专业”）。对比修改前后的文本，你认为AI的修改建议在哪些方面是有益的？在哪些方面可能并不理想甚至改变了你的原意？这个体验让你对AI辅助写作的合理使用边界有何思考？

（8）（综合项目设计）构建AI赋能的研究流程：假设你需要独立完成一项为期2个月的小型文献综述项目，主题自选。请设计一个整合了本章所学多种AI辅助方法实践（至少包含研究选题或问题聚焦、文献管理，以及写作流程优化三个环节）的个人工作流程。简要描述每个环节你将如何与AI协同，以及你期望AI在其中发挥什么作用。

第13章 人机协同（三）：技能执行层——增强具体操作效能

13.1 导学

在前两章系统探讨了如何在认知策略层面运用AI优化学习方法、在方法实践层面借助AI优化研究与工作流程之后，本章将聚焦于人机增强型认知协同框架中更为具体和操作化的技能执行层。这一层面关注的是，在学习、研究和日常工作中，那些需要具体动手操作才能完成的单项任务，如何通过AI的辅助来提升其执行效率和产出质量。

本章将通过一系列实践案例，展示AI如何在编程与调试、数据可视化制作、各类文本撰写与润色、外语翻译与学习，以及快速信息检索等关键技能的执行环节，提供直接、高效的辅助。其目标是帮助读者掌握在具体的技能操作层面，有效利用AI工具来增强个人能力、提高工作效率，并将AI真正融入日常的“工具箱”，成为提升各项具体技能执行效能的得力伙伴。本章的预期学习目标如表13.1所示。

表13.1 第13章预期学习目标

编号	学习目标	能力层级	可考核表现
LO13.1	理解人机增强型认知协同框架中技能执行层的定位及其在提升具体任务操作效率与质量方面的作用	理解	能说明技能执行层如何通过AI辅助直接解决“怎么具体去做”的问题
LO13.2	应用AI辅助进行编程与调试，包括生成代码片段或完整函数、解释代码功能、识别代码错误、提出修复建议、跨语言翻译代码、辅助代码优化	应用	能在理解AI生成代码逻辑的基础上，利用AI辅助编程与调试，并进行充分测试，同时关注潜在的安全风险和效率问题
LO13.3	应用AI辅助进行数据可视化制作，包括根据数据和需求生成图表（如图表库代码或使用集成工具）、提供合适的图表类型、辅助调整图表美观度	应用	能选择合适的图表类型，利用AI辅助生成或调整图表，并能确保图表准确有效地传达信息

续表

编号	学习目标	能力层级	可考核表现
LO13.4	应用AI辅助进行各类文本撰写与润色，包括起草邮件、报告、短文，扩写要点，改进语法、拼写、风格，调整语气、总结文本	应用	能利用AI辅助撰写和润色各类文本，并能严格核查AI生成内容的事实准确性，进行大量编辑以确保清晰度、准确性和个人风格
LO13.5	应用AI辅助进行外语翻译与学习，包括翻译文本片段或文档、提供词语释义和用法示例、辅助语言学习（如模拟对话、语法解释）	应用	能利用AI辅助理解外语文本或进行初步翻译，并能注意AI可能丢失的文化背景和语境，关键翻译由专业人士审校
LO13.6	应用AI辅助进行快速信息检索，包括直接回答事实性问题、在大量文档中定位信息、综合多个来源的信息（结合RAG技术）	应用	能优化提问方式，利用AI辅助进行快速信息检索，并能对AI提供的信息进行严格的事实核查
LO13.7	结合具体案例或场景，展示如何综合运用多种技能执行层面的AI辅助方法，高效完成一项复杂的实践性任务，并评估AI在提升技能执行效率和质量方面的具体贡献	综合/评价	能针对一项需要多种操作技能的任务（如完成一个小型编程项目并撰写报告），设计并执行一个包含多种AI辅助技能的流程，并能分析AI在各技能环节的应用效果及个人的能力提升

13.2　技能执行层：AI提升具体任务操作效率与质量

人机增强型认知协同框架的技能执行层，是整个框架中最贴近具体操作、最强调动手能力的层面。它关注的是在各种学习、研究和工作中，那些需要直接运用特定技能来完成的、相对独立的、操作性较强的任务单元，如何通过AI的辅助来提升其执行的效率和质量。

与认知策略层（优化思考方法）和方法实践层（优化工作流程）不同，技能执行层更侧重于增强个体的“硬技能”或“工具性技能”。在这个层面，AI通常扮演一个“超级工具”或“智能助手”的角色，直接参与具体的操作任务，例如：

（1）自动生成初步成果：如根据指令生成代码片段、图表草图、文本初稿等。

（2）提供即时帮助与解释：如解释代码含义、提供函数用法示例、翻译外语词句等。

（3）执行重复性或繁琐的操作：如格式化文本、检查语法错误、在大量文档中快速定位信息等。

（4）增强现有工具的能力：许多现有的专业软件（如编程IDE、数据分析工具、设计软件）正在积极集成AI功能，使其原有功能更强大、更智能。

AI在技能执行层的价值主要体现在：

（1）提高效率，节省时间：显著缩短完成某些操作性任务所需的时间，例如，AI生成代码的速度远超人工编写。

（2）降低技能门槛：使得不具备深厚专业技能的用户也能借助AI完成一些原本难以完成的任务（例如，非程序员利用AI生成简单脚本）。

（3）提升输出质量（在特定方面）：例如，AI的语法检查和润色能力可能优于普通用户；AI辅助生成的可视化图表可能更符合规范。

（4）提供即时支持与学习机会：在执行技能的过程中遇到困难时，可以随时向AI求助，获得解释或示例，从而边做边学。

然而，技能执行层的人机协同也面临着直接的风险和挑战。由于AI的输出直接关系到最终的操作结果，对其准确性、可靠性和安全性的要求极高。如果AI生成的代码有bug、数据可视化存在误导、翻译歪曲了原意、检索到的信息是错误的，则其后果可能非常直接和严重。因此，在技能执行层面，人类的监督、验证、批判性评估和最终把关尤为关键和不可或缺。AI是强大的执行辅助工具，但绝不能替代人类的专业判断，更无法承担最终责任。

接下来的小节将通过具体的技能领域和案例，探讨AI如何在实践中提升学习者的操作效能。

13.3 技能提升之编程与调试：AI辅助代码生成、解释与查错实践

编程是信息时代的一项核心技能，广泛应用于科学计算、数据分析、软件开发、自动化等众多领域。然而，编程往往伴随着繁琐的语法记忆、复杂的逻辑构建以及令人头疼的调试过程。AI大模型，特别是那些经过大量代码数据训练的“代码大模型”，可以作为强大的编程助手，在代码编写、理解和调试的多个环节提供有力支持。

1.AI在编程与调试中的主要作用

（1）代码生成：根据自然语言描述的需求或伪代码，自动生成多种编程语言（如Python、Java、C＋＋、JavaScript等）的代码片段、函数甚至完整的简单程序。

（2）代码解释：对用户提供的一段现有代码，用自然语言解释其功能、逻辑流程、关键算法或特定语句的含义。

（3）代码补全与建议：在IDE中，根据已输入的代码上下文，智能地提示和补全后续代码，加速编写过程。

（4）错误识别与调试辅助：分析代码中可能存在的语法错误、逻辑错误或潜在的运行问题，并提供修复建议或解释错误原因。

（5）代码翻译/转换：在不同的编程语言之间进行代码逻辑的初步转换（通常需要人工调整和验证）。

（6）代码优化建议：针对代码的性能（如运行速度、内存占用）或风格（如可读性、规范性）提出改进建议。

视频13.1：使用大模型呈现结果

（7）生成测试用例：根据函数或模块的功能描述，辅助生成用于测试代码正确性的输入数据和预期输出。

（8）文档与注释生成：为代码自动生成解释性的文档字符串或行内注释。

实践案例：AI辅助Python数据处理与调试

任务场景：正在学习数据分析的学生小李，需要使用Python的Pandas库处理一个CSV数据文件，计算其中两列数据的相关系数，但在编写和运行代码时遇到了困难。

人机协同策略：

步骤一　利用AI生成初步代码（AI辅助）。

提示词示例：“请帮我用Python的pandas库编写一段代码。首先读取名为data.csv的文件到一个DataFrame中。然后，计算该DataFrame中名为'column_A'和'column_B'这两列之间的皮尔逊相关系数，并将结果打印出来。”

AI输出可能是一段包含import pandas as pd、pd.read_csv（）、df['column_A'].corr（df['column_B']）等命令的Python代码。

步骤二　尝试运行代码并发现错误（人操作，发现问题）。

小李复制并尝试运行AI生成的代码，但程序报错，提示“文件未找到（FileNotFoundError）”或“列名不存在（KeyError）”。

步骤三　利用AI辅助理解错误与调试（AI辅助）。

提示词示例（针对FileNotFoundError）：“我运行你刚才生成的代码时，出现了FileNotFoundError：[Errno 2] No such file or directory：'data.csv'的错误。请帮我分析一下可能的原因是什么，以及如何修改代码来处理这种情况。”

AI输出可能解释：文件不在Python脚本运行的当前目录下，或文件名拼写错误。建议修改代码，使用文件的完整路径，或者将文件移动到正确位置，并可以建议加入try-except块来捕获这个异常。

提示词示例（针对KeyError）：“现在报了KeyError：'column_A'错误。这意味着什么？我应该如何检查我的CSV文件中实际的列名是什么？”

AI输出可能解释：DataFrame中不存在名为'column_A'的列。建议使用

print（df.columns)来查看文件中所有列的实际名称，然后将代码中错误的列名替换为正确的名称。

步骤四 根据AI建议修改并成功运行代码（人修改，验证结果）。

小李根据AI的解释和建议，检查了自己的文件路径和CSV文件中的实际列名，修改了代码，最终成功运行并得到了相关系数的结果。

步骤五（可选） 利用AI进一步解释代码或优化（AI辅助）。

提示词示例：“代码成功运行了。你能再详细解释一下.corr（）这个pandas函数是如何计算相关系数的吗？另外，如果我的数据量非常大，有没有更高效的计算方法？”

2.注意事项与人的角色

（1）理解而非盲从：对于AI生成的代码，使用者必须努力去理解其逻辑和原理，而不能简单地复制粘贴。缺乏理解的盲目使用极易引入难以发现的错误。

（2）代码审查与测试是必需的：AI生成的代码可能存在逻辑错误、效率低下、不符合特定规范的问题，甚至包含安全漏洞。必须经过人工仔细审查、充分测试（包括边界情况和异常输入）以及必要的修改，才能在实际项目中使用。

（3）调试能力仍需培养：AI可以辅助解释错误信息和提供修复建议，但最终定位和解决复杂漏洞的能力，仍需要开发者本人具备扎实的编程基础、调试技巧和问题分析能力。

（4）关注安全与版权：警惕AI生成的代码可能引入的安全风险（如不安全的库调用、注入漏洞等）；同时，如果训练数据包含受版权保护的代码，AI生成的代码也可能存在潜在的版权问题，尤其在商业项目中需要注意。

（5）将AI作为学习工具：可以利用AI的代码解释功能来学习新的编程语言、库或框架；通过观察AI如何解决问题来学习不同的编程思路和技巧。

通过将AI作为编程过程中的智能提示器、代码生成器、错误诊断仪、学习伙伴，可以显著提高编程效率，降低学习门槛，并将更多精力投入算法设计、系统架构和解决问题的核心逻辑上。

13.4 技能提升之数据可视化制作：AI辅助图表类型建议与代码生成实践

数据可视化是将抽象的数据转化为直观图形的过程，对于理解数据模式、发现数据洞见，以及有效地向他人传达分析结果至关重要。选择合适的图表类型并使用工具（如Python的Matplotlib、Seaborn库，R的ggplot2库，或Excel、Tableau等软件）将其绘制出来，是数据分析过程中的一项关键技能。AI大模型可以为非可视化专家提供图表类型建议，并辅助生成绘图代码，从而简化可视化流程，提升图表制作效率。

1.AI在数据可视化中的主要作用

（1）图表类型建议：根据用户描述的数据特点（如变量类型、数据量）和想要表达的信息（如比较大小、展示趋势、揭示分布、探索关系），AI可以提供几种合适的图表类型，并说明各自的优缺点和适用场景。

（2）生成绘图代码：根据用户选择的图表类型和指定的数据变量，AI可以自动生成使用常用数据可视化库（如Python的Matplotlib、Seaborn、Plotly、R的ggplot2等）绘制该图表的代码。

（3）代码解释与修改辅助：解释生成的绘图代码的含义，或者根据用户的进一步要求（如调整颜色、标签、标题、图例，添加注释等）辅助修改代码。

（4）提供可视化最佳实践建议：提示一些通用的数据可视化设计原则，例如如何选择合适的颜色方案以增强可读性、如何避免图表元素的过度拥挤、如何清晰地标注坐标轴和图例等。

实践案例：AI辅助绘制销售数据趋势图

任务场景：市场分析实习生小王，拿到了一份包含过去12个月每月销售额的CSV数据文件（monthly_sales.csv，包含'Month'和'Sales'两列）。她希望通过图表直观地展示销售额随时间变化的趋势。

人机协同策略：

步骤一　明确可视化目标与数据（人）。

小王的目标是展示月度销售额的时间趋势。数据已准备好。

步骤二　向AI咨询合适的图表类型（AI辅助）。

提示词示例：“我有一份包含月份和对应销售额的数据。我想展示销售额随时间变化的趋势。你认为哪种图表类型最适合这个目标？请给出建议并说明理由。”

AI输出可能建议：折线图（line chart）是最适合展示时间序列数据趋势的图表类型，因为它能清晰地显示数据点随时间连接的变化轨迹。也可以考虑柱状图，但折线图更能强调连续性和趋势。

步骤三　请求AI生成绘图代码（AI辅助）。

提示词示例：“好的，我决定使用折线图。请帮我用Python的Matplotlib库生成代码，读取名为monthly_sales.csv 的文件，并绘制一个以'Month'列为X轴，'Sales'列为Y轴的折线图。请确保图表包含标题‘月度销售额趋势’，X轴标签为‘月份’，Y轴标签为‘销售额（万元）’。”

AI输出可能是：一段包含import pandas as pd、import matplotlib.pyplot as plt、pd.read_csv()、plt.plot()、plt.title()、plt.xlabel()、plt.ylabel()、plt.show()等命令的Python代码。

步骤四 执行代码并审视图表（人操作，AI辅助修改）。

小王运行代码，生成了初步的折线图。她觉得图表的线条颜色和样式可以更好看一些，并且希望在图上标记出最高点和最低点。

提示词示例：“谢谢你生成的代码。我现在希望对图表做一些美化和增强处理：1.将线条颜色改为蓝色，并使用圆点标记每个数据点。2.找出销售额最高的月份和最低的月份，并在图上用红色文本注释标出这两个点的值。请帮我修改之前的Python代码以实现这些效果。”

AI输出可能是：在原有代码基础上增加了设置线条颜色（color='blue'）、标记样式（marker='o'）的参数，并加入了查找最大值、最小值及其对应月份，使用plt.text（）或plt.annotate（）在图上添加注释的代码逻辑。

步骤五 最终确认与使用（人）。

小王再次运行修改后的代码，得到满意的图表，并将其用于她的分析报告中。

2.注意事项与人的角色

（1）理解图表选择的原则：AI可以提供建议，但使用者应理解不同图表类型适用的场景和表达信息的侧重点，做出最终的明智选择。不能仅仅因为AI推荐就盲目使用。

（2）数据准确性是前提：可视化的基础是准确的数据。AI无法判断输入数据的质量，如果原始数据有误，再精美的图表也是错误的。

（3）代码审查与理解：对于AI生成的绘图代码，使用者应至少理解其主要逻辑，并能在需要时进行简单的修改和调试。

（4）图表解读的专业性：AI可以生成图表，但如何从图表中解读出有意义的模式、趋势、异常点，并结合业务背景进行深入分析和洞察，最终依赖于人的专业知识和分析能力。AI提供的初步解读（如果有）需要批判性看待。

（5）避免信息误传：注意可视化的潜在误导性（例如，通过控制坐标轴范围、使用不恰当的图表类型或颜色方案来夸大或掩盖某些趋势）。确保图表设计遵循诚信和清晰传达信息的原则。

通过将AI作为数据可视化过程中的顾问、代码生成器、美化助手，学习者可以更快速、更便捷地将数据转化为直观的图形，从而更好地理解数据。

13.5　技能提升之文本撰写与润色：AI辅助各类实用文体写作与优化实践

无论是撰写电子邮件、工作报告、演示文稿，还是起草通知、新闻稿、社交媒体帖子，甚至进行创意写作，有效地进行文本撰写与润色都是一项基础且重要的技能。AI大模型以其强大的自然语言生成和处理能力，可以在这些实用性写作任务的多个环节提供显著的辅助，帮助提高写作效率、优化语言表达、确保信息传达的准确性和得体性。

1.AI在文本撰写与润色中的主要作用

（1）起草初稿：根据用户提供的要点、主题或目标，快速生成各类实用文体（如邮件、报告、通知、演讲稿、新闻稿、博客文章、产品介绍等）的初步草稿。

（2）内容扩写与缩写：将简短的要点或想法扩展成更详细的段落或篇章；或者将冗长的文本精炼为简洁的摘要或核心信息。

（3）语法与拼写检查：提供比传统工具更智能、更准确的语法、拼写、标点错误识别和修正建议。

（4）语言润色与表达优化。

①措辞改进：提供更精确、生动、得体或符合特定语境（如正式、非正式）的词语和表达方式。

②句式优化：改写冗长、复杂或表达不清的句子，使其更简洁、流畅、易于理解。

③风格调整：根据目标受众或发布渠道的要求，调整文本的整体风格（如从口语调整为书面语）、语气（如从客观中立调整为热情洋溢）或专业程度。

④格式调整与规范化：辅助将文本按照特定的格式要求（如邮件格式、报告结构、新闻稿规范）进行排版和整理。

⑤文本摘要与关键信息提取：快速生成长篇邮件或报告的摘要，提取会议纪要的关键决策点等。

实践案例：AI辅助撰写实习申请邮件

任务场景：大学生小明要向一家心仪的公司申请暑期实习岗位，需要撰写一封规范、得体的申请邮件，但他对商业邮件的写作不太熟悉。

人机协同策略：

步骤一　明确邮件目标与核心信息（人）。

小明确定目标是申请“市场部实习生”岗位，需要包含个人简介、申请原因、相关技能与经历，以及附件简历等信息。

步骤二 利用AI生成邮件初稿（AI辅助）。

提示词示例：“请帮我草拟一封申请暑期实习的电子邮件。收件人是[公司名称]的招聘经理（如果知道姓名可以写明，不知道则用通用称谓）。我申请的岗位是‘市场部实习生’。邮件内容需要包括：1.简要自我介绍（我是[学校名称][专业]的大三学生小明）。2.说明我从何处得知招聘信息。3.表达我对该岗位和贵公司的浓厚兴趣。4.结合我的[提及1～2项关键技能或经历，如市场调研课程项目经验、熟练使用社交媒体分析工具]说明我为何适合这个岗位。5.表明我的简历已附在附件中。6.表达感谢并期待回复。请使用正式、专业的商务邮件语气和格式。”

AI输出可能：一封结构完整、包含上述要点的邮件草稿。

步骤三 人工修改与个性化（人主导，AI辅助润色）。

小明仔细阅读AI生成的初稿，发现虽然结构完整，但某些表达略显通用或生硬，未能充分突出自己的特点和对该公司独特文化的理解。

人工修改（人）：小明根据自己对公司和岗位的了解，修改邮件中的具体措辞，加入更具个性化的申请理由和经历细节。例如，将“对贵公司感兴趣”具体化为“长期关注贵公司在××领域的创新，非常认同贵公司的××价值观”。

利用AI进行局部润色（AI辅助）：对于自己修改后感觉表达不够理想的句子或段落，可以再次请求AI辅助润色。

提示词示例：“请帮我润色以下这句话，使其读起来更自信、更专业：‘我觉得我的技能对这个岗位可能有点用。’”

AI输出可能建议：“我相信我所具备的[具体技能A]和[具体技能B]能够为市场部的实习工作做出积极贡献。”或者“我的[具体项目经验]经历使我掌握了[相关技能]，与该岗位的要求高度契合。”

步骤四 最终检查与发送（人）。

小明对经过修改和润色的邮件进行最终的通读检查，确保无误后发送。

2.注意事项与人的角色

（1）AI草稿是起点而非终点：AI生成的初稿可以大大节省时间和精力，但通常缺乏个性化和针对性。必须经过人工的大量修改、补充和完善，才能成为一份真正有效的文书。

（2）保持真实与诚信：AI可以辅助优化表达，但不能用来编造不实的经历或能力。所有写入申请材料的内容必须真实可信。

（3）理解目标受众与语境：AI可能不完全理解特定邮件或报告的目标受众、沟通语境以及其中微妙的人际或文化因素。人工需要根据具体情况调整AI的建议，确保表达得体、有效。

（4）最终把关与负责：无论AI参与了多少环节，最终文书的质量、准确性和合规性都由人类作者负责。发送前务必进行仔细的校对和终审。

（5）避免过度依赖导致能力退化：长期完全依赖AI进行写作和润色，可能导致自身的写作能力和语言表达能力下降。应将AI视为提升写作效率和学习语言表达的工具，而非替代思考和练习的捷径。

通过将AI作为文本撰写与润色过程中的“草稿助手”“语法老师”“表达顾问”，可以更高效地完成各类实用性写作任务，并从中学习和提升自身的写作水平。

13.6　技能提升之多语言处理：AI辅助外语翻译与学习实践

在全球化日益深入的今天，跨语言沟通和外语学习能力变得越来越重要。AI大模型，特别是那些在多语言语料库上进行过训练的模型，以及专门的机器翻译工具，可以在外语文本理解、翻译和辅助学习方面提供强大的支持，帮助克服语言障碍，拓展国际视野。

1.AI在多语言处理中的主要作用

（1）文本翻译：能够快速地在多种语言之间进行文本段落、文档甚至整个网页的翻译。现代基于神经网络的机器翻译（特别是基于Transformer架构的模型）在许多常见语种（如英语、中文、法语、西班牙语、德语、日语等）之间的翻译质量已达到相当高的水平。

（2）辅助理解外语文本。

①词语释义与用法示例：对于外语文本中不认识的单词或短语，AI可以提供释义、发音、词性以及在不同语境下的用法示例。

②句子/段落解释：对于难以理解的长句或复杂段落，AI可以尝试用更简单的语言进行解释或提供中文（或其他母语）对照。

③外语写作辅助：（与13.5节文本润色相关，但侧重外语）辅助非母语者检查外语写作中的语法、拼写、搭配错误，并提供更地道、更自然的表达建议。

（3）语言学习伙伴。

①模拟对话练习：AI可以扮演不同角色（如老师、语伴、店员），与学习者进行特定主题或场景的模拟对话练习。

②语法解释与练习生成：解释语法规则，并根据学习者的水平生成相应的语法练习题。

③发音评估与反馈（需集成语音技术）：一些集成了语音识别和合成技术的AI语言学习工具，可以对学习者的发音进行评估并提供反馈。

实践案例：AI辅助阅读与翻译英文学术文献

任务场景：需要阅读大量英文学术文献的研究生小李，虽然具备一定的英语阅读能力，但在遇到专业性强、句式复杂的长篇论文时，仍感吃力，希望借助AI提高阅读效率和理解准确性。

人机协同策略：

步骤一 利用AI辅助快速理解摘要与结论（AI辅助，人判断）。

对于一篇新的英文文献，小李可以先将其摘要（abstract）和结论（conclusion）部分复制给AI。

提示词示例："请帮我将以下这段英文摘要翻译成流畅的中文，并用一句话概括这篇论文的核心研究问题和主要发现。"

AI输出提供中文翻译和核心概要。

人工判断价值（人）：小李通过快速阅读AI生成的摘要和概要，判断该文献是否与自己的研究高度相关，是否值得投入更多时间进行精读。

步骤二 针对难以理解的词语与长句进行查询（人定位，AI辅助）。

在精读文献过程中，遇到不认识的专业术语或难以理解的长难句时，小李可以将其复制给AI。

提示词示例（查词）："请解释一下英文术语'confounding variable'在统计学研究中的具体含义，并给出一个简单的例子。"

提示词示例（解句）："请帮我分析并用更简单的中文解释一下这个英文长句的结构和意思：[粘贴长难句]。"

AI输出提供释义、示例或句子结构分析。

步骤三 利用AI辅助翻译关键段落（AI辅助，人核对与理解）。

对于论文中方法、结果、讨论等部分的关键段落，如果理解困难，小李可以请求AI进行翻译。

提示词示例："请将以下这段关于实验结果的英文段落翻译成准确、专业的中文：[粘贴段落]。"

人工核对与深度理解（人）：小李必须将AI的翻译与英文原文进行仔细对照，理解每个术语和逻辑关系在原文中的精确表达。机器翻译结果不能替代对原文的理解，只能作为辅助。对于关键概念和结论，务必回归原文确认。

步骤四（可选） 利用AI辅助进行跨语言文献检索（AI辅助）。

提示词示例："我正在阅读一篇关于'Mindfulness intervention for anxiety in college students'的英文文献。请帮我推荐一些探讨类似主题的中文学术论文的关键词，以便我在知网等中文数据库中检索。"

AI输出可能建议：“正念干预”“大学生焦虑”“静观疗法”“焦虑情绪”“高校学生”等中文关键词。

2.注意事项与人的角色

（1）机器翻译的局限性：尽管机器翻译质量已大幅提高，但在处理专业术语、文化习语、复杂句式、微妙语境和情感色彩时，仍可能出现错误、歧义或丢失信息。对于学术研究等要求高度精确的场景，AI翻译结果绝不能直接替代原文或作为最终理解依据，必须经过人工的严格核对和专业判断。

（2）理解原文是根本：AI辅助的目的是帮助理解原文，而不是取代对原文的阅读和思考。学习者应将AI作为辅助工具，逐步提升自身的外语阅读能力。

（3）语境的重要性：语言的意义高度依赖于语境。在向AI查询词语或句子含义时，尽量提供足够的上下文信息，有助于获得准确的解释。

（4）语言学习的综合性：AI可以在词语、语法、阅读、写作、口语（模拟对话）等多个方面提供辅助，但真正掌握语言还需要大量的听说读写综合练习、真实的语境接触以及对文化背景的理解。

通过将AI作为多语言处理和外语学习的“智能词典”“翻译助手”“练习伙伴”，可以更有效地克服语言障碍，拓展信息获取渠道，并加速外语能力的提升。

13.7　技能提升之信息检索与获取：AI辅助高效精准定位与整合信息实践

在信息爆炸的时代，从海量、分散、异构的信息源中快速、准确地找到自己所需要的特定信息，是一项至关重要的基础技能。传统的搜索引擎虽然强大，但往往返回的是大量链接，需要用户自行点击、阅读、筛选和整合。具备自然语言理解和信息整合能力的AI大模型（特别是集成了搜索引擎或RAG功能的模型），可以提供更直接、更高效、更个性化的信息检索与获取体验。

1.AI在信息检索与获取中的主要作用

（1）自然语言问答：用户可以直接用自然语言提出问题（包括复杂、多方面的问题），AI尝试直接给出综合性的、连贯的答案，而非仅仅返回链接列表。

（2）长文档信息定位与问答：对于用户上传的长篇文档（如PDF报告、网页文章），AI可以根据用户提问，快速定位文档中相关的段落或句子，并基于这些内容回答问题。

（3）跨文档信息整合与摘要：（通常需要RAG或联网搜索能力）AI能够基于从多个信息来源（如多个网页、多篇文档）检索到的信息，进行整合、去重、提炼，并生成一个综合性的摘要或概述。

（4）特定信息提取：从非结构化或半结构化的文本中，根据用户的要求提取特定的信息实体（如人名、地名、组织机构名、日期、关键数据等）或关系。

（5）个性化信息推荐：（需要用户画像或历史数据支持）根据用户的兴趣、历史查询记录或当前任务上下文，主动推荐可能相关的信息或资源。

实践案例：AI辅助快速了解AIGC在新闻业的应用与争议

任务场景：新闻传播专业的学生小王，需要快速了解当前人工智能生成内容（AIGC）技术在新闻报道领域的具体应用实例以及引发的主要伦理争议，以便为课堂讨论做准备。

人机协同策略：

步骤一 选择合适的AI工具（人）。

小王选择一个具备联网搜索能力，并且能够提供信息来源链接的大语言模型或AI搜索引擎。(例如，国内的Kimi Chat、具备特定模式或插件的文心一言或讯飞星火；国际上的如Perplexity AI、集成了搜索的Google Gemini或Microsoft Copilot等)。选择能提供来源的工具至关重要，便于后续核查。

步骤二 设计系列提示词进行信息检索与整合（人设计，AI执行）。

提示词1（定义与区别）："请用简明扼要的语言解释什么是'人工智能生成内容（AIGC）'，它和传统的内容创作的主要区别。请提供权威定义来源（如有）。"

提示词2（应用实例）："请列举几个目前AIGC技术在新闻报道领域应用的具体实例（例如，自动撰写财报新闻、生成体育赛事简讯、辅助数据新闻可视化等）。请提供相关报道或案例的链接。"

提示词3（伦理争议）："关于AIGC应用于新闻业，目前主要的伦理争议有哪些？请至少列出三点（例如，关于虚假信息、版权、就业等），并简要说明。最好能提供讨论这些争议的文章或报告来源。"

提示词4（最新进展）："近期（比如过去半年内）是否有关于AIGC在新闻领域应用的重要进展、重大事件或引发广泛讨论的观点？请简要介绍并提供来源。"

步骤三 阅读AI回答并核查来源（人主导，AI辅助）。

阅读AI整合的答案：小王阅读AI针对每个问题生成的综合性回答，快速获取关于AIGC在新闻业应用的定义、实例、争议和最新动态的初步概览。

点击来源链接进行核查（关键步骤）：小王必须点击AI提供的来源链接，访问原始网页（如新闻报道、研究报告、机构官网等），快速浏览并核实AI总结的信息是否准确、全面，是否存在误解或遗漏关键背景。不能完全依赖AI的摘要。

针对疑问进行追问（AI辅助）：如果对AI回答的某个细节或来源文章的内容有疑问，可以进一步向AI追问以寻求澄清。

步骤四 整理与形成个人观点（人）。

小王结合AI提供的信息和自己核查原始来源后的理解，整理出自己对AIGC在新闻业应用的认识，并形成准备在课堂上分享的观点。

2.注意事项与人的角色

（1）选择合适的AI工具至关重要：对于需要最新信息或跨来源整合的任务，必须选择具备可靠联网搜索能力并能提供可验证来源的AI工具。缺乏这些能力的纯LLM模型在信息检索任务上效果有限且风险高（易产生幻觉）。

（2）提问方式影响结果：清晰、具体、有针对性的提问（如采用多轮、分点提问的方式）通常比一个笼统的大问题更能获得高质量的回答。

（3）来源核查是底线：AI在整合信息时可能出错、片面或遗漏关键上下文。对AI提供的来源进行人工核查是确保信息准确可靠的必要步骤，绝对不能省略。

（4）警惕“信息茧房”风险：如果AI具备个性化推荐功能，需要警惕其可能过度迎合用户兴趣而导致信息获取面变窄的风险，应主动拓展信息来源。

（5）理解AI整合的局限：AI整合信息主要是基于文本层面的模式识别和摘要生成，它可能无法完全理解不同来源信息之间的细微差异、内在逻辑冲突或深层含义。最终的综合判断仍需依赖人类。

通过将AI作为信息检索与获取过程中的“智能问答引擎”“信息整合助手”“来源导航仪”，可以显著提高查找和初步理解信息的效率，但前提是必须辅以严格的来源核查和批判性评估。

13.8 技能执行的综合运用

前面几节探讨了AI如何在编程调试、数据可视化、文本撰写、多语言处理以及信息检索等具体的技能执行层面提供辅助。在解决许多现实世界的问题时，往往需要将这些不同的技能组合起来，形成一个连贯的操作流程。AI的价值不仅在于提升单项技能的执行效率，更在于能够辅助将这些技能有效地串联起来，完成更复杂的、跨技能的任务。

设想一个场景：你需要完成一份关于“中国不同省份近五年GDP增长情况及其与高新技术产业占比关系”的简短分析报告。一个整合了多种AI辅助技能执行的工作流可能如下：

1.信息检索与获取

提示词示例："请帮我查找中国国家统计局或权威经济数据库发布的近五年（例如，2020—2024年）中国各省（自治区、直辖市）的年度GDP数据和高新技术产业增加值占GDP的比重数据。请提供数据来源链接或告诉我可以在哪些官方网站上找到这些数据。"

人机协同：利用具备联网搜索能力的AI获取数据来源线索，然后人访问官方网站下载或整理所需的原始数据（AI可能无法直接获取精确的结构化数据表，人工查找和整理数据是关键一步）。

2.数据分析与处理（编程辅助）

提示词示例："我已经将各省近五年的GDP和高新产业占比数据整理到一个名为gdp_hitech.xlsx的Excel文件中，包含'province', 'year', 'GDP', 'Hitech_Ratio'等列。请帮我用Python的pandas库生成代码，计算每个省份近五年的GDP年均复合增长率（CAGR)和高新产业占比的平均值。"

人机协同：利用AI生成数据处理的Python代码，人负责审查、理解、运行代码，并验证计算结果的准确性。

3.数据可视化制作

提示词示例："基于上一步计算得到的各省GDP年均增长率和平均高新产业占比数据，请帮我生成Python代码（使用Matplotlib或Seaborn），绘制一个散点图，以高新产业占比为X轴，GDP增长率为Y轴，并用不同颜色或标记区分东、中、西部地区（假设Excel文件中有'Region'列）。请添加合适的标题和坐标轴标签。"

人机协同：利用AI生成绘图代码，人运行代码生成图表，并根据需要调整图表样式（可能再次请求AI辅助修改代码），确保图表清晰、准确地传达信息。

4.报告撰写与润色

提示词示例（生成初稿）："请根据以下分析结果：[简要描述从GDP增长率与高新产业占比的散点图中观察到的主要趋势，例如，'整体呈现正相关，东部地区普遍双高'等]和数据分析过程，帮我草拟一段关于'中国各省近五年GDP增长与高新技术产业发展关系'的初步分析文字，约300字，用于报告的核心发现部分。"

提示词示例（润色）："请帮我润色以下这段关于数据分析结果的描述[粘贴自己写的草稿]，使其语言更流畅、更专业，并检查是否有语法错误。"

人机协同：利用AI生成报告初稿或对已有文字进行润色，但人必须进行严格的内容核查、逻辑梳理、观点提炼和个性化改写，确保报告的准确性、深度和原创性。

5.（可选）多语言摘要

提示词示例："请将上述分析报告的核心结论（约100字）翻译成英文。"

人机协同：利用AI进行初步翻译，人负责对专业术语进行校对，以确保表达的准确性。

在这个综合案例中，AI在信息检索、编程、可视化和写作等多个技能执行环节都提供了辅助，显著提高了整体工作效率。但每个环节都离不开人的主导、判断、核查和整合。学习者需要掌握的不仅是如何在单个技能点上使用AI，更是如何设计和管理这样一个人机协同的、跨技能的工作流程，并对整个流程的质量和最终结果负责。

13.9　本章小结

1.核心回顾

（1）技能执行层定位：理解了人机增强型认知协同框架中技能执行层的核心作用，即运用AI辅助提升完成具体、操作性强的单项任务的效率和质量。

（2）五大核心技能实践与AI应用：系统探讨了AI在以下五个关键技能执行环节的具体应用，并结合案例进行了说明。

①编程与调试：AI辅助生成代码、解释逻辑、识别错误、提供修复建议。

②数据可视化制作：AI辅助建议图表类型、生成绘图代码、调整图表样式。

③文本撰写与润色：AI辅助起草各类实用文体初稿、优化语言表达、检查语法格式。

④多语言处理：AI辅助进行文本翻译、理解外语、辅助语言学习。

⑤信息检索与获取：AI辅助进行自然语言问答、长文档信息定位、跨来源信息整合。

（3）人机协同的实践性与风险：强调了技能执行层人机协同的直接操作性和实践性，同时指出了由于AI输出直接影响操作结果，因此对其准确性、可靠性和安全性有严格要求，而人类监督、验证和最终把关也尤为重要。

（4）技能的综合运用：指出在解决现实问题时，通常需要将多种AI辅助的技能执行方法组合起来，形成连贯的工作流程，并强调了人在设计、管理和最终负责中的核心作用。

2.关键洞察

（1）AI成为技能放大器：在技能执行层面，AI极大地放大了人类在编程、写作、信息处理等众多领域的操作能力和效率，降低了许多技能的使用门槛。

（2）人＋AI＞单纯的人或AI：通过有效的人机协同，可以在许多技能执行任务上达到单纯依靠人力或单纯依赖AI都难以企及的效率和（某些方面的）质量。

（3）验证与负责是底线：随着AI越来越多地参与具体的技能执行，用户的核心责任从完全自己动手转向了有效引导、严格验证、最终负责。用户对AI生成结果（代码、图表、文本、信息）的准确性、可靠性、安全性进行把关，是不可推卸的责任。

（4）警惕技能退化风险：过度依赖AI完成所有技能操作，可能导致用户自身核心技能生疏甚至退化。应将AI视为提升技能熟练度和拓展能力边界的工具，而非完全替代自身练习和成长的捷径。

（5）面向未来的工作模式：掌握如何在具体的技能执行层面与AI高效协同，将是未来职场中一项普遍且重要的基本能力。

13.10 课后练习

（1）技能执行层理解：请用自己的话解释人机增强型认知协同框架中的技能执行层与前两章讨论的认知策略层和方法实践层在关注点和主要作用上有何本质区别。

（2）编程辅助实践（AI互动）：选择一种你熟悉的编程语言（如Python、Java等）。尝试让AI助手为你完成以下任务之一：①编写一个函数，实现一个简单的算法（例如，计算斐波那契数列的第n项）；②解释一段你不太理解的开源代码片段的功能；③提供一段有明显错误的代码，让AI尝试找出错误并给出修改建议。记录你的提示词和AI的输出，并评价AI在编程辅助方面的有效性和局限性。你是否会对AI生成的代码进行严格测试？为什么？

（3）数据可视化实践（AI互动）：假设你有一组包含不同城市月平均气温的数据。请尝试让AI助手：①建议至少两种适合展示这些数据（例如，比较不同城市气温差异，或展示单个城市气温变化趋势）的可视化图表类型。②选择其中一种图表类型，让AI生成使用某个库（如Python的Matplotlib）绘制该图表的示例代码（你可以虚构数据结构）。你认为AI在可视化建议和代码生成方面的帮助有多大？

（4）文本润色实践（AI互动）：选择一段你近期写的、任何类型的文字（例如，邮件草稿、课程笔记总结、社交媒体帖子等，约100～200字）。将其输入给AI助手，并提出明确的润色要求（例如，“请帮我把这段话改写得更正式、更书面化”或者“请帮我检查并修改这段话的语法错误，使其表达更流畅自然”）。对比修改前后的文本，评价AI润色的效果。

（5）翻译与理解辅助实践（AI互动）：找到一段你专业领域的外语（如英语）文献或新闻报道中的段落（约100～200词）。尝试使用AI助手完成以下任务：①将其翻译成中文。②询问其中某个你不太确定的专业术语或长难句的含义。记录AI的翻译和解释。你认为AI的翻译质量如何？对于专业内容的翻译，你认为应该如何结合AI辅助和人工核查？

（6）信息检索对比（AI互动 vs. 传统搜索）：选择一个你需要查找具体信息的、有时效性的话题（例如，“中国最新的新能源汽车补贴政策有哪些要点？”或

“某位知名学者近期发表了哪些重要论文?”）。首先，尝试使用传统的搜索引擎（如百度、搜狗）进行查找，记录你大致花费的时间和找到的关键信息。然后，尝试使用一个具备联网搜索和来源引用能力的AI助手（如Kimi Chat、Perplexity AI等）提出相同的问题，记录其给出的综合答案和来源。比较两种方式在效率、信息整合度和可靠性（需要核查来源）方面的差异。

（7）技能组合应用思考：设想你需要为即将到来的期末考试周制定一个详细的复习计划表。请思考，你如何综合运用本章讨论的AI辅助技能（例如，利用AI进行信息检索查找各科目的考试大纲、利用AI辅助文本撰写起草计划初稿，甚至利用AI辅助生成一些简单的复习提醒代码等）更高效地完成任务？简要描述你的思路。

（8）（反思题）人机协同的“度”：在技能执行层面，过度依赖AI可能导致个人核心技能退化。请结合你自身的学习或未来工作领域，谈谈你认为在哪些具体的技能操作上可以较多地依赖AI以提升效率，而在哪些技能上则必须坚持亲力亲为，并需要警惕AI的过度干预？你将如何把握这个“度”?

参考资料

1.主要参考文献

[1] 毛玉仁，高云君，等.大模型基础[M].北京：机械工业出版社，2024.

[2] 吴飞. 人工智能：模型与算法[M].北京：高等教育出版社，2021.

[3] 赵鑫，李军毅，周昆，等.大语言模型[M].北京：高等教育出版社，2024.

[4] Achiam J，Adler S，Agarwal S，et al. GPT-4 technical report[J].arXiv preprint，arXiv:2303.08774，2023.

[5] Bai Y，Du X，Liang Y，et al. COIG-CQIA：Quality is all you need for Chinese instruction fine-tuning[J]. arXiv preprint，arXiv:2403.18058，2024.

[6] Bi K，Xie L，Zhang H，et al. Accurate medium-range global weather forecasting with 3D neural networks[J]. Nature，2023，619（7970）：533-538.

[7] Bisk Y，Zellers R，Gao J，et al. PIQA：Reasoning about physical commonsense in natural language[C]//Proceedings of the AAAI Conference on Artificial Intelligence，2020，34（5）：7432-7439.

[8] Brohan A，Brown N，Carbajal J，et al. Rt-1：Robotics transformer for real-world control at scale[J]. arXiv preprint，arXiv:2212.06817，2022.

[9] Brown T，Mann B，Ryder N，et al. Language models are few-shot learners [J]. Advances in Neural Information Processing Systems，2020，33：1877-1901.

[10] Bubeck S，Chandrasekaran V，Eldan R，et al. Sparks of artificial general intelligence：Early experiments with GPT-4[J]. arXiv preprint，arXiv:2303.12712，2023.

[11] Cao Y，Li S，Liu Y，et al. A survey of AI-generated content（AIGC）[J]. ACM Computing Surveys，2025，57（5）：1-38.

[12] Chen M，Tworek J，Jun H，et al. Evaluating large language models trained on code[J]. arXiv preprint，arXiv：2107.03374，2021.

[13] Civitai. Civitai platform for sharing AI models and generated content[EB/OL].[2025-04-03]. https://civitai.com/.

[14] Clark C，Lee K，Chang M W，et al. BoolQ：Exploring the surprising difficulty of natural yes/no questions[C]//Proceedings of the 2019 Conference of the North American Chapter of the Association for Computational Linguistics：

Human Language Technologies, 2019: 2924-2936.
[15] Clark P, Cowhey I, Etzioni O, et al. Think you have solved question answering? Try ARC, the AI2 reasoning challenge[J]. arXiv preprint, arXiv: 1803.05457, 2018.
[16] Cobbe K, Kosaraju V, Bavarian M, et al. Training verifiers to solve math word problems[J].arXiv preprint, arXiv:2110.14168, 2021.
[17] de Bono E. Six Thinking Hats[M]. London: Penguin, 1985.
[18] Devlin J, Chang M W, Lee K, et al. BERT: Pre-training of deep bidirectional transformers for language understanding[C]//Proceedings of the 2019 conference of the North American Chapter of the Association for Computational Linguistics: Human Language Technologies, volume 1 (long and short papers), 2019: 4171-4186.
[19] Ethan M. Co-Intelligence: Living and Working with AI[M]. New York: Penguin Random House, 2024.
[20] Fortune M. ChatGPT shows that the A.I. revolution has arrived. We're not ready[J]. Fortune, 2023, 197 (3): 1-10.
[21] Fui-Hoon Nah F, Zheng R, Cai J, et al. Generative AI and ChatGPT: Applications, challenges, and AI-human collaboration[J]. Journal of information technology case and application research, 2023, 25 (3): 277-304.
[22] Goodfellow I, Bengio Y, Courville A. Deep Learning[M]. Cambridge: MIT Press, 2016.
[23] Graves A. Generating sequences with recurrent neural networks[J]. arXiv preprint, arXiv:1308.0850, 2013.
[24] Guo D, Yang D, Zhang H, et al. DeepSeek-R1: Incentivizing reasoning capability in llms via reinforcement learning[J]. arXiv preprint, arXiv:2501.12948, 2025.
[25] Hendrycks D, Burns C, Basart S, et al. Measuring massive multitask language understanding[C]//International Conference on Learning Representations, 2021.
[26] Hong S, Zheng X, Chen J, et al. MetaGPT: Meta programming for multi-agent collaborative framework[J]. arXiv preprint, arXiv:2308.00352, 2023.
[27] Hu E J, Shen Y, Wallis P, et al. Lora: Low-rank adaptation of large language models [C]//International Conference on Learning Representations, 2022.
[28] Huang J. Speech at NVIDIA GTC 2023[R/OL]. (2023-03-21) [2025-04-

06]. https://www.nvidia.com/en-us/on-demand/session/gtcspring23-s52226/.

[29] Huang Y, Bai Y, Zhu Z, et al. C-Eval: A multi-level multi-discipline chinese evaluation suite for foundation models[J]. Advances in Neural Information Processing Systems, 2023, 36: 62991-63010.

[30] Jumper J, Evans R, Pritzel A, et al. Highly accurate protein structure prediction with AlphaFold[J]. Nature, 2021, 596 (7873): 583-589.

[31] Kaplan J, McCandlish S, Henighan T, et al. Scaling laws for neural language models[J]. arXiv preprint, arXiv: 2001.08361, 2020.

[32] KPMG. 解读欧盟人工智能法案[EB/OL].[2025-05-03]. https://assets.kpmg.com/content/dam/kpmg/tw/pdf/2024/04/decoding-the-eu-artificial-intelligence-act-cht.pdf.

[33] Liu A, Feng B, Xue B, et al. DeepSeek-v3 technical report[J]. arXiv preprint, arXiv: 2412.19437, 2024.

[34] Luo S, Tan Y, Huang L, et al. Latent consistency models: Synthesizing high-resolution images with few-step inference[J]. arXiv preprint, arXiv: 2310.04378, 2023.

[35] Mortensen D T, Pissarides C A. Technological progress, job creation, and job destruction[J]. Review of Economic Dynamics, 1998, 1 (4): 733-753.

[36] Ouyang L, Wu J, Jiang X, et al. Training language models to follow instructions with human feedback[J]. Advances in Neural Information Processing Systems, 2022, 35: 27730-27744.

[37] Park J S, O'Brien J, Cai C J, et al. Generative agents: Interactive simulacra of human behavior[C]//Proceedings of the 36th Annual ACM Symposium on User Interface Software and Technology, 2023: 1-22.

[38] Radford A, Wu J, Child R, et al. Language models are unsupervised multitask learners[J]. OpenAI blog, 2019, 1 (8): 9.

[39] Rombach R, Blattmann A, Lorenz D, et al. High-resolution image synthesis with latent diffusion models[C]//Proceedings of the IEEE/CVF Conference on Computer Vision and Pattern Recognition, 2022: 10684-10695.

[40] Russell S J, Norvig P. Artificial Intelligence: A Modern Approach[M]. 4th ed. Boston: Pearson, 2020.

[41] Sakaguchi K, Bras R L, Bhagavatula C, et al. Winogrande: An adversarial winograd schema challenge at scale[J]. Communications of the ACM, 2021, 64 (9): 99-106.

[42] Schulman J, Wolski F, Dhariwal P, et al. Proximal policy optimization

algorithms[J]. arXiv preprint, arXiv: 1707.06347, 2017.

[43] Searle J R. Minds, brains, and programs[J]. Behavioral and brain sciences, 1980, 3 (3): 417-424.

[44] Shen Y, Song K, Tan X, et al. Hugginggpt: Solving AI tasks with ChatGPT and its friends in hugging face[J]. Advances in Neural Information Processing Systems, 2023, 36: 38154-38180.

[45] Silver D, et al. Mastering the game of go without human knowledge[J]. Nature, 2017, 550 (7676): 354-359.

[46] Stiennon N, Ouyang L, Wu J, et al. Learning to summarize with human feedback[J]. Advances in Neural Information Processing Systems, 2020, 33: 3008-3021.

[47] Sutskever I, Vinyals O, Le Q V. Sequence to sequence learning with neural networks[J]. Advances in Neural Information Processing Systems, 2014, 27.

[48] Turing A M. Computing Machinery and Intelligence [M]. Dordrecht: Springer Netherlands, 2009.

[49] Vaswani A, Shazeer N, Parmar N, et al. Attention is all you need[C]// Advances in Neural Information Processing Systems, 2017, 30: 5998-6008.

[50] Wang Y, Ma X, Zhang G, et al. MMLU-PRO: A more robust and challenging multi-task language understanding benchmark [C]//The Thirty-eight Conference on Neural Information Processing Systems Datasets and Benchmarks Track, 2024.

[51] Way To Success. OpenAI and Figure AI develop humanoid robot: A leap towards the future of AI and robotics[EB/OL]. (2024-03-16) [2025-02-10]. https://medium.com/@waytosuccess0/openai-and-figure-ai-develop-humanoid-robot-a-leap-towards-the-future-of-ai-and-robotics-bba0c3ca7071.

[52] Zellers R, Holtzman A, Bisk Y, et al. HellaSwag: Can a machine really finish your sentence?[C]//Proceedings of the 57th Annual Meeting of the Association for Computational Linguistics, 2019: 4791-4800.

[53] Zhang C, Yang Z, Liu J, et al. AppAgent: Multimodal agents as smartphone users[C]//Proceedings of the 2025 CHI Conference on Human Factors in Computing Systems, 2025: 1-20.

[54] Zhang L, Rao A, Agrawala M. Adding conditional control to text-to-image diffusion models[C]//Proceedings of the IEEE/CVF International Conference on Computer Vision, 2023: 3836-3847.

2.参考平台及专业网站

语雀：https://www.yuque.com/.

阿里云百炼平台：https://www.aliyun.com/product/bailian

通义万相：https://tongyi.aliyun.com/wanxiang/

百度识图：https://graph.baidu.com/pcpage/index?tpl_from=pc

百度文心一言：https://yiyan.baidu.com/

百度千帆大模型平台：https://cloud.baidu.com/product-s/qianfan_home

文心一格：https://yige.baidu.com/

华为云盘古大模型平台：https://www.huaweicloud.com/product/pangu.html

扣子（Coze）：https://www.coze.cn/.

美国国家生物技术信息中心（NCBI）：https://www.ncbi.nlm.nih.gov/

美国国立医学图书馆（PubChem）：https://pubchem.ncbi.nlm.nih.gov/

上海辟谣平台：https://piyao.jfdaily.com/

较真：https://news.qq.com/omn/author/8QMc2Xde5YQfvTbd.

腾讯云智能创作平台：https://cloud.tencent.com/product/tcp

有道云笔记：https://note.youdao.com/

有据核查平台：https://chinafactcheck.com/

印象笔记：https://www.yinxiang.com/

Kimi智能助手：https://kimi.moonshot.cn/

飞书文档：https://www.feishu.cn/product/docs.

AFP Fact Check：https://factcheck.afp.com/.

AI Incident Database：https://incidentdatabase.ai/

Amazon SageMaker：https://aws.amazon.com/sagemaker/

Anki：https://apps.ankiweb.net/

GitHub：https://github.com/.

A2A：https://developers.googleblog.com/en/a2a-a-new-era-of-agent-interoperability/

Google Gemini：https://gemini.google.com/app

Google Vertex AI：https://cloud.google.com/vertex-ai

Discord：https://discord.com/

Midjourney：https://midjourney.com/

Hugging Face：https://huggingface.co/

Notion：https://www.notion.so/

OpenAI ChatGPT：https://chatgpt.com/

Perplexity AI：https://www.perplexity.ai/
Stable Diffusion WebUI：https://github.com/AUTOMATIC1111/stable-diffusion-webui
ComfyUI：https://github.com/comfyanonymous/ComfyUI
PromptPerfect：https://promptperfect.jina.ai/

附　录

附 1：代表性提示词框架、常用思维模型和应用实例

1.代表性提示词框架

名称	构成（英文）	构成（中文）	使用范围	典型应用场景
APE	action ｜ purpose ｜ expectation	行动 ｜ 目的 ｜ 期望	通用结构化提示	内容创作、任务目标设定
BROKE	background ｜ role ｜ objective ｜ key-results ｜ enhancement	背景 ｜ 角色 ｜ 目标 ｜ 关键结果 ｜ 改进	项目管理、复盘	OKR（objectives and key result，目标与关键成果）复盘、流程优化
COAST	context ｜ objective ｜ action ｜ scene ｜ task	背景 ｜ 目标 ｜ 行动 ｜ 场景 ｜ 任务	多维任务拆解	项目描述、需求分解
TAG	task ｜ action ｜ goal	任务 ｜ 行动 ｜ 目标	轻量级提示	流程梳理、目标确认
RISE	role ｜ input ｜ steps ｜ expectation	角色 ｜ 输入 ｜ 步骤 ｜ 期望	多步推理	角色扮演、流程任务
TRACE	task ｜ request ｜ action ｜ context ｜ example	任务 ｜ 请求 ｜ 操作 ｜ 上下文 ｜ 示例	复杂 / 多轮任务	操作指导、范例演示
ERA	expectation ｜ role ｜ action	期望 ｜ 角色 ｜ 行动	角色导向提示	输出标准、角色定位
CARE	context ｜ action ｜ result ｜ example	上下文 ｜ 行动 ｜ 结果 ｜ 示例	任务分解、案例教学	带示例的输出
ROSES	role ｜ objective ｜ scene ｜ explanation ｜ steps	角色 ｜ 目标 ｜ 场景 ｜ 解决方案 ｜ 步骤	系统性问题拆解	复杂问题解决
ICIO	instruction ｜ context ｜ input-data ｜ output-guide	指令 ｜ 背景 ｜ 输入数据 ｜ 输出引导	数据驱动任务	数据处理、定制化输出
CISPE	character ｜ insight ｜ statement ｜ personality ｜ experiment	角色 ｜ 见解 ｜ 声明 ｜ 个性 ｜ 实验	风格化内容生成	观点输出、品牌人设
RACE	role ｜ action ｜ context ｜ expectation	角色 ｜ 行动 ｜ 背景 ｜ 期望	结构化流程	角色扮演、流程梳理

续表

名称	构成（英文）	构成（中文）	使用范围	典型应用场景
STAR	situation | task | action | result	情境 | 任务 | 行动 | 结果	行为面试、经验复盘	HR评估、故事复盘
PAR	problem | action | result	问题 | 行动 | 结果	问题分析	营销、管理场景
BAB	before | after | bridge	之前 | 之后 | 桥梁	转变 / 对比叙事	产品介绍、故事讲述
OPR	optimization-goal | prompt-generation | review	优化目标 | 提示生成 | 评估	自动化提示优化	LLM自我优化、A/B测试
PAS	problem | agitate | solution	问题 | 激化 | 解决方案	说服与营销	广告文案、销售邮件
GROW	goal | reality | options | will	目标 | 现状 | 选项 | 意愿	教练式对话	个人成长、团队辅导
SCQA	situation | complication | question | answer	情景 | 复杂性 | 问题 | 解答	咨询报告、演讲结构	结构化叙事
PASTO	problem | audience | solution | transformation | outcome	问题 | 受众 | 解决方案 | 转变 | 结果	产品定位	市场分析、创业宣讲

2.常用思维模型

序号	中文名称	英文名称	主要内容与典型应用场景	提示词实例
1	SWOT分析	SWOT analysis	将内/外部因素拆成优势、劣势、机会、威胁四象限；常用于企业战略、创业可行性、课程商业计划书初步诊断	我想评估一个项目的优势、劣势、机会和威胁。请演示SWOT分析如何帮助我
2	双钻设计流程	double diamond design process	“发现—定义—开发—交付”四阶段，指导工业/服务设计从需求探索到方案落地；常用于设计学院课程与竞赛	正在做设计课作业，能用双钻流程帮我划分探索与收敛阶段吗？
3	艾森豪威尔矩阵	Eisenhower matrix	基于紧急度、重要度划分任务优先级；适合个人时间管理、项目经理排期、学生期末多任务梳理	课业太多，如何用艾森豪威尔矩阵快速区分紧急与重要任务？
4	设计思维	design thinking	同理、定义、创意、原型、测试五步，以用户为中心解决开放式问题；常用于产品创新、社会设计、教育工作坊	想开发校园共享雨伞，请用设计思维五步引导我的创意
5	鱼骨图	fishbone diagram	可将可能原因按人、机、料、法、环等类别进行梳理，从而系统排查根本原因；常用于质量管理、科研实验误差、运维故障分析	实验误差反复出现，请利用鱼骨图法找出根本原因。

续表

序号	中文名称	英文名称	主要内容与典型应用场景	提示词实例
6	情景规划	scenario planning	构建2～4个未来情境并为每种情境制定策略；用于宏观政策、能源规划、企业长周期投资决策	想为创业项目准备不同经济情景，请示范情景规划基本步骤
7	安索夫矩阵	Ansoff matrix	市场、产品二维四象限（渗透、开发、开拓、多元化）评估增长路径；常用于营销与战略管理课堂	需要选择市场渗透还是产品开发战略，Ansoff矩阵怎么用？
8	凯普纳-特里戈矩阵（K-T矩阵）	Kepner-Tregoe matrix	通过加权评分进行理性决策与故障排查；常用于工程、IT变更评审、公共管理方案遴选	遇到多方案抉择，如何用K-T矩阵做系统决策？
9	GROW 模型	GROW model	“目标—现状—选项—意愿”四步对话框架；常用于教练辅导、职业发展面谈、学习目标设定	想辅导同学设定学期目标，演示GROW模型四步对话
10	思维导图	mind mapping	放射式图形把中心主题与子概念连接；用于头脑风暴、论文结构规划、知识记忆	期末论文选题很多，示例说明思维导图如何整理想法
11	波士顿矩阵（BCG矩阵）	BCG matrix	用市场增长率、相对份额定位明星、奶牛、问号、瘦狗；常用于企业产品组合管理、投资组合课程	需要评估公司四款产品，如何用BCG矩阵分类？
12	平衡计分卡	balanced scorecard	财务、客户、内部流程、学习成长四维指标联动战略执行；常用于组织绩效考核、非营利KPI设计	学生社团想对齐愿景与行动，请演示平衡计分卡四维度
13	波特五力模型	Porter's five forces	行业内竞争、买家和供应商议价、替代品、进入壁垒五力；常用于市场进入研究、行业分析报告	分析网约车行业竞争格局，请用波特五力模型示范
14	看板方法	kanban method	可视化看板＋在制限制提升流程效率；常用于软件敏捷开发、制造车间、学生团队任务流	小组项目进度混乱，如何用看板改进流程？
15	约束理论	theory of constraints	找系统瓶颈—缓解—重新评估的持续改进；常用于生产管理、供应链优化、服务流程	生产实习遇到瓶颈，演示约束理论缓解流程
16	蒙特卡洛模拟	Monte Carlo simulation	大量随机抽样，预测结果分布；常用于金融风险、工程可靠度、科研不确定性分析	想估算投资回报的不确定性，蒙特卡洛模拟怎么做？
17	Delphi 方法	Delphi method	匿名多轮问卷，聚合专家意见，减小从众偏差；常用于技术预测、公共政策、标准制定	需汇总多位专家预测，请示范Delphi方法流程

续表

序号	中文名称	英文名称	主要内容与典型应用场景	提示词实例
18	力场分析	force field analysis	列出推动/阻碍变革力量并量化权重；常用于变革管理、校园政策推广、组织发展	社团改革阻力大，如何用力场分析列出支持与反对力量？
19	蓝海战略	blue ocean strategy	价值创新，打造无竞争市场；常用于产品差异化、商业模式创新课程与创业策划	想避开红海竞争，为我示例蓝海战略四步框架
20	PDCA循环	PDCA cycle	计划—执行—检查—行动闭环持续改进；常用于实验室质量、运营管理和课程项目迭代	课程实验需持续改进，示例PDCA循环怎么用
21	六顶思考帽	six thinking hats	用六种角色帽切换视角提升会议效率；常用于创新研讨、课堂讨论、团队决策	小组讨论常跑题，演示六顶思考帽角色分工
22	5W1H	five whys and one how	连续追问“为什么”与“如何”全面分析问题；常用于制造缺陷、服务投诉、科研异常	设备故障频发，请利用5W1H方法分析并追根究底
23	帕累托分析	Pareto analysis	80/20法识别关键少数问题或客户；常用于质量缺陷统计、学习成绩提升	课堂缺勤原因杂多，示例80/20找主要因素
24	OKR	objectives & key results	用量化关键结果驱动目标落地；常用于产品团队、学生社团、个人成长计划	设定学期目标，示例说明OKR写法及衡量指标
25	MoSCoW排序	MoSCoW prioritization	按 Must/Should/Could/Won't设置优秀级；常用于软件需求、课程项目迭代	App功能太多，示范MoSCoW划分优先级
26	维恩图	Venn diagram	用交集、并集比较异同；常用于文科概念对比、实验组差异展示	比较线上线下学习优缺点，请展示三集维恩图
27	PESTEL分析	PESTEL analysis	政治、经济、社会、技术、环境、法律六维宏观扫描；常用于战略研究、国际市场进入	研究新能源车行业宏观环境，PESTEL六维度如何填？
28	OODA循环	OODA loop	观察、判断、决策、行动快速迭代；常用于军事策略、竞技体育、应急管理	竞技比赛需快速决策，示例OODA四环使用方法
29	Cynefin框架	Cynefin framework	将问题情境分为简单、复杂、混沌等，匹配决策方式；常用于政策制定、软件故障处理	遇到复杂系统决策，说明如何用Cynefin识别情境
30	第一性原理	first principles thinking	拆解到物理/逻辑最基本事实再重构；常用于产品颠覆性创新、科研假设	想重新设计水瓶盖，请示例第一性分解步骤

续表

序号	中文名称	英文名称	主要内容与典型应用场景	提示词实例
31	冰山模型	systems thinking iceberg	事件、模式、系统结构、心智四层次揭示深层原因；常用于可持续发展研究、社会问题分析	讨论校园垃圾分类问题，用冰山模型层层剖析
32	TRIZ原理	TRIZ inventive principles	40发明原理＋矛盾矩阵解决技术冲突；常用于机械设计、专利撰写、创新竞赛	解决设计冲突，示例TRIZ 40原理如何检索
33	精益画布	lean canvas	九格快速验证商业假设，强调痛点与指标；常用于创业课程、加速器孵化	想验证创业点子，请示范lean canvas九格填写
34	商业模式画布	business model canvas	九要素全景描述企业价值创造逻辑；常用于创业赛、MBA课程、企业内部创新	课程创业赛需要商业模式画布，示例九块内容
35	JTBD理论	jobs-to-be-done	聚焦用户要完成的任务而非属性；常用于产品需求挖掘、市场调研访谈	分析学生午餐配送痛点，示例JTBD访谈提纲
36	价值主张画布	value proposition canvas	顾客画像与价值映射匹配痛点和增益；常用于市场定位、产品迭代	想优化产品卖点，示例价值主张画布两部分填写
37	AIDA模型	AIDA model	营销漏斗：注意—兴趣—欲望—行动；常用于广告文案、招生宣传	写招生广告，演示AIDA四步文案
38	概念图	concept mapping	用节点、连线展示概念层级与因果关系；常用于教育学、历史事件梳理、科研综述	历史学课程脉络多，示例概念图如何组织事件
39	叙事弧	narrative arc	起—承—转—高潮—结局故事结构；常用于演讲、视频脚本、用户体验故事板	准备演讲，需要故事结构，演示叙事弧五段
40	用户旅程地图	user journey map	从触点、情绪到痛点全程可视化；常用于用户体验研究、服务设计、旅游线路策划	设计校园导览App，示例绘制用户旅程六阶段
41	活动系统图	activity system map	显示关键活动及其相互关系；常用于战略对比、平台生态分析、运营课程	比较两大视频平台商业模式，用活动系统图展示
42	风险矩阵	risk matrix	概率-影响二维评估并分级；常用于项目管理、安全工程、公共卫生	校园活动安全评估，示例概率-影响矩阵四象限
43	KANO模型	KANO model	区分必备、期望、兴奋需求特性；常用于产品需求优先级、客户满意度研究	想区分产品必备/兴奋特性，演示KANO调查

续表

序号	中文名称	英文名称	主要内容与典型应用场景	提示词实例
44	设计冲刺	design sprint	五天快速原型-测试流程；常用于数字产品验证、课程工作坊	需在一周内验证想法，示例五天设计冲刺流程
45	MVP	minimum viable product	发布最小可用版本以收集反馈；常用于创业迭代、软件产品课程	想快速测试学习App，示例MVP定义及评估指标
46	成本-收益分析	cost-benefit analysis	将各项成本与收益量化为货币值后，比较净现值或效益成本比；常用于公共投资评估、教育项目决策及个人投资分析等场景	评估留学项目价值，示例CBA列出成本与收益项
47	PIE框架	PIE framework	问题、洞察、实验三段规划分析任务；常用于数据科学、增长黑客、A/B测试设计	数据分析任务多，示例PIE如何规划实验

3.应用实例

- **工业设计示例**

任务标题：用安吉竹纤维复合材料设计一款可平板包装的桌面收纳盒。

所用框架：ROSES（role | objective | scene | explanation | steps）

【role角色】

你是浙江大学工业设计系大三学生，主攻可持续材料与结构创新。

【objective目标】

设计一款桌面收纳盒，要求：

①材料：70%安吉竹纤维+30% PLA可降解树脂；

②体积≤2L，承重≥3kg；

③可平板包装，3min内无须工具完成组装；

④单件制造阶段碳排≤150g CO_2e。

【scene场景】

作品将参加“2025 ZJU绿色设计挑战赛”，需提交A3海报和实物样机。

【explanation解决方案】

用100字以内阐释材料选择、拆装结构与可持续消费和生产的关联；说明如何减少运输与生产端碳足迹。

【steps步骤】

1. 提出两种连接结构方案（卡扣/楔形榫），列出优缺点。

2. 绘制ASCII爆炸图，标注零件编号与装配顺序。

3. 输出零件清单Markdown表：“编号 | 尺寸(mm) | 材料 | 加工工艺 | 单件质量（g）”。

4. 估算总材料用量与制造阶段碳排（给出公式与结果g CO_2e）。

5. 给出2条用户端循环利用或回收的建议。

- **能源工程示例**

任务标题：给浙大紫金港校区做一个“光伏＋储能”优化调度方案，让峰负荷减少20%。

所用框架：APE（action | purpose | expectation）

【action行动】

1. 读取校园微电网24h负荷曲线（CSV）与2MWp屋顶光伏预测功率（kW）。

2. 设计1MWh锂电池的充放电时段（≤3次循环/日）。

3. 给出调度表（30min分辨率），用Markdown展示。

【purpose目的】

证明在不新增备用机组的前提下，实现日峰值削减不小于20%（对照历史峰值）。

【expectation期望】

1. 输出调度表和削峰百分比计算过程。

2. 200字以内描述成本-收益粗算结果（含电价峰谷差）。

- **精准农业示例**

任务标题：为嘉兴20亩（1亩≈666.67m^2）水稻田制订低碳施肥方案。

所用框架：CARE（context | action | result | example）

【context上下文】

地块位置：浙江嘉兴，典型潮土；土壤有机质25g/kg，pH6.4。

目标：减少化肥氮投入15%，保持亩产不低于600kg。

【action行动】

1. 用土壤速测结果推荐一次性底肥和三次追肥N-P_2O_5-K_2O配方。

2. 引入秸秆还田措施与脲酶抑制剂；给出CO_2当量减排估算。

【result结果】

1. 以Markdown表输出每次施肥量（kg/亩）与潜在减排量（kg CO_2e/亩）。

2. 用100字左右总结对SDG 2与SDG 13（气候行动）的贡献。

【example示例】

阶段 | 日期 | 肥料配比N-P-K（kg/亩）| 作业方式 | 预计减排（kg CO_2e/亩）

• **公共卫生示例**

任务标题：在浙江山区中学用10分钟筛查高血压——设计可执行的现场流程。

所用框架：ERA（expectation | role | action）

【expectation期望】

输出5步现场筛查流程；字数在600字内；符合《中国2023青少年高血压筛查指南》。

【role角色】

你是浙江大学医学院公共卫生硕士生，负责健康志愿者队伍培训。

【action行动】

1. 准备设备与物资清单（包括电子血压计型号及各尺寸袖带说明）。
2. 组织受测者排队并静息5分钟。
3. 进行双臂血压测量并判断是否需复测。
4. 完成记录表（按“班级-学号-SBP-DBP-复测标记”格式）。
5. 向家长及校医提供筛查结果反馈并提出后续转诊建议。

• **城市与社会示例**

任务标题：共享单车在杭州减少碳排放多少？——用SDG 11（可持续城市）视角做快速估算。

所用框架：TRACE（task | request | action | context | example）

【task任务】

估算2024年杭州共享单车出行替代小汽车后减少的CO_2排放量。

【request请求】

1. 输出估算公式、假设与结果；附Markdown表。
2. 可接受±20%误差的快速方法，无须精细LCA（生命周期评估）。

【action操作】

1. 按日均骑行量350万次，平均行程2.3km计算VKT［车辆行驶里程（行驶车公里数）］替代。
2. 使用小汽车百公里排放180g CO_2基准。
3. 考虑15%的“本该步行”无效替代系数。

【context上下文】

1. 杭州市政府统计年鉴2024。
2. 联合国SDG11指标11.2.1（可持续交通）。

【example示例】

参数 | 数值 | 来源 | 备注

附2：AI辅助学习科研框架

AI赋能学科科研任务框架（完整五层级）

层级	任务	AI辅助描述	关键技能/注意事项	相关挑战/争议
通用基础能力	提示工程	（使用者技能）设计清晰、有效、具体的指令（提示词）来引导AI模型生成期望的输出，完成特定任务	理解不同模型特点；掌握结构化、迭代式提问技巧；根据任务需求调整指令细节（如角色扮演、输出格式、要求）；进行多轮对话优化结果	提示词质量极大地影响输出效果；可能演变成“玄学”而非科学；过度依赖特定技巧可能限制思维；提示词注入攻击等安全风险
	信息验证与批判性评估	（使用者技能）面对AI生成的内容（文本、代码、图像等），运用批判性思维和事实核查方法，评估其准确性、可靠性、时效性、逻辑性和潜在偏见	必须将事实核查作为使用AI的基本步骤。交叉验证信息来源；识别幻觉；评估论证逻辑；意识到AI可能存在的偏见（数据源、算法）；结合《事实核查手册》等工具和方法	AI幻觉问题普遍存在；难以完全自动化核查；用户容易产生过度信任；AI可能生成看似合理但错误的论证；识别和处理AI内容中的隐性偏见具有挑战性。
	伦理规范与负责任使用	（使用者原则与行动）理解并遵守使用AI相关的学术诚信规范、数据隐私保护要求、版权法规；认识AI能力边界，负责任地应用AI技术，考虑其社会影响	区分AI辅助与抄袭/作弊；保护个人和他人隐私数据；合理引用AI生成的内容；不使用AI生成有害或歧视性信息；了解并遵守相关法律法规和机构政策	如何界定并保护AI生成的文本、图像和视频内容的著作权归属？如何高效识别并校正AI生成内容中的虚假信息与算法偏见？如何从伦理与法律层面全面评估并防范AI内容生成带来的风险？
认知策略层	内容梳理	提取长文本要点、生成摘要、构建大纲或思维导图、识别关键主题与论点	验证摘要准确性；设计精确提示词以获得所需焦点和深度；理解AI可能忽略的细微之处；批判性接受AI的结构建议	过度简化；丢失关键细节或上下文；潜在的偏见性总结；依赖AI可能削弱自主概括能力
	概念澄清	用通俗语言解释复杂术语或理论；提供类比、实例；跨领域转译概念；回答具体概念性问题	对AI的解释进行交叉验证（核对权威来源）；追问以探究深度；警惕AI幻觉；理解AI解释的局限性	可能产生不准确或误导性的解释（幻觉）；若完全依赖AI，则可能导致对概念缺乏深度理解；解释的质量依赖于模型训练数据

续表

层级	任务	AI辅助描述	关键技能/注意事项	相关挑战/争议
认知策略层	自我评估	基于学习材料生成练习题或测验；对草稿答案提供初步反馈；模拟讨论伙伴以帮助阐述理解；（若集成）分析学习模式	批判性评估AI的反馈和问题质量；不仅要知对错，更要理解原因；将AI作为反思的辅助，而非替代；主动进行更深层次的元认知活动	AI生成的问题和反馈质量参差不齐；评估可能停留在表面；若使用学习数据，存在隐私风险；过度依赖可能削弱独立思考和深度反思能力
	创意启发	根据提示生成想法；提供不同视角或解决方案；创造隐喻或类比；组合现有概念产生新思路；辅助视觉化构思（如文生图）	将AI生成内容视为起点，进行迭代和深化；通过明确的指令和约束引导AI；若直接使用AI生成内容，需考虑署名或说明；保持人类创造力的主导地位	生成的想法可能缺乏真正的原创性（更多是重组）；易产生陈词滥调或通用性内容；AI生成创意的知识产权归属问题；过度依赖可能抑制个人独特创造力
	目标规划	将大型任务分解为可管理步骤；提供时间表或里程碑；识别所需资源；根据教学大纲或目标构建学习/项目计划	根据个人实际情况调整AI建议；保持计划的灵活性；定期回顾和修正计划；规划的主动权仍在使用者手中	AI生成的计划可能过于通用，缺乏个性化；建议的时间表可行性需要验证；需要用户提供清晰目标和背景信息，并持续互动调整
方法实践层	研究选题	基于文献综述识别研究空白；根据兴趣或关键词推荐潜在议题；初步分析选题的新颖性与可行性	批判性审视AI建议；结合导师意见和个人兴趣进行选择；通过不同提示词探索多样化的研究角度；深入理解潜在选题的研究价值	推荐的选题可能过宽/过窄或缺乏真正的创新性；可能受训练数据限制而存在盲点或偏见；AI无法替代研究者对领域前沿的深刻洞察
	文献管理	辅助检索相关文献；总结摘要或全文；对文献进行分类、打标签；提取关键发现、方法论；分析引文网络，识别重要文献	验证AI总结和分类的准确性；批判性评估文献的相关性和质量；结合专业的文献管理软件使用；关注文献的时效性	文献覆盖可能不全面；摘要可能不准确或丢失关键信息；难以仅凭AI判断文献的深层价值和可靠性；依赖特定工具可能形成锁定效应
	研究方案设计	根据研究问题建议研究方法；设置实验步骤或流程；识别潜在变量、控制条件；起草调查问卷、访谈提纲等初稿	深入理解所选方法的原理和适用性；必须咨询领域专家或导师；确保研究设计符合伦理规范；AI建议仅作参考，人是决策核心	AI对方法论的理解可能不够深入，推荐的方法未必最佳；若完全依赖AI，可能导致研究设计存在缺陷；容易忽略研究伦理的复杂性；设计质量高度依赖于用户提问的质量

续表

层级	任务	AI辅助描述	关键技能/注意事项	相关挑战/争议
方法实践层	结构化笔记	辅助整理笔记（如自动标签、链接）；从原始笔记生成摘要；转换笔记格式；基于概念关联笔记［结合个人知识管理（PKM）方法）］	建立适合自己的笔记系统；主动消化和关联信息，而非简单收集；确保AI的组织方式符合个人思维习惯；关注个人笔记的隐私与安全	AI的组织逻辑可能与用户不符；存在信息囤积但未真正理解的风险；个人笔记数据的隐私和安全问题；过度依赖自动化整理可能减少主动思考
	数据分析与解释	辅助生成数据分析代码；执行统计检验；制作数据可视化图表；识别数据模式或趋势；对结果提供初步解释	理解分析方法和代码逻辑；验证代码和结果的准确性；结合研究背景解读数据；警惕AI识别出的虚假相关性；掌握基本的统计学知识	可能生成错误代码或执行不当分析；对结果的解释可能肤浅或错误；可能放大或引入数据偏见；需要使用者具备一定的统计和领域知识来判别和指导
	写作流程优化	从笔记或大纲生成初稿；根据要求扩展段落；改写句子或段落；检查全文逻辑一致性；提供过渡句建议	保持作者的独特声音和控制力；将AI草稿作为起点而非终点；聚焦于论证结构和逻辑流畅性；确保合理引用，避免学术不端	存在AI代笔引发的学术诚信问题；可能导致文风趋同，失去个性；过度依赖可能削弱谋篇布局和独立思考能力；AI无法替代深度的、原创性的思考
技能执行层	编程与调试	生成代码片段或完整函数；解释代码功能；识别代码错误；提出修复建议；跨语言翻译代码；辅助代码优化	理解AI生成的代码逻辑，而非直接复制粘贴；进行充分测试；学习基础的调试技巧，而非完全依赖AI；关注AI生成代码的潜在安全风险和效率问题	过度依赖阻碍编程基础和解决问题能力的培养；AI可能无法发现复杂或隐蔽的错误；AI生成的代码可能存在安全漏洞或效率不高的问题；代码的可维护性问题
	数据可视化制作	根据数据和需求生成图表（如图表库代码或使用集成工具）；提供合适的图表类型建议；辅助调整图表美观度	选择能清晰有效传达信息的图表类型；确保图表元素准确无误；理解有效数据可视化的基本原则；必要时进行手动调整	可能生成具有误导性的图表；AI推荐的图表类型未必最佳；自动化工具的定制化程度有限；过度追求美观可能牺牲信息清晰度
	文本撰写与润色	起草各类文本（邮件、报告、短文）；扩写要点；改进语法、拼写、风格；调整语气；总结文本；辅助查重（需谨慎使用）	严格核查所有AI生成内容的事实准确性；进行大量编辑以确保清晰度、准确性和个人风格；保证内容的原创性和恰当引用；了解AI查重工具的局限性	极易产生事实性错误（幻觉）；语言风格可能刻板或通用；引发严重的学术诚信和抄袭风险；AI生成的内容可能带有或放大偏见

续表

层级	任务	AI辅助描述	关键技能/注意事项	相关挑战/争议
技能执行层	外语翻译	翻译文本片段或文档；提供词语释义和用法示例；辅助语言学习（如模拟对话、语法解释）	注意AI可能丢失的文化背景、语境和微妙含义；用于理解大意或起草初稿；关键性翻译务必由专业人士审校；提供上下文信息有助于提高翻译质量	丢失文化语境、习语和专业术语的准确性；技术或文学翻译的挑战；过度依赖不利于语言能力的真正提升；不同模型在不同语言上的表现差异
	信息快速检索	直接回答事实性问题；在大量文档中定位信息；综合多个来源的信息（结合RAG技术）	极其重要：必须对AI提供的信息进行严格的事实核查！使用权威来源验证答案；认识到AI可能产生幻觉或使用过时信息；优化提问方式以获得更准确的答案	产生幻觉（捏造信息）的风险极高；信息来源可能不可靠或过时；可能强化已有偏见；需要用户具备信息素养和有效的提问技巧

附3：AI赋能大学生学业任务框架（专业特化层示例）

专业大类	任务示例	AI辅助描述	关键技能/注意事项	相关挑战/争议
理工类	数学推导与求解、公式验证、代码生成与调试（科学计算）、实验方案设计辅助、仿真模拟参数建议、技术文献摘要与分析、CAD概念草图生成、工程制图规范查询	利用符号计算能力辅助推导；验证数学/物理公式；生成Python/MATLAB等科学计算代码并查错；根据研究目标建议实验步骤；为仿真提供初始参数范围；快速总结相关领域论文；生成初步设计概念图；查询特定工程标准	深厚的专业知识是前提；能将专业问题转化为AI可理解的任务；能批判性评估AI的输出（精度、逻辑性、可行性）；结合专业软件/数据库使用；对计算结果、设计方案的准确性和安全性进行严格验证	通用模型在高度专业领域的精度可能不足；计算错误风险；AI生成的代码可能存在效率或安全问题；过度依赖可能削弱基础理论和动手能力；在工程设计中引入未知风险
文史类	古文/外文文献翻译与注解、文本深度分析（主题、情感、修辞）、历史事件时序构建与关联分析、文献考据线索建议、哲学论证梳理与评价、文本批评视角生成、人物关系网络可视化	辅助翻译晦涩文本并提供历史文化背景注释；分析文学作品的主题演变、人物情感曲线、修辞手法；根据史料自动构建时间线，并提示事件间的关联；提供查找稀有文献或考证观点的可能方向；梳理哲学论证结构，指出潜在谬误；生成多种文学批评理论视角下的解读草稿；根据文本描述生成人物关系图	深厚的专业知识和人文素养是前提；理解AI在解释、翻译中可能丢失的语境和微妙之处；能批判性评估AI的分析视角和结论；将AI作为探索工具，而非最终解释者；注意史料的交叉验证	AI难以完全理解文本的深层含义、文化内涵和作者意图；翻译腔、机械化分析；可能生成表面化或错误的解读；历史研究中过度依赖AI可能忽略反常证据或多元视角；哲学论证的严谨性难以保证
经管类	商业案例分析框架搭建、财务报表初步分析、市场调研数据整理与洞察提取、经济模型代码生成与解释、用户画像与消费者行为模式识别、战略规划选项生成、金融产品解释、行业研究报告摘要	提供标准案例分析框架（如SWOT、PESTEL）；自动计算关键财务比率并提示异常；处理大量调研数据，提取关键词和趋势；生成计量经济学模型代码并解释其含义；基于数据描绘用户画像，识别潜在购买模式；根据目标生成多种战略路径选项；用通俗语言解释复杂金融工具；快速总结长篇行业报告	扎实的经管理论基础是前提；理解模型和数据的局限性；批判性评估AI分析结果的商业逻辑和现实可行性；结合实时市场信息和商业直觉；关注数据隐私和商业机密	经济预测和市场分析的不确定性高，AI易受历史数据局限；财务分析可能忽略非量化因素；商业策略建议可能缺乏创新或脱离实际；模型代码可能存在错误；用户数据隐私保护问题；过度依赖可能削弱商业洞察力和决策能力

续表

专业大类	任务示例	AI辅助描述	关键技能/注意事项	相关挑战/争议
医学类	（辅助学习）疾病机制梳理、药物相互作用查询、解剖结构标注练习、医学文献快速解读与总结、临床指南要点提取、模拟病例生成与分析练习、初步影像识别特征提示（仅供学习，非诊断）、生物统计分析代码辅助	系统性梳理复杂病理生理过程；快速查询药物禁忌与相互作用；在解剖图上进行标注练习并获得反馈；高效阅读和总结医学研究论文（如Abstract、Methods、Results）；提取最新临床指南的关键推荐；生成不同病种的模拟病例用于学习讨论；提示医学影像（如X光、CT）中可能需要关注的区域或特征；辅助生成生物统计分析代码	严格的医学知识和伦理规范是前提；绝对不能将AI用于实际诊断或治疗决策；理解AI信息可能存在的滞后性或错误；对AI总结的文献和指南进行严格核对；高度关注患者隐私和数据安全；将AI定位为学习和效率工具。	是高风险领域。AI信息错误可能导致严重后果；AI无法替代临床经验和决策；存在数据偏见导致对特定人群误判的风险；患者数据隐私安全挑战巨大；临床指南更新快，AI信息可能滞后；过度依赖可能影响临床思维和技能培养
法学类	法条案例检索与匹配、法律文书（合同、诉状、备忘录）初稿起草、案例要点总结与争点识别、法律论证结构梳理、证据链分析辅助、合规风险初步筛查、不同法系或司法解释对比	根据案情描述快速检索相关法条和判例；基于模板和要素生成法律文书初稿（需律师严格审阅修改）；总结判决书关键信息，识别核心争议焦点；可视化法律论证逻辑；辅助梳理案件证据，识别缺失环节；根据合规要求初步检查文件或流程；对比分析国内外相关法律规定或司法实践差异	扎实的法律知识和执业伦理是前提；AI不能提供法律意见或替代律师职责；必须由合格律师对AI生成内容进行严格审查、修改和确认；理解法律的地域性和时效性；高度关注客户信息保密；了解AI在法律推理上的局限性	是高风险领域。法律解释和适用需要高度专业判断，AI易出错；生成错误的法律文书可能导致严重的法律后果；判例检索可能不全或不准确；AI难以理解法律背后的价值取向和复杂的社会情境；客户信息保密风险；过度依赖可能影响法律的研究和分析能力
艺术设计类	创意草图与情绪板生成、设计元素提取与风格迁移、配色方案与字体搭配建议、用户体验(UX)流程图绘制辅助、作品集排版布局建议、艺术史风格分析与讲解、设计趋势报告摘要	根据关键词或描述生成多种视觉概念草图或情绪板（文生图）；从图片中提取设计元素，或将一种风格应用于另一图像；提供符合设计目标的配色方案和字体组合；辅助绘制用户流程图、信息架构图；为作品集提供多种排版布局选项；分析特定艺术家或流派的风格特征；总结最新设计趋势报告	专业审美和设计思维是核心；将AI生成内容作为灵感来源或草稿，而非最终成品；熟练运用提示词引导AI生成符合要求的视觉效果；批判性评估AI建议的审美价值和实用性；关注AI生成图像的版权问题	AI生成的设计可能缺乏原创性和深度；风格模仿可能引发版权争议；审美判断主观性强，AI建议未必符合高标准；过度依赖可能扼杀个人创意和独特风格；AI难以理解复杂的设计需求和用户情感

续表

专业大类	任务示例	AI辅助描述	关键技能/注意事项	相关挑战/争议
教育类	教案设计与活动建议、教学资源（课件、习题）初稿生成、学习目标与评估标准匹配检查、差异化教学内容调整建议、教育理论与研究文献总结、课堂互动策略推荐、学生匿名反馈数据主题分析	根据课程目标和学生特点生成教案框架和教学活动点子；辅助编写课件初稿、生成不同难度和类型的练习题；检查教学活动、评估方式是否与学习目标一致；为不同学习水平的学生提供内容调整建议；总结教育学理论或最新研究发现；推荐提升课堂参与度的互动方法；分析匿名的学生反馈文本，提取主要意见和建议	教育理念和教学经验是基础；批判性评估AI生成的教学内容和策略的适用性、教育性；根据具体学情进行调整和优化；关注学生的个体差异和情感需求；将AI作为提升教学效率和获取灵感的工具	AI生成的教学设计可能缺乏对真实课堂情境的理解；内容可能刻板、缺乏趣味性或深度；难以满足所有学生的个性化需求；评估方式建议可能单一；过度依赖可能削弱教师的教学创造力和应变能力；学生数据隐私问题
农林与环境类	作物/林木生长模拟参数校准辅助、病虫害识别与防治信息查询、土壤/水质分析数据解读辅助、GIS空间数据初步分析与可视化、环境影响评估报告章节起草、物种识别信息查询（结合图像）、可持续农业/林业实践方案建议、气候变化文献综述	基于历史数据辅助校准生长模型的参数；根据图片或描述查询可能的病虫害及防治措施；解读标准化的土壤/水质检测报告数据；对地理空间数据进行初步统计分析和地图可视化（如缓冲区分析）；起草环评报告中背景介绍、标准引用等章节；通过图像识别查询动植物物种信息；生成符合可持续原则的生产实践方案选项；快速综述特定区域或主题的气候变化研究	扎实的专业知识和实践经验是关键；理解模型和数据的假设与不确定性；实地验证AI提供的信息和建议（如病虫害识别）；结合遥感、GIS等专业工具使用；关注生态系统的复杂性和动态性；批判性评估方案的可持续性和经济可行性	模型预测精度受数据质量和复杂现实影响；病虫害、物种识别等需要实地确认，AI易出错；空间分析需要专业GIS知识；环评等涉及多重因素，AI难以全面考量；可持续方案建议可能过于理想化或成本过高；过度依赖可能脱离田间/野外实际

后记：一次人机协同的探索

撰写本书，是长期教学经验积累与前沿技术应用相结合的一次实践探索。值得提及的是，本书从启动至最早初稿完成，实际用时约两周。这一效率的提升，并非源于作者个体的加速，而是得益于一套整合了人类专家指导、教学实践沉淀与大语言模型深度参与的协作新范式，这体现了人工智能时代知识生产的一种新可能。

本书的核心框架与知识体系，植根于作者团队在浙江大学的教学实践。自2023年春季首次开设相关课程以来，教学团队围绕"教什么"与"如何教"进行了多轮研讨与迭代，结合课堂反馈持续优化，逐步积累形成了系统的教学内容体系，其中核心部分亦被录制为慕课。正是这些经过反复锤炼与实践检验的教学积累，为本书的快速撰写奠定了坚实的内容基础。

本书的实际撰写，充分运用了大语言模型在信息处理、内容生成及辅助校对方面的能力。此过程并非简单的流水线作业，而是一场充满探索、尝试与迭代的旅程。

（1）结构焕新：基于现有课程大纲，结合最新AI进展，审慎更新内容，规划本书的系统化章节结构。

（2）内容提取与更新：利用AI工具从教学录音中提取初步的文字记录，并运用多种大型语言模型提炼核心要点，与更新后的大纲比对，查漏补缺。

（3）框架构建与目标设定：依据AI提炼的要点和章节规划，设计各章学习目标，构建详细的内容框架。

（4）人工审核与知识增补：教学团队成员对AI生成的内容进行关键性的人工审核、评估与筛选，基于专业知识与经验补充重要观点、实例与深度辨析。此为确保质量的核心环节。

（5）AI辅助撰写与人工深度润色：在人工审核与补充的基础上，运用大型语言模型生成初稿。作者团队随后投入大量精力进行反复推敲、改写、补充与逻辑梳理，将AI生成内容转化为符合学术规范与教学要求的正式文本。

（6）系统校对与终审：利用AI进行多轮自动化校对，检查逻辑一致性、术语统一性及格式规范性。最后由作者和编辑进行全面的人工审阅并定稿。

(7) 本书漫画插图的创作体现了人机协同特点：利用大语言模型提炼章节观点并生成漫画创意；作者团队介入研讨，确定创作方向；结合AI与人工经验优化提示词；利用AI图像工具生成初稿；作者筛选后，由设计助理进行人工精修，统一风格并添加文字元素，最终定稿。

这段深度人机协作的经历，给予团队独特的体验与深刻思考，包括以下三方面。

(1) 对人的更高要求：高质量的人机协作，要求人类专家具备更强的判断力、更深厚的知识积淀，以有效引导、评估、修正AI的输出。前期积累与专业判断是关键。

(2) 过程的挑战与吸引力：与AI深度互动，探索其能力边界，共同创造的过程充满新奇、挑战与认知上的高强度要求，同时也激发了团队成员持续学习与"充电"的内在驱动力。

(3) 动态调整：协作流程并非固定不变，而是在实践中不断探索、调整和优化形成的。

此外，本书在撰写过程中，关注并受益于一些活跃的人工智能学习与交流社区。例如，得到AI学习圈和通往AGI之路-飞书学习社区等平台，汇聚了众多学习者和实践者的讨论、分享与洞见，为把握技术动态和应用趋势提供了有益的补充视角。

尽管我们力求内容的严谨与前沿，但受限于时间和认知边界，书中难免仍存疏漏或待商榷之处。人工智能领域日新月异，今日之见解定需明日之更新。我们诚恳欢迎各位读者在使用过程中不吝提出宝贵的批评与指正意见。

本书采用的深度人机协作模式，在力求保障内容质量的同时，显著提升了撰写效率。我们希望，这一探索过程本身，不仅能展现未来知识生产的一种潜力，也能为读者理解和应用本书所探讨的智能设计理论与方法，提供可供参考的实例。

人工智能工具使用声明

本教材的整体结构规划、教学目标设定、教学重点与难点设计、典型案例选择等内容由教材编写团队独立完成，并经过编辑团队与评审专家审查、修订后最终定稿。针对教材编写过程中使用人工智能工具的情况，声明如下。

（1）教材编写过程中使用人工智能工具从教学录音中提取文本并提炼要点。在第1章至第13章中，使用DeepSeek R1、通义千问Qwen3等（访问日期：2025-04-10至2025-04-20）从教学录音文本中提炼核心要点，与教材大纲进行对比，优化教材结构与章节规划。

（2）教材编写过程中使用人工智能工具生成示例图片。对于第1章至第11章的导学部分的漫画插图，采用DeepSeek R1等编辑图片提示词，采用豆包大模型（访问日期：2025-04-21）生成图片。

（3）教材编写过程中使用人工智能工具对编写的案例进行了事实核查。对于第1章至第13章的典型案例和扩展阅读中的相关内容及数据，采用DeepSeek R1、智谱清言GLM4等（访问日期：2025-04-15至2025-04-30）进行了交叉事实核查。

（4）在第8章提示词工程以及其他涉及提示词的部分，采用了DeepSeek R1、文心一言、豆包大模型、混元大模型等（访问日期：2025-04-15至2025-04-30）进行了提示词效果的测试验证。

（5）教材编写过程中使用人工智能工具进行语言编辑与润色。在第1章至第13章中，使用DeepSeek R1、通义千问Qwen3等（访问日期：2025-04-21至2025-05-12）进行了文字润色和编辑校对。

（6）针对其他未列明的部分，本教材编写组采用人工智能工具进行文字编辑与校对，未用于生成观点性内容，并对涉及知识产权和引用规范的内容进行了人工审核。

上述声明仅反映教材编写期间特定版本人工智能工具的使用情况。教材编写团队尽最大努力确保教材内容的科学性和准确性，对于疏漏之处请各位读者提供宝贵意见和建议。